高等职业教育高水平专业群创新系列教材·机电类
校企"双元"合作开发教材

机械制图
（附基础训练与任务书）

主　编　陆玉兵　马　辉
副主编　王　媛　周文兵　李建设

北京理工大学出版社
BEIJING INSTITUTE OF TECHNOLOGY PRESS

内 容 简 介

本书是根据高等院校专业培养目标、生源的特点以及课程教学改革需求，以机械类、机电类、汽车类等专业"机械制图"课程教学基本要求为依据，对传统的教学内容进行了优化整合，采用"项目导向""任务驱动"模式编写而成。本书共设置有平面几何图形绘制与尺寸标注、基本体三视图绘制、组合体三视图绘制与识读、机件结构的表达方法、标准件与常用件视图绘制、零件图绘制与识读和装配图的画法与识读 7 个项目，共分 31 个教学任务。任务设置既能体现图形学原理，又表现较强实践性，以满足不同专业学生学习需要。

本书采用我国最新颁布的有关制图标准，内容编写本着"以就业为导向、以能力为中心、以够用为原则"，着重识图与绘图的技能培养，本书及配有的《机械制图基础训练与任务书》可作为高等工科院校机械类、近机械类专业的工程制图课程教材，也可作为高职高专院校的机械制图教材。

版权专有　侵权必究

图书在版编目（CIP）数据

机械制图：附基础训练与任务书／陆玉兵，马辉主编． —北京：北京理工大学出版社，2020.8（2024.8重印）

ISBN 978 – 7 – 5682 – 8849 – 1

Ⅰ．①机… Ⅱ．①陆… ②马… Ⅲ．①机械制图 – 高等职业教育 – 教材 Ⅳ．①TH126

中国版本图书馆 CIP 数据核字（2020）第 140545 号

出版发行 ／ 北京理工大学出版社有限责任公司
社　　址 ／ 北京市海淀区中关村南大街 5 号
邮　　编 ／ 100081
电　　话 ／ （010）68914775（总编室）
　　　　　　（010）82562903（教材售后服务热线）
　　　　　　（010）68944723（其他图书服务热线）
网　　址 ／ http://www.bitpress.com.cn
经　　销 ／ 全国各地新华书店
印　　刷 ／ 三河市天利华印刷装订有限公司
开　　本 ／ 787 毫米 × 1092 毫米　1/16
印　　张 ／ 31.25　　　　　　　　　　　　　　责任编辑 ／ 张旭莉
字　　数 ／ 734 千字　　　　　　　　　　　　　文案编辑 ／ 张旭莉
版　　次 ／ 2020 年 8 月第 1 版　2024 年 8 月第 3 次印刷　责任校对 ／ 周瑞红
定　　价 ／ 69.80 元　　　　　　　　　　　　　责任印制 ／ 李志强

图书出现印装质量问题，请拨打售后服务热线，本社负责调换

前 言

"机械制图"是高等院校机械类、机电类专业的一门主干技术基础课,担负着培养学生空间想象能力、绘制和识读机械工程图样能力的重要任务,着重培养学生机械图样绘读能力。本书是依据教育部最新颁发的《高等职业学校专业教学标准(试行)》中关于本课程的教学要求,以"职教20条"提出的"建设一大批校企'双元'合作开发的国家规划教材"和机械制造类相关专业职业资格证书或职业技能等级证书要求,并配套开发信息化资源为目标编写而成。本书克服了传统课程结构单一化,过分追求学科的系统性、完整性的弊端,通过整合优化,集中体现了现代职业教育的目标和要求,建立了与高等职业教育的性质、任务和对象相适应的课程体系,使教材符合学生的认知规律,打破学科界限,将传统教学中"机械制图"课程中章节式教学内容,以"绘图"和"识图"为主线进行全面整合,以"够用"和"必需"为原则,从教学内容中筛选出培养学生绘图和读图能力所必需的基础知识,编制出"学习任务"式实践性教学内容,形成一个以综合能力培养为主体,突出技能和岗位要求为目的的教学内容体系。

本书在编写过程中,充分考虑当前高等职业教育生源特点和教学改革的需要,以"基础知识"应用为目的,以"必需"和"够用"为尺度,对于极限与配合、几何公差、表面粗糙度和标注尺寸合理性要求等基础内容,采取广而不深、点到为止的叙述方法,以满足学生识读和绘制机械图样的基本要求。对于书中必需的理论性内容采用"以例代理"的编写方式,将基本概念和基础理论融入实例之中,促使学生在解决问题的过程中去理解和掌握机械制图中应知的内容。全书以具体的"任务"为着眼点,合理组织内容、精心设计项目和任务,共设有7个项目,31个任务。本书在编写过程中,以培养知识、能力、素质和谐发展的高素质技能型人才为标准,按照"学做一体"的编写思路,整合与优化相关教学内容体系,以实用、够用为原则,加强实践训练,突出制图基础技能与读图能力培养。在配套"作业"方面,采用活页方式编制,内容分为课前预习、任务实施和基础训练三部分,既方便了教师教学过程中根据任务完成情况进行过程性考核,又能促使学生在教师指导下进行课前预习和知识能力提高,最大限度地满足教师教学需要和学生学习需要,提高了教学、学习质量,促进了教育教学改革。此外,本书在内容上及时反映机械制图国家标准新规定,并增加了机械制图有关标准的基本知识,以增强学生的贯彻国家标准的能力。

陆玉兵编写了项目一、项目二、项目三的全部内容;马辉编写了项目四的全部内容;王媛编写了项目五的全部内容;周文兵编写项目六的全部内容;李建设编写了项目七的全部内容,全书由陆玉兵统稿和整理,全书图例由陆玉兵绘制。本书在编写过程中,得到了杭州喜马拉雅信息科技有限公司等校企合作企业的大力支持,征求并采纳了该公司安鹏芳博士、蒋向东教授等专业技术人员的意见和建设,安鹏芳审阅了全书,在此表示由衷的感谢。

由于编者水平有限,教材中的不妥之处敬请读者批评指正。

目 录

绪论 ··· 1
    一、本课程的研究对象 ··· 1
    二、本课程的性质和任务 ··· 1
    三、本课程的学习方法和要求 ··· 2
    四、我国工程图学的发展概况 ··· 2

项目一   平面几何图形绘制与尺寸标注 ··· 3
    任务1   机械制图国家标准认知 ·· 3
        一、制图的标准化 ··· 4
        二、制图国家标准的一般规定 ·· 5
    任务2   几何图形绘制 ··· 18
        一、常用绘图工具使用方法 ··· 19
        二、基本几何图形画法 ··· 23
    任务3   平面图形的分析和作图 ·· 28
        一、尺寸分析 ·· 29
        二、平面图形线段分析 ··· 30
        三、绘图方法和步骤 ·· 30
        四、徒手绘图 ·· 35

项目二   基本体三视图绘制 ·· 38
    任务1   三视图认知 ·· 38
        一、投影法基础知识 ·· 39
        二、三视图的形成及其投影规律 ··· 42
    任务2   空间点的三面投影作图 ·· 45
        一、点在三投影面体系中的投影 ··· 46
        二、空间两相对位置点的投影 ·· 49
        三、重影点投影特性及其可见性 ··· 49
    任务3   空间直线的三面投影作图 ··· 50
        一、直线的投影特性 ·· 50
        二、直线上的点的投影特性 ··· 53
        三、相对位置两直线的投影特性 ··· 54
    任务4   空间平面的三面投影作图 ··· 57
        一、平面的投影特性 ·· 57
        二、平面上的直线和点的投影特性 ··· 61
    任务5   基本几何体的投影作图 ·· 64

一、平面立体的投影及表面取点 …………………………………………… 66
　　二、曲面立体的投影及表面取点 …………………………………………… 70
　任务6　截交线视图绘制 ……………………………………………………… 74
　　一、截交线的基本性质 ……………………………………………………… 75
　　二、求截交线的一般方法与步骤 …………………………………………… 75
　任务7　相贯线视图绘制 ……………………………………………………… 83
　　一、相贯线的基本性质 ……………………………………………………… 84
　　二、求相贯线的一般方法与步骤 …………………………………………… 85

项目三　组合体三视图绘制与识读 …………………………………………… 90
　任务1　组合体三视图绘制 …………………………………………………… 90
　　一、组合体的组合形式和表面连接关系 …………………………………… 91
　　二、组合体的形体分析方法 ………………………………………………… 93
　　三、组合体三视图画法 ……………………………………………………… 94
　任务2　组合体三视图尺寸标注 ……………………………………………… 96
　　一、组合体的尺寸种类 ……………………………………………………… 97
　　二、组合体尺寸标注基本要求 ……………………………………………… 99
　　三、尺寸基准 ………………………………………………………………… 101
　任务3　组合体三视图识读 …………………………………………………… 103
　　一、三视图识读的基本要领 ………………………………………………… 104
　　二、读三视图的基本方法 …………………………………………………… 106
　　三、读三视图综合举例 ……………………………………………………… 111
　任务4　组合体正等轴测图画法 ……………………………………………… 114
　　一、轴测图的形成 …………………………………………………………… 115
　　二、轴测轴、轴间角、轴向伸缩系数 ……………………………………… 116
　　三、轴测图上投影的基本特性 ……………………………………………… 116
　　四、轴测图的分类 …………………………………………………………… 117
　　五、正等轴测图的轴间角、轴向伸缩系数 ………………………………… 117
　　六、正等轴测图的画法 ……………………………………………………… 117

项目四　机件结构的表达方法 ………………………………………………… 124
　任务1　机件外部结构的表达方法 …………………………………………… 124
　　一、基本视图 ………………………………………………………………… 125
　　二、向视图 …………………………………………………………………… 127
　　三、局部视图 ………………………………………………………………… 128
　　四、斜视图 …………………………………………………………………… 129
　任务2　机件内部结构的表达方法 …………………………………………… 132
　　一、剖视图的基本知识 ……………………………………………………… 133
　　二、剖视图的种类 …………………………………………………………… 136
　　三、剖切面的种类 …………………………………………………………… 142
　　四、剖视图中的规定画法 …………………………………………………… 147

  任务3 机件典型和特殊结构的表达方法 ……………………………………… 148
   一、断面图 …………………………………………………………………… 149
   二、局部放大画法和简化画法 ……………………………………………… 153
  ※任务4 第三角投影认知 ………………………………………………………… 157
   一、第一、三角投影体系的比较 …………………………………………… 158
   二、第三角画法基本视图的形成及其配置 ………………………………… 159
   三、第一、三角投影的识别符号 …………………………………………… 160

项目五 标准件与常用件视图绘制 ………………………………………………… 161
 任务1 螺纹和螺纹连接画法 ……………………………………………………… 161
  一、螺纹 ……………………………………………………………………… 164
  二、螺纹的规定画法 ………………………………………………………… 168
  三、普通螺纹公差（认知相关基础知识将在后续"任务"讲述） ………… 170
  四、螺纹的标记及标注 ……………………………………………………… 171
  五、螺纹紧固件及其连接画法 ……………………………………………… 174
 任务2 键连接画法 ………………………………………………………………… 180
  一、普通平键连接 …………………………………………………………… 182
  二、平键连接的尺寸公差与配合 …………………………………………… 185
  三、花键连接 ………………………………………………………………… 186
 任务3 销连接画法 ………………………………………………………………… 192
  一、销的作用与分类 ………………………………………………………… 193
  二、销的标记及连接画法 …………………………………………………… 193
 任务4 圆柱直齿齿轮啮合画法 …………………………………………………… 195
  一、直齿圆柱齿轮各结构名称和代号 ……………………………………… 197
  二、直齿圆柱齿轮基本参数 ………………………………………………… 198
  三、直齿圆柱齿轮各结构尺寸的计算公式 ………………………………… 199
  四、圆柱齿轮的规定画法 …………………………………………………… 199
  五、圆柱齿轮精度选择 ……………………………………………………… 200
 任务5 滚动轴承装配画法 ………………………………………………………… 203
  一、滚动轴承的结构与分类 ………………………………………………… 205
  二、滚动轴承的画法 ………………………………………………………… 205
  三、滚动轴承的代号 ………………………………………………………… 207
  四、滚动轴承的公差等级和公差带 ………………………………………… 209
 任务6 圆柱螺旋压缩弹簧画法 …………………………………………………… 211
  一、圆柱螺旋压缩弹簧各结构名称及尺寸关系 …………………………… 212
  二、圆柱螺旋压缩弹簧的画法 ……………………………………………… 213
  三、圆柱螺旋压缩弹簧作图步骤 …………………………………………… 213

项目六 零件图绘制与识读 ………………………………………………………… 215
 任务1 轴套类零件图绘制 ………………………………………………………… 215
  一、零件图的作用与内容 …………………………………………………… 216

二、零件上常见的工艺结构 217
　　三、零件的视图选择 222
　　四、轴套类零件的视图表达 224
  任务2　轮盘类零件图绘制 229
　　一、零件图的尺寸标注 230
　　二、尺寸标注原则 234
　　三、尺寸公差标注 238
　　四、轮盘类零件的视图表达 252
  任务3　叉架类零件图绘制 254
　　一、几何公差标注 257
　　二、支架类零件表达方案的选择 263
　　三、支架类零件的视图表达 265
  任务4　箱体类零件图绘制 266
　　一、表面粗糙度相关术语 269
　　二、表面轮廓参数 271
　　三、表面粗糙度的参数值 273
　　四、表面粗糙度的标注 273
　　五、箱体类零件视图表达 280
  任务5　零件图识读 282
　　一、读零件图的基本要求 282
　　二、读零件图的方法和步骤 283
　　三、读图举例 283
项目七　装配图的画法与识读 287
  任务1　装配图绘制 287
　　一、装配图的作用和内容 288
　　二、装配图的规定画法和特殊画法 290
　　三、常见的装配结构 294
　　四、装配图的绘制 297
　　五、装配图画法举例 303
  任务2　装配图识读 310
　　一、读装配图的基本要求 310
　　二、读装配图的方法和步骤 311
　　三、装配图识读举例 312
附录 317
参考文献 327

绪 论

一、本课程的研究对象

在工程技术上根据投影原理、制图标准或有关规定，表示工程对象，并附有必要技术说明的图称为图样。

图样是现代生产中的重要技术文件，在机械、电子、水利、化工、轻工、航空、汽车、造船等行业进行设计、制造、施工、检验、安装、调试、维修等，都必须绘制成图样。不同行业的图样有不同的名称，如机械图样、建筑图样、电气图样等。在设计、生产和科学实践中，设计者通过图样表达设计意图；制造者需要根据图样了解设计对象，并制造出设计对象；使用者需通过图样了解该对象的结构、功能，掌握正确的使用和维护方法。因此，图样是联系设计者、制造者、使用者的桥梁，是工业生产中的重要技术文件。图样和语言、文字一样是人类表达和交流技术思想的工具之一，有"工程语言"之称。因此所有工程技术人员都必须学习和掌握这种语言。

在机械工程中，任何机器都是由许多零件或部件组装而成，部件又是由零件组成的。表达零件的图样称为零件图，表达部件或机器的图样称为部件装配图或总装配图，它们统称为机械图样。工程图学就是研究各种工程技术图样的理论和应用的科学。机械制图是工程图学的一部分，是专门研究绘制与阅读机械图样的理论和方法的一门课程。

机械图样主要由一组用正投影法绘制的机件视图组成，并附有加工、制造、装配所需要的尺寸和技术要求等。它是生产中最基本的技术文件，是机械产品设计、制造、装配、检验、维修的依据，也是机械工程技术人员必须掌握的重要工具之一。

二、本课程的性质和任务

本课程是高职高专机械类专业的一门重要的专业技术基础课。通过本课程的学习使学生基本掌握绘制与阅读机械图样的基本理论和方法，具备一定的绘图技能，并在学习过程中提升空间分析与空间想象的能力，为适应制图员的工作需要和为后续课程的学习打下一定的基础。

本课程的主要任务是：
（1）学习投影法（主要是正投影法）的基本原理及其应用。
（2）学习机械制图国家标准及其相关的行业标准，具有查阅标准和技术资料的能力。
（3）培养学生正确、熟练地使用常用绘图工具绘图，并具有徒手绘图的能力。
（4）培养学生绘制和阅读机械图样的基本能力。
（5）培养学生的空间想象能力和思维能力。
（6）培养学生认真细致、一丝不苟的工作作风。

三、本课程的学习方法和要求

本课程是一门实践性较强的课程，学习时应掌握以下方法：

（1）对投影作图的基本理论和方法，要透彻理解基本概念，灵活运用相关理论和方法解决问题，切忌死记硬背，要多看、多想、多画，逐步培养空间想象能力、思维能力和表达能力。在学习中，要注意物体与图样相结合，由浅入深，由二维平面到三维空间的变换，即平面图形与空间物体的互相转换，不断地由物想图、由图想物。另外，还可以借助实物、模型、轴测图等，培养与发展空间想象能力和思维能力。

（2）严格遵守相关的机械制图国家标准，对常用标准、规定要牢记并熟练运用。

（3）绘图和读图的能力要通过勤学苦练来培养，训练时要严谨、认真，切忌粗心、马虎。要独立完成一定量的练习。只有通过多练、多画，才能把所学的理论运用到实践中，以加深对理论的理解。

（4）正确地使用绘图工具和仪器，同时还要注重徒手绘图和计算机绘图能力的培养。

（5）要养成一丝不苟、严肃认真的学习态度和工作精神。

四、我国工程图学的发展概况

我国比较早记载工程上使用工程图的文献是《尚书》，书中记载公元前 1059 年，周公曾画了一幅建筑区域平面图送给周成王作营造城邑之用。

宋代李诫于公元 1100 年完成《营造法式》三十六卷，附图就占了六卷，其中有平面图、立体图和断面图等图样，画法上有正投影、轴测投影和透视投影等，充分证明了我国工程图学技术很早以前就已达到了较高水平。宋代以后，元代王帧所著的《农书》、明代宋应星所著的《天工开物》等书中都附有上述类似图样。明代徐光启所著的《农政全书》，画出了许多农具图样，包括构造细部和详图，并附有详细的尺寸和制造技术的注解。但是由于长期的封建统治和列强侵略，我国工程图学的发展停滞不前。

中华人民共和国成立以后，机械工业发展迅速，我国于 1959 年颁布了《机械制图》国家标准。

项目一　平面几何图形绘制与尺寸标注

任务1　机械制图国家标准认知

✓ 任务引入

采用A4图纸幅面，按1∶1比例抄画《机械制图基础训练与任务书》中"任务1：机械制图国家标准认知——任务实施"的图样，并绘制标题栏，标注尺寸。标题栏按教材"图1-5学生用简化标题栏"格式绘制。

✓ 任务目标

(1) 了解标准、标准化、标准级别、标准的编号与名称等标准化相关概念及其含义，培养严格执行国家标准的基本意识。

(2) 掌握国家标准《技术制图》和《机械制图》中图纸幅面及格式、比例、字体、图线及尺寸注法等基本规定，培养严格贯彻国家标准的能力和良好的职业习惯。

(3) 完成《机械制图基础训练与任务书》中"任务1：机械制图国家标准认知——任务实施"的抄画任务。

✓ 知识点导学

(1) 标准、标准化、标准级别、标准的编号与名称等标准化相关概念、含义。

(2) 国家标准对图纸幅面及格式的有关规定。

①图纸幅面尺寸规定：绘制技术图样时，应优先选择基本幅面（A0、A1、A2、A3、A4）。

②图框格式规定：图纸上必须用粗实线画出图框，图框格式有不留装订边和留装订边两种，但同一产品图样只能采用一种格式。

③标题栏的方位与格式规定：每张图纸的右下角必须画出标题栏，看图的方向应与标题栏的方向一致。

(3) 国家标准对比例的有关规定：为了从图样上反映实物大小的真实印象，绘图时应尽量采用原值比例。图形不论放大或缩小，在标注尺寸时均应按实际尺寸标注，角度仍按原角度画出。

(4) 国家标准对字体的有关规定：图样中所书写数字、字母、汉字必须做到字体工整、笔画清楚、间隔均匀、排列整齐。

(5) 国家标准对图线的有关规定：绘图时应采用国家标准规定的图线线型和画法。

(6) 国家标准对尺寸注法的有关规定。

①机件的真实大小应以图样上所注的尺寸数值为依据，与图形的大小及绘图的准确度无关。

②图样中（包括技术要求和其他说明）的尺寸，以毫米（mm）为单位时，不需要标注单位符号（或名称），如采用其他单位，则应注明相应的单位符号。

③图样中所标注的尺寸应为该图样所示机件的最后完工尺寸，否则应另加说明。

④机件的每一尺寸一般只标注1次，并应标注在反映该结构最清晰的图形上。

⑤一个完整的尺寸包括尺寸界线、尺寸线（含箭头或斜线）和尺寸数字3个基本要素。

相关知识

"工程图样"被喻为工程技术界共同的"技术语言"，只有掌握了图学理论、制图技术及制图标准化知识，才能高效地绘、读高质量的图样，为高效率地制造出高质量的产品打下坚实的基础。

一、制图的标准化

（一）标准

标准是为在一定的范围内获得最佳秩序，对活动或其结果规定共同的和重复使用的规则、导则或特性的文件。标准是以科学、技术和经验的综合成果为基础，以促进最佳社会效益为目的而制定的。国家标准通过专家审查后，由国务院标准化管理部门——国家市场监督管理总局、国家标准化管理委员会审批、给定标准号并批准发布。

（二）标准化

标准化是为在一定的范围内获得最佳秩序，对实际的或潜在的问题制定共同的和重复使用用的规则的活动。简言之，是指制定、发布及实施标准的全过程。

标准化是保证产品质量、实现专业化协作的社会大生产的技术保障，是消除非关税技术壁垒、畅通和开拓国际间技术交流渠道、实行贸易保护、应对经济全球化的必然趋势。

（三）标准级别

1984年前，标准级别分为三级管理：国家、部、企业标准；1984—1989年，标准级别分为两级管理：国家标准GB（专业标准ZB）和企业标准；1990年至今，标准级别分为四级管理：国家、行业、地方、企业标准。

《标准化法》规定：国家标准和行业标准分为强制性标准和推荐性标准。如GB、JB为强制性标准，GB/T、JB/T为推荐性标准。此外自1998年起还启用了GB/Z（国家标准化指导性技术文件）。

（四）标准的编号与名称

标准的编号由三部分组成，第一部分为标准的代号，目前国家标准的代号为GB、GB/T和GB/Z；第二部分为标准顺序号，是标准批准机关给定的标准号码；第三部分为标准发布的年代号。标准的名称也有三部分，第一部分是引导要素，第二部分是主体要素，第三部分是补充要素，补充要素是主体要素的分类。

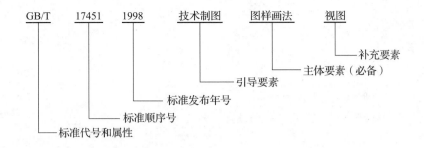

二、制图国家标准的一般规定

为了便于交流和管理,《技术制图》《机械制图》等国家标准对图样的内容、格式、表达方法等作了统一规定,使绘图和阅图都有共同的准则,本任务将介绍有关图纸幅面、比例、字体、尺寸注法等几个标准,其余标准将在后续任务中介绍。

(一) 图纸幅面及格式 (GB/T 14689—2008)

1. 图纸幅面尺寸

图纸幅面是指图纸的宽度和长度所组成的图面。为了便于图样的绘制、使用和保管,并符合缩微复制原件的要求,图样应画在具有一定格式和幅面的图纸上。图纸幅面代号由字母"A"和相应的幅面号组成,如 A0、A1 等。表 1-1 为规定的 5 种图纸基本幅面。

表 1-1 图纸的基本幅面　　　　　　　　　　　mm

幅面代号	A0	A1	A2	A3	A4
$B \times L$	841×1 189	594×841	420×594	297×420	210×297
e	20			10	
c	10			5	
a	25				

注:a、c、e 为留边宽度。

由表 1-1 可知,基本幅面中 A0 幅面最大,A1 幅面为 A0 幅面的 1/2(以长边对折裁开),其余后一号为前一号幅面的 1/2。图纸可以横放或竖放,绘制技术图样时应优先选择基本幅面,必要时也允许选用图 1-1 所示的加长幅面,这些幅面的尺寸是由基本幅面短边成整数倍增加后得出的。图中粗实线为基本幅面(第一选择),细实线为第二选择的加长幅面(表 1-2 为第二选择的幅面),虚线为第三选择的加长幅面。

2. 图框格式

图框是指图纸上限定绘图区域的线框,图纸上必须用粗实线画出图框。图框格式有不留装订边和留装订边两种,但同一产品图样只能采用一种格式。

不留装订边的图纸,其图框格式如图 1-2 所示;留装订边的图纸,其图框格式如图 1-3 所示。留边尺寸 a、c、e 等按表 1-1 中规定选取。

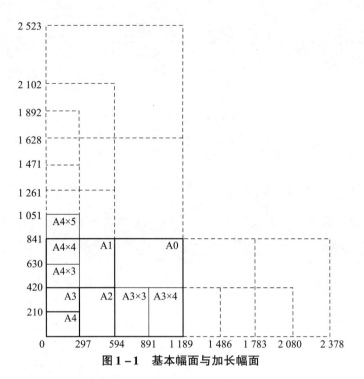

图1-1 基本幅面与加长幅面

表1-2 图纸加长第二选择幅面   mm

幅面代号	A3×3	A3×4	A4×3	A4×4	A4×5
$B \times L$	420×891	420×1 189	297×630	297×841	297×1 051

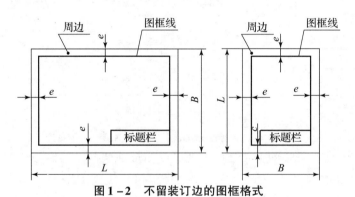

图1-2 不留装订边的图框格式

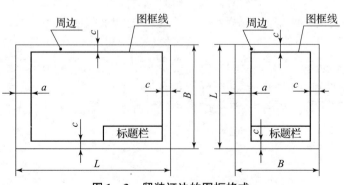

图1-3 留装订边的图框格式

3. 标题栏的方位与格式

每张图纸的右下角必须画出标题栏。标题栏的方位如图1-2和图1-3所示，此时看图的方向与标题栏的方向一致。国家标准（GB/T 10609.1—2008）对标题栏的格式、内容和尺寸作了统一规定，如图1-4所示。在学生作业中，为简化作图，可采用简化标题栏。推荐采用图1-5所示的格式。

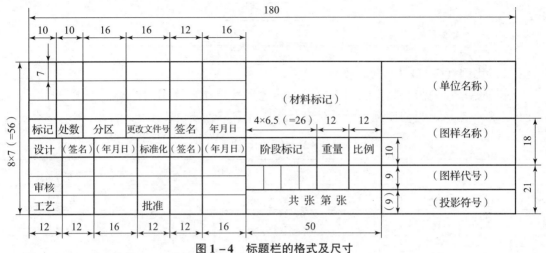

图1-4 标题栏的格式及尺寸

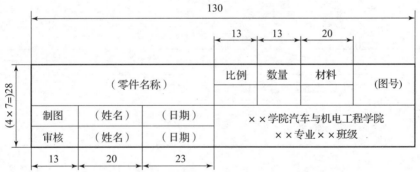

图1-5 学生用简化标题栏

4. 附加符号（对中符号）

为了使图样复制和缩微摄影时定位方便，应在图纸各边长的中点处分别画出对中符号。对中符号用粗实线绘制，长度从纸边界线开始伸入图框内约5 mm，如图1-6所示。当对中符号处在标题栏范围内时，则伸入标题栏部分省略不画。

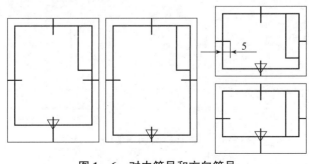

图1-6 对中符号和方向符号

当用预先印刷的图纸时,为明确绘图与看图方向,必要时应在图纸下边对中符号处加画出方向符号,如图1-6所示。方向符号的大小与画法如图1-7所示。

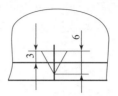

图1-7 方向符号的大小与画法

(二) 比例 (GB/T 14690—1993)

比例是指图中图形与其实物相应要素的线性尺寸之比。绘制图样时,应优先从表1-3规定的系列中选取适当的比例,必要时也允许从表1-4中选取比例。

表1-3 常用的比例系列

种类	比例
原值比例	1:1
放大比例	5:1　2:1　$5\times10^n:1$　$2\times10^n:1$　$1\times10^n:1$
缩小比例	1:2　1:5　1:10　$1:2\times10^n$　$1:5\times10^n$　$1:1\times10^n$

注:n为正整数。

表1-4 允许选用比例系列

种类	比例
放大比例	4:1　2.5:1　$4\times10^n:1$　$2.5\times10^n:1$
缩小比例	1:1.5　1:2.5　1:3　1:4　1:6　$1:1.5\times10^n$　$1:2.5\times10^n$　$1:3\times10^n$　$1:4\times10^n$　$1:6\times10^n$

注:n为正整数。

为了从图样上反映实物大小的真实印象,绘图时应尽量采用原值比例。绘制大而简单的机件可采用缩小比例,绘制小而复杂的机件可采用放大比例。图形不论放大或缩小,在标注尺寸时均应按实际尺寸标注,角度仍按原角度画出,如图1-8所示。

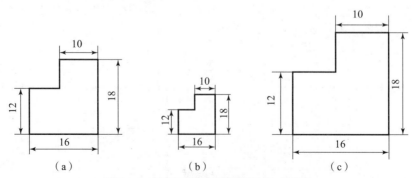

图1-8 不同比例绘制图形的尺寸标注
(a) 1:1; (b) 1:2; (c) 2:1

比例符号一般应在标题栏中的"比例"一栏中填写，当某个视图需采用不同比例绘制时，可在视图名称的下方或右侧标注该图形所采用的比例，形式如 $\frac{\text{I}}{2:1}$、$\frac{A向}{1:2}$、$\frac{B—B}{5:1}$ 等。

（三）字体（GB/T 14691—1993）

图样上除图形外，还需用字母、文字和数字来标注尺寸、填写标题栏、书写技术要求等。

在图样中书写数字、字母、汉字时必须做到：字体工整、笔画清楚、间隔均匀、排列整齐。

字体的号数代表字体高度（用 h 表示）。字体高度的公称尺寸系列为：1.8 mm、2.5 mm、3.5 mm、5 mm、7 mm、10 mm、14 mm、20 mm。若需书写更大的字，其字体高度仍按 $\sqrt{2}$ 的比例递增。

汉字应写成长仿宋体字，并采用国家正式公布的简化汉字。汉字的高度不应小于 3.5 mm，字宽一般为 $h/\sqrt{2}$。

字母与数字分为 A 型和 B 型。A 型字体的笔画宽度（d）为字高（h）的 1/14；B 型字体的笔画宽度为字体高度的 1/10。同一图样上只允许采用一种形式的字体。字母和数字可以写成斜体或正体。斜体字字头向右倾斜，与水平基准线成 75°，图样上一般采用斜体。

字体示例：
汉字

3.5号字　字体工整　笔画清楚　间隔均匀　排列整齐

5号字　横平竖直注意起落结构均匀填满方格

7号字　技术制图装配图零件图

3.5号字

ISO 2005　　Part 5　　φ20$^{+0.010}_{-0.023}$　　10^3　　1:2 000　　58 kg

5号字

GB/T 14691—1993　　m=14　　z=28　　55°　　$\frac{3}{4}$

7号字

HT200　　20Mn　　φ50 $\frac{H9}{f8}$　　φ50h6

阿拉伯数字

斜体

正体

罗马数字

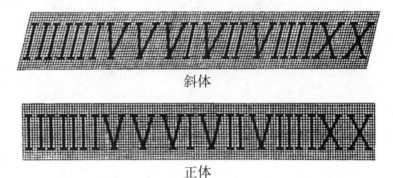

斜体

正体

字母

斜体

正体

用作指数、脚注、极限偏差或分数等的数字及字母一般采用小一号的字体，如10号字的脚注为7号字。

（四）图线（GB/T 17450—1998、GB/T 4457.4—2002）

国家标准规定了图线的线型、尺寸和画法，绘图时应采用国家标准规定的图线线型和画法。国家标准《技术制图 图线》（GB/T 17450—1998）中规定了15种基本线型以及多种基本线型的变形和图线的组合，《机械制图 图样画法 图线》（GB/T 4457.4—2002）则全面、详细地规定了各线型的应用。在机械图样中常用的有4种基本线型、1种基本线型的变形（波浪线）和1种图线的组合（双折线），其代码、线型、名称、线宽及应用如表1-5和图1-9所示。

表 1–5 常用的图线

代码	线型	名称	线宽	主要应用
01.1	————————	细实线	d/2	过渡线、尺寸线、尺寸界线、尺寸线的起止线、指引线、基准线、剖面线、重合断面的轮廓线、短中心线、螺纹牙底线、表示平面的对角线、范围线、分界线、不连续同一表面连线、成规律分布的相同要素连线、网格线等
	～～～～	波浪线	d/2	断裂处边界线、视图与剖视的分界线
	─⌒─⌒─	双折线	d/2	
01.2	————————	粗实线	d	可见轮廓线、可见棱边线、相贯线、螺纹牙顶线、螺纹长度终止线、齿顶圆（线）、剖切符号用线等
02.1	- - - - - -	细虚线	d/2	不可见轮廓线、不可见棱边线
02.2	━ ━ ━ ━	粗虚线	d	允许表面处理的表示线
04.1	—·—·—·—	细点画线	d/2	轴线、中心线、对称线、分度圆（线）、孔系分布的中心线、剖切线
04.2	━·━·━·━	粗点画线	d	限定范围表示线
05.1	—··—··—··	细双点画线	d/2	相邻辅助零件的轮廓线、运动零件的极限位置的轮廓线、重心线、成形前轮廓线、剖切前的结构轮廓线、轨迹线、毛坯图中制成品的轮廓线、特定区域线、中断线等

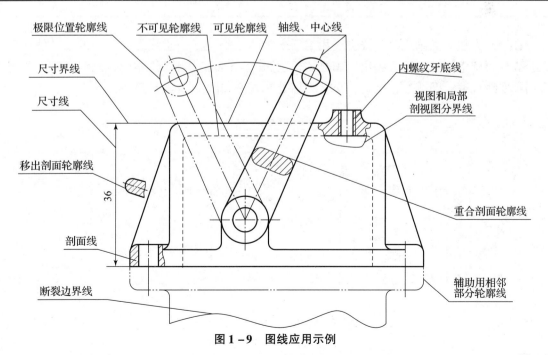

图 1–9 图线应用示例

在机械图样中采用粗、细两种线宽，它们之间的比例为 2∶1。图线的宽度（d）应按图样的类型和尺寸在下列系数中选择 [该系数的公比为 $1:\sqrt{2}$（≈1∶1.4）]：0.13 mm、0.18 mm、0.25 mm、0.35 mm、0.5 mm、0.7 mm、1 mm、1.4 mm、2 mm。为了保证图样清晰、便于复制，图样上应尽量避免出现小于 0.18 mm 的图线。图线的宽度组别见表 1-6。

表 1-6 图线的宽度组别

图线组别	粗线	细线	图线组别	粗线	细线
0.25	0.25	0.13	1	1	0.5
0.35	0.35	0.18	1.4	1.4	0.7
0.5*	0.5	0.25	2	2	1
0.7*	0.7	0.35			

注：*为优先采用的图线组别。

在同一图样上，同类图线的粗细应保持一致，虚线、点画线及双点画线的线素（线段长度和间隔）大小应各自大致相等，线素长度见表 1-7。

表 1-7 线素长度

线素	线型	长度	示例
点	点画线、双点画线	≤0.5d	
短间隔	虚线、点画线	3d	
画	虚线	12d	
长画	点画线、双点画线	24d	注：d 为粗线的宽度

在绘制虚线、点画线时，线和线相交处应为线段相交。当虚线在粗实线的延长线上时，在分界处要留空隙。点画线超出轮廓线的长度为 3~5 mm。当要绘制的点画线长度较小时，可用细实线代替。图线在相接、相交、相切处的画法如图 1-10 所示。

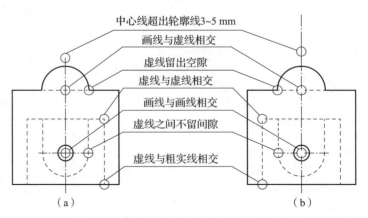

图 1-10 图线在相接、相交、相切处的画法
(a) 正确画法；(b) 错误画法

(五) 尺寸注法（GB/T 4458.4—2003）

图样中的图形只能表达机件的结构形状，其大小和相对位置关系还必须由尺寸确定。尺寸是图样的重要内容之一，是制造、检验机件的主要依据。因此，在标注尺寸时，必须严格按照国家标准有关规定，正确、齐全、清晰和合理地标注出机件的实际尺寸。由于尺寸标注内容较为复杂，故本任务仅涉及尺寸标注的"正确"要求，即尺寸标注要符合尺寸标注法的标准规定。

1. 基本规则

（1）机件的真实大小应以图样上所注的尺寸数值为依据，与图形的大小及绘图的准确度无关。

（2）图样中（包括技术要求和其他说明）的尺寸，以毫米（mm）为单位时，不需要标注单位符号（或名称），如采用其他单位，则应注明相应的单位符号。

（3）图样中所标注的尺寸应为该图样所示机件的最后完工尺寸，否则应另加说明。

（4）机件的每一尺寸一般只标注1次，并应标注在反映该结构最清晰的图形上。

2. 尺寸界线、尺寸线、尺寸数字

一个完整的尺寸包括尺寸界线、尺寸线（含箭头或斜线）和尺寸数字3个基本要素。

1）尺寸界线

尺寸界线表示所注尺寸的范围，用细实线绘制，并应由图形的轮廓线、轴线或对称中心线处引出，也可利用轮廓线、轴线或对称中心线作尺寸界线，尺寸界线应超出尺寸线1~3 mm，如图1-11所示。

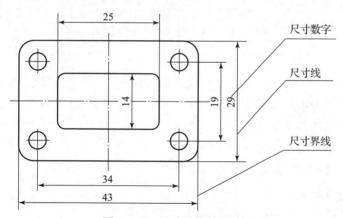

图1-11 尺寸界线的画法

尺寸界线一般应与尺寸线垂直，必要时才允许倾斜。在光滑过渡处标注尺寸时，应用细实线将轮廓线延长，从它们的交点处引出尺寸界线，如图1-12所示。

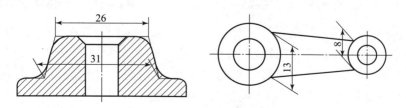

图1-12 尺寸界线与尺寸线斜交的注法

标注角度的尺寸界线应沿径向外引出，如图1-13所示；标注弦长的尺寸界线应平行于该弦的垂直平分线，如图1-14所示；标注弧长的尺寸界线应平行于该弧所对圆心角的角平分线，如图1-14所示，但当弧度较大时，可沿径向引出，如图1-15所示。

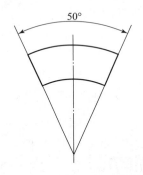

图1-13 角度尺寸界线画法及尺寸标注

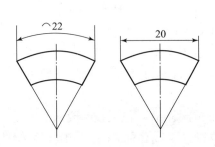

图1-14 弦长尺寸界线画法及尺寸标注

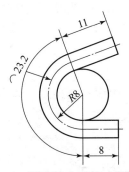

图1-15 弧度较大时尺寸界线画法

2）尺寸线

尺寸线表示度量尺寸的方向，用细实线绘制，其终端可以有下列两种形式。

（1）箭头：箭头的形式如图1-16所示，适用于各种类型的图样。

（2）斜线：斜线用细实线绘制，其方向和画法如图1-17所示。当尺寸线的终端采用斜线形式时，尺寸线与尺寸界线应相互垂直。

机械图样中一般采用箭头作为尺寸线的终端。

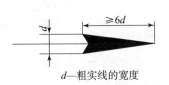

d—粗实线的宽度

图1-16 尺寸线终端的箭头

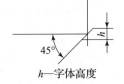

h—字体高度

图1-17 尺寸线终端的斜线

当尺寸线与尺寸界线相互垂直时，同一张图样中只能采用一种尺寸线终端的形式。标注线性尺寸时，尺寸线应与所标注的线段平行。尺寸线不能用其他图线代替，一般也不得与其他图线重合或画在其延长线上。圆的直径和圆弧半径的尺寸线终端应画成箭头，并按图1-18所示的方法标注。当圆弧的半径过大或在图纸范围内无法标出其圆心位置时，则可按图1-19（a）的形式标注。若不需要标出其圆心位置，则可按图1-19（b）的形式标注。

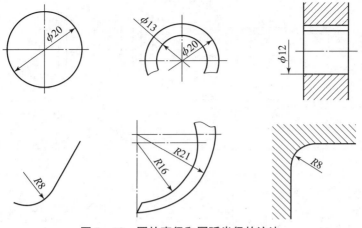

图 1-18 圆的直径和圆弧半径的注法

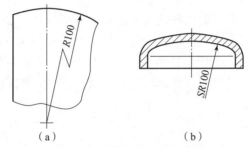

图 1-19 圆弧半径较大时的注法
（a）无法标出圆心位置时；（b）不需要标出圆心位置时

标注角度时，尺寸线应画成圆弧，其圆心是该角的顶点。

当对称机件的图形只画出一半或略大于一半时，尺寸线应略超过对称中心线或断裂处的边界，此时仅在尺寸线的一端画出箭头，如图 1-20 所示。

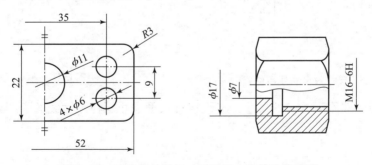

图 1-20 对称机件的尺寸线只画 1 个箭头的注法

在没有足够的位置画箭头或注写数字时，可按图 1-21 的形式标注，此时，允许用圆点或斜线代替箭头。

3）尺寸数字

尺寸数字用来表示机件的真实大小。在同一张图纸上，尺寸数字的字高应保持一致。线性尺寸的数字一般应注写在尺寸线的上方，标注直径时，应在尺寸数字前加注符号"ϕ"；标注半径时，应在尺寸数字前加注符号"R"，如图 1-22 所示。

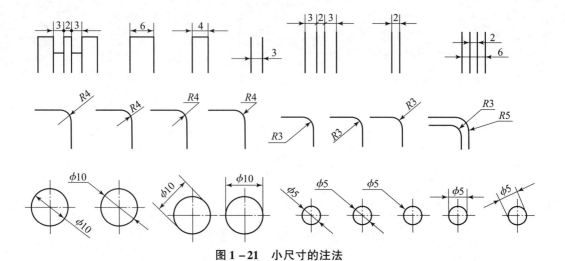

图 1-21 小尺寸的注法

线性尺寸数字的方向,有下面两种注写方法。一般应采用方法一注写,在不致引起误解时,也允许采用方法二。但在一张图样中,应尽可能采用同一种方法。

方法一:数字应按图 1-23 所示的方向注写,即水平方向字头朝上,竖直方向字头朝左,倾斜方向字头保持朝上的趋势,并尽可能避免在图示 30°范围内标注尺寸,当无法避免时可按图 1-24 的形式标注。

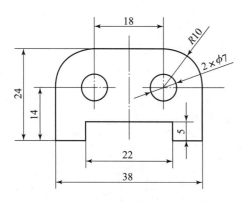

图 1-22 尺寸数字的注写位置

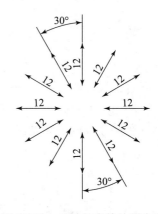

图 1-23 尺寸数字的注写方向

方法二:对于非水平方向的尺寸,其数字可水平地注写在尺寸线的中断处,如图 1-25 所示。

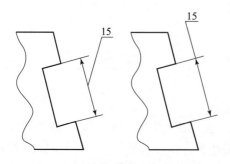

图 1-24 向左倾斜 30°范围内的尺寸数字的注写

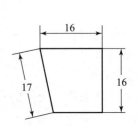

图 1-25 非水平方向的尺寸注法

角度的数字一律写成水平方向，必要时也可引出标注，如图1-26所示。

尺寸数字不可被任何图线所通过，否则应将该图线断开，如图1-27所示。

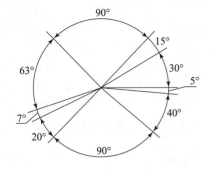
图1-26 角度数字的注写位置

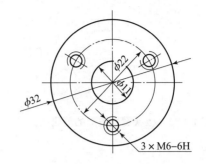
图1-27 尺寸数字不被任何图线通过的注法

3. 常用的尺寸注法

标注球面的直径或半径时，应在符号"ϕ"或"R"前再加注符号"S"，对于轴、螺杆、铆钉以及手柄等的端部，在不致引起误解的情况下可省略符号"S"，如图1-28所示。

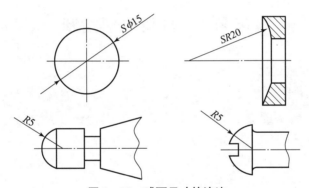
图1-28 球面尺寸的注法

标注弧长时，应在尺寸数字左方加注符号"⌒"，如图1-14和图1-15所示。

标注剖面为正方形结构的尺寸时，可在正方形边长尺寸数字前加注符号"□"或用"$B \times B$"替代"□"，如图1-29所示。

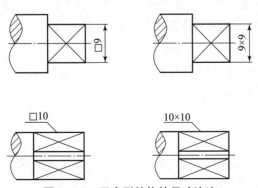
图1-29 正方形结构的尺寸注法

标注板状零件的厚度时，可在尺寸数字前加注符号"t"，如图1-30所示。

标注倒角尺寸时,45°的倒角可按图1-31所示的形式标注,非45°的倒角应按图1-32所示的形式标注。

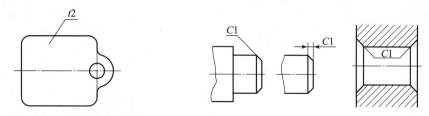

图1-30 板状零件厚度的简化注法　　图1-31 45°倒角的注法

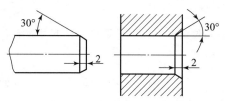

图1-32 非45°倒角的注法

任务2　几何图形绘制

✓ 任务引入

按要求完成《机械制图基础训练与任务书》中"任务2:使用绘图工具绘制几何图形——任务实施"的图样画法,并进行尺寸标注和符号标记。

✓ 任务目标

(1) 掌握常用的绘图工具和仪器的使用方法,养成正确使用常用绘图工具和仪器的习惯。

(2) 掌握线段等分、圆弧连接、圆周等分及四心圆弧法画椭圆方法,培养正确绘制圆弧连接、圆周等分及四心圆弧法画椭圆的基本绘图能力。

(3) 掌握斜度和锥度的概念、计算、画法及标注,培养正确表达机件上斜度和锥度结构的基本能力。

(4) 完成《机械制图基础训练与任务书》中"任务2:使用绘图工具绘制几何图形——任务实施"的图样抄画任务。

✓ 知识点导学

(1) 图板、丁字尺、三角板、圆规和分规、曲线板及其他绘图用品使用方法。

(2) 线段等分、圆周等分、圆弧连接及四心圆弧法画椭圆的作图方法。

①线段等分包括试分法和平行线法。

②圆周等分主要包括圆周五等分、圆周三等分和圆周六等分。

③圆弧连接主要包括直线间的圆弧连接、圆弧间的圆弧连接（外连接、内连接）。

（3）斜度和锥度的概念、计算、画法及标注方法。

①斜度的概念、计算、画法及标注方法。

②锥度的概念、计算、画法及标注方法。

相关知识

图样中的各种图形，一般是由直线和曲线按照一定的几何关系绘制而成的。作图时，需要利用绘图工具，按照图形的几何关系顺序完成。正确、熟练地使用绘图工具，掌握正确绘图方法，才能保证绘图质量，提高绘图速度。

一、常用绘图工具使用方法

（一）图板、丁字尺、三角板

1. 图板

图板是用来铺放和固定图纸的木板，一般用胶合板制成，四边镶有硬木边，其大小有不同规格，尺寸比同号图纸略大。板面应光洁、平整且有弹性。图板左侧边称为导边，必须光滑平直。

使用时，将图板放在绘图桌上，与水平桌面倾斜10°～15°。将图纸用透明胶带固定在图板上，为便于绘图，建议将图纸固定在图板的左下角，如图1-33所示。

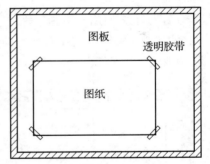

图1-33　图板与图纸的位置

2. 丁字尺

丁字尺用有机玻璃或木材制成，它有尺头和尺身两部分，两部分的连接必须牢固。丁字尺尺身上侧带有刻度的边称为工作边，尺头内边缘为导边，工作边与导边必须垂直。丁字尺长度应与所用图板的长度相适应，如图1-34所示，丁字尺主要用来画水平线。

使用丁字尺时，尺头内侧须靠紧图板的导边，用左手推动丁字尺上下移动，直至所需的画线位置，再自左向右画一系列水平线，画较长水平线时可用左手按住尺身，如图1-34所示。

3. 三角板

一副三角板有两块，一块角度为45°-45°-90°，另一块角度为30°-60°-90°，一般用有机玻璃制成，如图1-35所示。三角板的规格以45°-45°-90°三角板斜边或30°-60°-90°三角板的长直角边的长度来确定，常用三角板规格为250 mm。

图 1-34 丁字尺

图 1-35 用丁字尺和三角板画线

三角板与丁字尺配合使用，可画铅垂线、水平线及其平行线，如图 1-35 所示；也可画 45°、60°、75°的斜线，如图 1-36 所示。两块三角板配合使用，可以画出已知直线的平行线和垂直线，如图 1-37 所示。

图 1-36 用丁字尺和三角板画 45°、60°和 75°线

（二）圆规和分规

圆规是用来画圆或圆弧的工具。它的一条腿上装有钢针，用来定心，另一条腿上有肘形关节，并可装换铅芯插脚、钢针插脚（当分规用）、鸭嘴插角和接长杆（画大圆用）等，如图 1-38 所示。

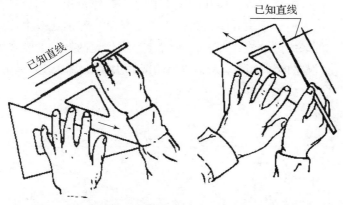

图 1-37　用两块三角板画已知直线的平行线和垂直线

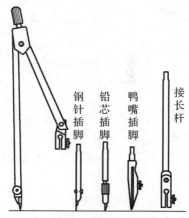

图 1-38　圆规及其插角

画图前应先检查两脚是否对准，并调整到两腿合拢时针尖比铅芯稍长些，以便使针尖扎入图板内。圆规上铅芯应根据不同图线选择不同硬度和不同形状，加深时应选软一些的铅芯。画圆时，先将圆规两腿分开至所需的半径尺寸，然后将钢针扎入图纸和图板，按顺时针方向稍微倾斜地转动圆规，转动时用力和速度要均匀，如图 1-39 所示。

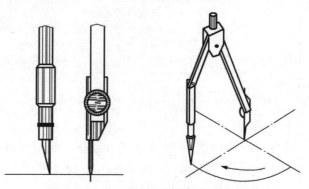

图 1-39　圆规钢针和铅芯的调整与画圆

分规是用来量取尺寸和等分线段或圆弧的工具。分规的两条腿都装有钢针，当两条腿并拢时针尖应重合于一点。绘图时可利用分规把尺子上的尺寸量取到图上，或把一处图形上的尺寸量取到另一处。量取时用分规针尖在图纸上扎上小孔作标记。用分规在直线上量取若干给定长度的线段时，可先使分规两针间距离等于给定长度，然后在线上连续截取。用分规将已知线段几等分时，可采用试分法，即先目测估计，使分规两针尖的距离大致为已知线段的 $1/n$，然后试分，若有误差再根据误差大小适当调节针尖距，继续进行试分，直到满意为止，如图 1-40 所示。用试分法也可等分圆或圆弧。

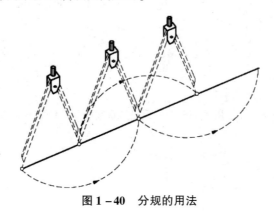

图 1-40 分规的用法

（三）曲线板

曲线板是绘制非圆曲线的常用工具。画曲线时，先定出曲线上足够数量的点，徒手将各点轻轻地连成曲线；然后在曲线板上选取曲率相当的部分，分几段逐次将各点连成曲线。画每段曲线时，注意应留出各段曲线末端的一小段不画，使之与下段吻合，以保证曲线光滑连接，如图 1-41 所示。

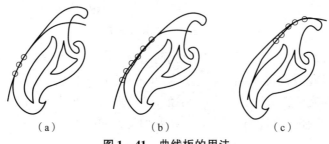

图 1-41 曲线板的用法

（四）绘图用品

绘图时还要备好图纸、绘图铅笔、胶带纸、削笔刀、磨铅笔的砂纸、橡皮、清洁图纸的软毛刷或软布等绘图用品。

绘图纸应质地坚实、洁白，绘图时要选择用橡皮擦拭不易起毛的图纸面。

绘图铅笔的铅芯有软、硬之分，分别用 B 和 H 来表示。B 前的数字大，表示铅芯软而黑；H 前的数字大，则表示铅芯硬而淡；HB 表示软硬适中。绘图时常用 H 或 2H 的铅笔打底稿，用 HB 的铅笔加深细线和书写，加深粗线可用 B 或 2B 的铅笔。

削铅笔应从没有标号的一端开始，以便保留标号，供使用时识别。画粗线的铅笔应削成（或磨成）铲形（扁平四棱柱形），其他削成（或磨成）圆锥形，如图 1-42 所示。用铅笔画线时，用力要均匀，画长细实线时要边画边转动笔杆，使图线粗细均匀。笔身在前后方向应垂直于纸面，在走笔方向上自然倾斜，约与纸面成 60° 角。

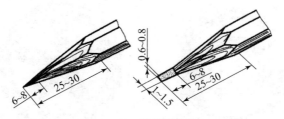

图 1-42 铅笔的削法

二、基本几何图形画法

机件的形状虽各有不同,但都是由各种基本的几何图形所组成。所以,绘制机械图样应当首先掌握常见几何图形的作图原理、作图方法,以及图形与尺寸间相互依存的关系。

(一) 等分直线段

在绘制机械图样时经常会遇到等分直线段,等分直线段是指将一条直线段按照给定段数进行等分。等分直线段常用的方法有两种:一种是试分法,另一种是平行线法。

试分法:等分线段时,根据等分数的不同,应凭目测,先分成相等或成一定比例的两(或几)大段,然后再逐步分成符合要求的多个相等小段。此方法常用在机械零部件测绘时的草图绘制上,如图 1-43 所示。

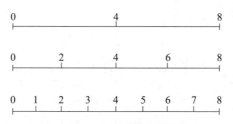

图 1-43 试分法等分直线段

平行线法:首先过一端点作任意直线,用分规在这条直线上截取 n 等份,然后连接等分的终点和已知线段的另一端点,最后过直线上各等分点作连线的平行线,平行线与线段交点即将线段 n 等分,如图 1-44 所示。

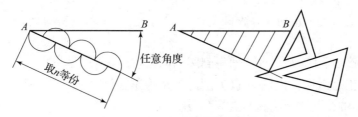

图 1-44 平行线法等分直线段

(二) 等分圆周和作多边形

在绘制机械图样中,常会遇到等分圆周的作图问题,如绘制六角螺母、手轮等图形,如图 1-45 所示。等分圆周有的可用三角板、丁字尺直接作出来,有的必须借助其他作图方法。

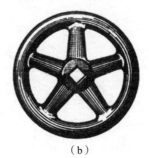

(a) (b)

图 1-45　等分圆周实例

(a) 六角螺母；(b) 手轮

1. 圆周五等分和作正五边形

作图步骤：

（1）以自定义半径绘制一圆，两中心线与圆交点为 A、B、C 和 D，两中心线交点为 O；

（2）作半径 OB 的垂直平分线得 OB 等分点 G；

（3）以 G 点为圆心、GC 为半径作圆弧，交 AO 于 H 点，则 CH 即为此圆内接五边形的边长；

（4）以 CH 为半径，以 C 点为始点分别左右等分圆周（为避免等分时产生累积误差，建议不要依次等分圆周），即完成圆周的五等分；

（5）依次连接各等分点即得正五边形。

作图过程如图 1-46 所示。

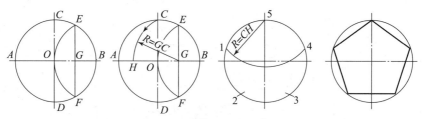

图 1-46　作正五边形步骤

2. 圆周三（六）等分和作正三（六）边形

作图步骤：

（1）以自定义半径绘制一圆，两中心线与圆交点为 A、B、C 和 D，两中心线交点为 O；

（2）以 B 点为圆心、R 为半径作圆弧，交圆周于 E、F 两点，则点 D、E 和 F 即为此圆的三等分点；

（3）依次连接 D、E、F 三点，即得到圆的内接正三角形；

（4）若欲作正六边形，再以 D 点为圆心、R 为半径画圆弧，交圆周于 H、G 两点，则 D、H、E、B、F 和 G 点即为此圆的六等分点；

（5）依次连接 D、H、E、B、F、G 各点，即得到圆的内接正六边形。

作图过程如图 1-47 所示。

（三）圆弧的连接

在绘制零件的轮廓形状时，经常遇到从一条直线（或圆弧）光滑地过渡到另一条直线（或圆弧）的情况，这种用一段圆弧光滑地连接相邻两条已知线段（圆弧或直线）的作图方法称为圆弧连接。

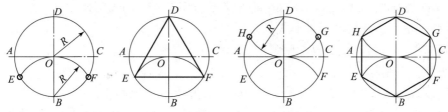

图1-47 作正三(六)边形步骤

圆弧连接作图的基本步骤:首先求作连接圆弧的圆心,它应满足到两被连接线段的距离均为连接圆弧的半径的条件。然后找出连接点,即连接圆弧与被连接线段的切点。最后在两连接点之间画连接圆弧。

已知条件:已知连接圆弧的半径。

实质:使连接圆弧和被连接的直线或圆弧相切。

关键:找出连接圆弧的圆心和连接点(即切点)。

1. 直线间的圆弧连接

作图方法归纳为以下3点。

(1) 定距:作与两已知直线分别相距为 R(连接圆弧的半径)的平行线。两平行线的交点 O 即为圆心。

(2) 定连接点(切点):从圆心 O 向两已知直线作垂线,垂足即为连接点(切点)。

(3) 以 O 为圆心,以 R 为半径,在两连接点(切点)之间画圆弧。

作图步骤:

①作与已知两边分别相距为 R 的平行线,交点 O 即为连接弧圆心。

②自 O 点分别向已知两边作垂线,垂足 A、B 即为切点。

③以 O 为圆心、R 为半径在两切点 A、B 之间画连接弧。

作图过程如图1-48所示。

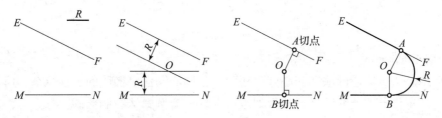

图1-48 直线间的圆弧连接

2. 圆弧间的圆弧连接

1) 连接圆弧的圆心和连接点的求法

作图方法归纳为以下3点。

(1) 用算术法求圆心:根据已知圆弧的半径 R_1 或 R_2 和连接圆弧的半径 R 计算出连接圆弧圆心轨迹线圆弧的半径 R',外切时:$R' = R + R_1$,内切时:$R' = |R - R_2|$。

(2) 用连心线法求连接点(切点)。

外切时:连接点在已知圆弧和圆心轨迹线圆弧的圆心连线上。内切时:连接点在已知圆弧和圆心轨迹线圆弧圆心连线的延长线上。

(3) 以 O 为圆心,以 R 为半径,在两连接点(切点)之间画圆弧。

2) 圆弧间的圆弧连接的两种形式

(1) 外连接:连接圆弧和已知圆弧的弧向相反(外切)。

作图步骤:

① 分别以 R_1+R 及 R_2+R 为半径,以 O_1、O_2 为圆心,画弧交于 O。

② 连 O、O_1 交已知圆(弧)于 A,连 O、O_2 交已知圆(弧)于 B,A、B 即为切点。

③ 以 O 为圆心、R 为半径画圆弧,连接已知圆(弧)于 A、B 两点。

作图过程如图 1-49 所示。

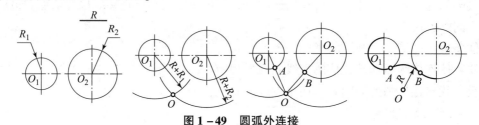

图 1-49 圆弧外连接

(2) 内连接:连接圆弧和已知圆弧的弧向相同(内切)。

作图步骤:

① 分别以 $R-R_1$ 和 $R-R_2$ 为半径,以 O_1 和 O_2 为圆心,画弧交于 O。

② 连 O、O_1 及 O、O_2 并延长,分别交已知弧于 A、B,A、B 即为切点。

③ 以 O 为圆心、R 为半径画圆弧,连接两已知弧于 AB 即完成作图。

作图过程如图 1-50 所示。

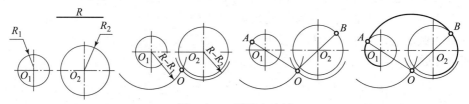

图 1-50 圆弧内连接

(四) 椭圆的画法

椭圆常用画法有同心圆法和四心圆弧法两种,同心圆法绘椭圆的过程复杂,所以在绘图时很少使用,本任务主要介绍椭圆的近似画法,即四心圆弧法绘制椭圆。

四心圆弧法:用四段圆弧连接起来的图形近似代替椭圆。如果已知椭圆的长轴 AB 与短轴 CD,则其近似画法的步骤如下:

(1) 连 A、C,以 O 为圆心、OA 为半径画圆弧,交 DC 延长线于 E;

(2) 以 C 为圆心、CE 为半径画圆弧,截 AC 于 E_1;

(3) 作 AE_1 的中垂线,交长轴于 O_1,交短轴于 O_2,并找出 O_1 和 O_2 的对称点 O_3 和 O_4;

(4) 把 O_1 与 O_2、O_2 与 O_3、O_3 与 O_4、O_4 与 O_1 分别连接;

(5) 以 O_1 与 O_3 为圆心、O_1A 为半径,以 O_2 与 O_4 为圆心、O_2C 为半径,分别画圆弧到连心线,K、K_1、N_1、N 为连接点,即得所求的椭圆。

作图过程如图 1-51 所示。

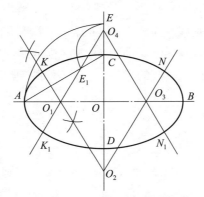

图 1-51 四心圆弧法绘制椭圆

(五) 斜度和锥度

1. 斜度

一直线（或平面）对另一直线或平面的倾斜程度称为斜度。斜度的大小以它们之间夹角 α 的正切来表示，即斜度 $= \tan\alpha = H/L$，并常化成 $1:n$ 的形式，斜度及其符号如图 1-52 所示。

举例：绘制如图 1-53 所示带有斜度线的图形。

作图步骤：

(1) 在直线上自 O 点在 OA 上取 5 个单位长度，在 OB 上取 1 个单位长度；

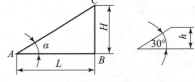

图 1-52 斜度及其符号

(2) 连接位置点 5 和 1，即为 $1:5$ 的斜度线；

(3) 过已知点 C 作斜度线的平行线，即为所求斜度线。

注意：斜度符号的方向应与斜度方向一致。

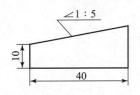

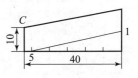

图 1-53 斜度线的画法

2. 锥度

正圆锥体上两截面圆的直径差与两截面间的距离之比称为锥度，并常将此比值化为 $1:n$ 的形式，锥度及其符号如图 1-54 所示。

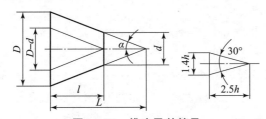

图 1-54 锥度及其符号

举例：绘制如图 1-55 所示有锥度线的图形。

作图步骤：
(1) 在 OC 上取 5 个单位长度，对称于 OC 取 AB 1 个单位长度（上下各取 1/2）；
(2) 分别连接上下位置点 1/2 和 5，即为 1∶5 的锥度线；
(3) 过已知点 A、B 分别作锥度线的平行线，即为所求锥度线。
作图过程如图 1-55 所示。

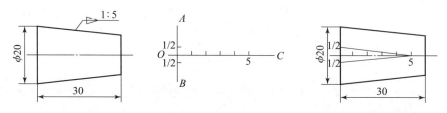

图 1-55 锥度线的画法

任务 3　平面图形的分析和作图

✓ 任务引入

采用 A4 图纸幅面，按 1∶1 比例抄画《机械制图基础训练与任务书》中"任务 3：平面图形的分析和作图——任务实施"的图样，并绘制标题栏，标注尺寸，标题栏按教材"图 1-5 学生用简化标题栏"格式绘制。

✓ 任务目标

(1) 掌握平面图形的图形分析方法、画法及尺寸标注方法，培养绘制平面几何图形，并正确、齐全地对图形进行尺寸标注的能力。
(2) 掌握徒手绘图的基本要求和方法，初步培养徒手绘图能力。
(3) 完成《机械制图基础训练与任务书》中"任务 3：平面图形的分析和作图——任务实施"的图样抄画任务。

✓ 知识点导学

1. 平面图形的尺寸分析、线段分析

(1) 平面图形中的尺寸按作用可分为定形尺寸和定位尺寸。确定平面图形中各线段或线框形状大小的尺寸称为定形尺寸。确定平面图形中各线段或线框间相对位置的尺寸称为定位尺寸。在标注尺寸时，同样也需要给尺寸确定一个参照，这个参照就是一个或几个尺寸标注的公共起点，这种标注尺寸的起点就称为尺寸基准，简称基准。

(2) 平面图形中的线段一般可分为已知线段、中间线段和连接线段三种不同性质的线段。定形尺寸和定位尺寸齐全的线段称为已知线段。定形尺寸齐全，但定位尺寸不全的线段称为中间线段。只有定形尺寸而没有定位尺寸的线段称为连接线段。

2. 平面图形的作图步骤及平面图形的尺寸标注

（1）绘制平面图形应首先对其进行尺寸和线段分析，然后画出所有已知线段，再画各中间线段，最后画出连接线段。一般作图步骤为：画图准备、画底稿线、加粗加深底稿线、标注尺寸、注写必要的文字说明并填写标题栏、检查和整理。

（2）平面图形的尺寸标注要求：正确（尺寸注法应符合国家标准的有关规定）、完整（所标注的尺寸应齐全，不重复、不遗漏）和清晰（尺寸数字应清晰且排列整齐）。平面图形的尺寸标注步骤：先分析图形，确定长、宽两个方向的尺寸基准，再标注定形尺寸，最后标注定位尺寸。

3. 徒手绘图的基本要求和图线画法

徒手绘图是指不借助绘图工具，徒手绘制图样。徒手绘图的基本要求是：图线清晰、图形准确、比例匀称、字体工整。徒手绘图法主要包括直线、圆和椭圆的画法。

相关知识

平面图形是由若干线段连接组合而成，各线段的长短或位置是由尺寸和一定的几何关系来确定的。画平面图形前首先要对图形进行尺寸分析和线段性质分析，才能确定正确的作图步骤、方法，并正确、完整地标注尺寸。

一、尺寸分析

平面图形中的尺寸按作用可分为定形尺寸和定位尺寸。

（一）定形尺寸

确定平面图形中各线段或线框形状大小的尺寸称为定形尺寸。例如：线段长度、圆的直径、圆弧半径、角度大小等。如图 1 – 56 所示图形中的尺寸 $\phi 20$、$\phi 12$、$R10$、$R8$、40、5 等。

（二）定位尺寸

确定平面图形中各线段或线框间相对位置的尺寸称为定位尺寸，如图 1 – 56 中的尺寸 20 确定了 $\phi 20$ 和 $\phi 12$ 圆在高度方向的圆心位置，3 确定了 $\phi 20$ 和 $\phi 12$ 圆在长度方向的圆心位置，60°确定了斜线的倾斜方向。

有时一个尺寸既是定形尺寸也是定位尺寸，具有双重作用。

（三）尺寸基准

任意两个平面图形之间必然存在着相对位置，就是说必有一个是参照的。在标注尺寸时，同样也

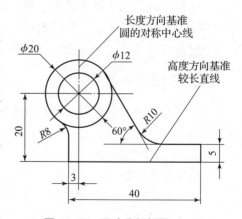

图 1 – 56 尺寸分析例图（一）

需要给尺寸确定一个参照，这个参照就是一个或几个尺寸标注的公共起点，这种标注尺寸的起点就称为尺寸基准，简称基准。

平面图形尺寸有水平和垂直两个方向（相当于坐标轴 x 方向和 y 方向），因此，基准也必须从水平和垂直两个方向考虑。平面图形中尺寸基准是点或线。常用的点基准有圆心、球

心、多边形中心点、角点等,线基准往往是图形的对称线、轴线、中心线及较长的底线或边线,如图1-56所示。

二、平面图形线段分析

平面图形中的线段一般可分为3种不同性质。

(一)已知线段

定形尺寸和定位尺寸齐全的线段称为已知线段。已知线段可根据标注的尺寸直接绘出,因此绘图时应先画出已知线段。如图1-57所示图形中,100线段、$\phi20$和$\phi36$圆、$R20$圆弧等均为已知线段。

(二)中间线段

定形尺寸齐全,但定位尺寸不全的线段称为中间线段。中间线段必须根据与已知相邻线段的连接关系才能画出,因此中间线段需在与其相邻的已知线段画完后才能画出。如图1-57中的$R120$圆弧。

(三)连接线段

只有定形尺寸而没有定位尺寸的线段称为连接线段。连接线段必须根据与相邻的中间线段或已知线段的连接关系才能画出,因此连接线段需最后画出。如图1-57中的$R60$、$R10$和$R5$圆弧。

在两条已知线段之间,可以有多条中间线段,但有且只有一条连接线段。否则,尺寸将出现缺少或多余情况。

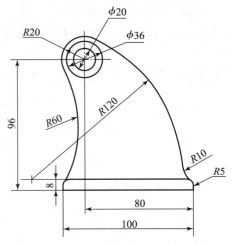

图1-57 线段分析例图

标注尺寸时,也要根据线段性质才能正确标出所需尺寸。平面图形中凡是由作图确定的尺寸不需要在图中标注,以免引起尺寸矛盾。例如连接圆弧圆心的两个定位尺寸和中间圆弧的一个定位尺寸是根据相切关系由作图确定的,就不需要标注。

三、绘图方法和步骤

绘制平面图形应首先对其进行尺寸和线段分析,然后画出所有已知线段,再画各中间线段,最后画出连接线段。

平面图形的一般作图步骤如下。

(一)画图准备

(1)根据图形大小选择比例及图纸幅面,固定图纸。

(2)根据图形尺寸分析平面图形中哪些是已知线段、哪些是连接线段,以及所给定的连接条件。

(3)根据图幅尺寸画好图框,按学生作业规定标题栏格式和尺寸画好标题栏。

(4)拟定具体的作图顺序。

(二)画底稿线

(1)根据各组成部分的尺寸关系确定作图基准、定位线(重要位置线)。

(2) 依次画已知线段、中间线段和连接线段。

画底稿轮廓线时应先画主要轮廓线,最后画细节部分。画线应轻、细且准。

画底稿时,应注意以下几点:

(1) 画底稿用铅笔,铅芯应经常修磨以保持尖锐。
(2) 底稿上,各种线型均暂不分粗细,并要画得很轻、很细。
(3) 作图力求准确。
(4) 画错的地方,在不影响画图的情况下,可先作记号,待底稿完成后一起擦掉。

(三) 加粗加深底稿线

加粗加深底稿线一般步骤如下。

(1) 先粗后细——一般先描深全部粗实线,再描深全部虚线、点画线及细实线等,这样既可提高绘图效率,又可保证同一线型在全部图中粗细一致,不同线型之间的粗细也符合比例关系。
(2) 先曲后直——在描深同一种线型(特别是粗实线)时,应先描深圆弧和圆,然后描深直线,以保证连接圆滑。
(3) 先水平后垂斜——先用丁字尺自上而下画出全部相同线型的水平线,再用三角板自左向右画出全部相同线型的垂直线,最后画出倾斜的直线。

加粗加深底稿线注意事项如下。

(1) 在铅笔描深以前必须全面检查底稿,修正错误,把画错的线条及作图辅助线用橡皮轻轻擦净。
(2) 用2B铅笔描深各种图线,用力要均匀一致,以免线条浓淡不均。
(3) 为避免弄脏图面,要保持双手和三角板及丁字尺的清洁。描深过程中应经常用毛刷将图纸、三角板和丁字尺上的铅笔屑擦净,并应尽量减少三角板在已描深的图纸上反复推摩。
(4) 描深后的图纸很难擦净,故要尽量避免画错。需要擦掉时,可用橡皮顺着图线的方向擦拭。

(四) 标注尺寸

1. 平面图形的尺寸标注要求

(1) 正确:尺寸标注法应符合国家标准的有关规定。
(2) 完整:所标注的尺寸应齐全,不重复、不遗漏。
(3) 清晰:尺寸数字应清晰且排列整齐。

2. 平面图形的尺寸标注步骤

(1) 分析图形,包括尺寸分析和线段分析,确定长、宽两个方向的尺寸基准。
(2) 标注定形尺寸。
(3) 标注定位尺寸。

标注时先一次画好尺寸界线、尺寸线和箭头,然后注写尺寸数字及符号等。为帮助读者掌握尺寸标注基本方法并学会尺寸标注,请参考图1-58~图1-61进行模仿。

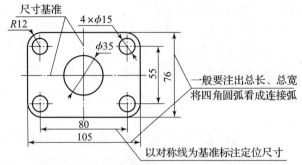

图 1-58 平面图形的尺寸标注示例（一）

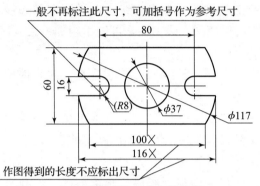

图 1-59 平面图形的尺寸标注示例（二）

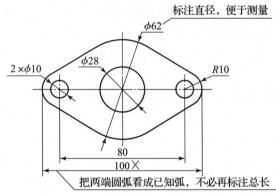

图 1-60 平面图形的尺寸标注示例（三）

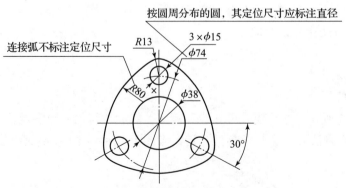

图 1-61 平面图形的尺寸标注示例（四）

（五）注写必要的文字说明，填写标题栏

（六）检查、整理

绘图全部完成后，仔细检查，校对全图，最后在标题栏"制图"一格内签上姓名。

下面以图 1-62 所示手柄为例说明平面图形的绘图方法和步骤。

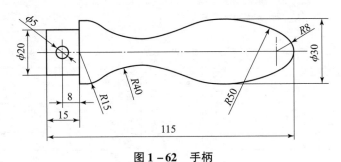

图 1-62　手柄

图形分析：

1. 尺寸分析

由分析可知，图中的 $R40$、$R8$、$R50$、$R15$ 以及 $\phi20$、$\phi5$ 均为定形尺寸，图中的 8、$\phi30$ 和 115 为定位尺寸。

2. 线段分析

由分析可知，图中 $R15$ 圆弧、$R8$ 圆弧和 $\phi5$ 为已知圆弧，$R50$ 为中间圆弧，$R40$ 则为连接圆弧。

3. 作图步骤

（1）画基准线，以确定平面图形在图纸上的位置和构成平面图形的各基本图形的相对位置，结果如图 1-63 所示。

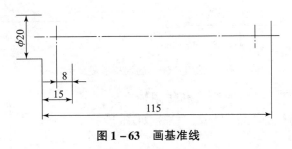

图 1-63　画基准线

（2）画已知线段，根据图形中已知线段尺寸依次绘制出已知线段，结果如图 1-64 所示。

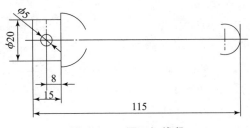

图 1-64　画已知线段

(3) 画中间线段，根据图形中的中间线段尺寸和中间线段与已知线段的相邻关系，依次绘制出中间线段，结果如图 1-65 所示。

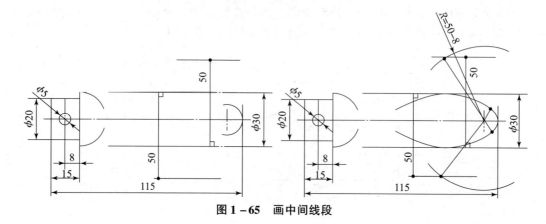

图 1-65　画中间线段

(4) 画连接线段，根据图形中连接线段尺寸和连接线段与已知线段的相邻关系，依次绘制出连接线段，结果如图 1-66 所示。

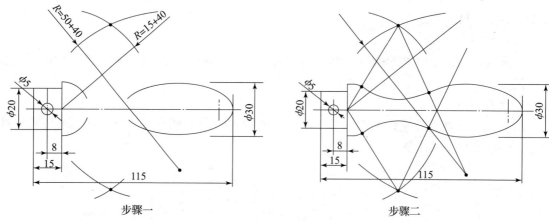

图 1-66　画连接线段

(5) 整理全图，擦去画错的线条和作图辅助线，仔细检查无误后加深图线并标注尺寸，结果如图 1-62 所示。

为帮助读者强化平面图形绘图思想（也可作为教师授课选用），下面再以平面图形吊勾（如图 1-67 所示）为例，来简要说明画图方法和步骤。

(1) 画基准线，如图 1-68 所示。
(2) 画已知线段（圆弧），如图 1-69 所示。
(3) 画中间线段（圆弧），如图 1-70 所示。
(4) 画连接线段（圆弧），如图 1-71 所示。

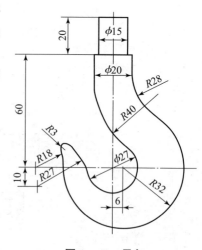

图 1-67　吊勾

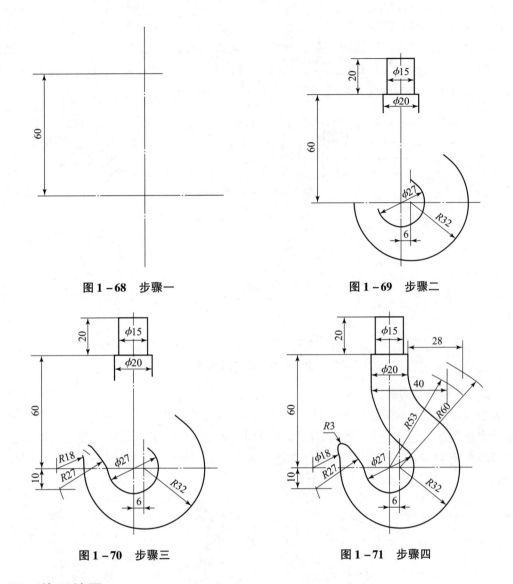

图 1-68 步骤一　　　　　　图 1-69 步骤二

图 1-70 步骤三　　　　　　图 1-71 步骤四

四、徒手绘图

草图是指绘图人员不借助绘图工具而徒手绘制的图样，它是以目测来估计物体的形状和大小，并按一定的画法要求及大致比例徒手绘制出的图形。徒手绘图便于工程技术人员在生产现场进行交流、测绘、构思和创作，是工程技术人员应该掌握的重要基本技能。画图时，不需要将图纸固定，以便随时将图纸调整到画图最顺手的位置。草图虽然是徒手绘制，但绝不能随意、潦草。对徒手绘图的基本要求是：图线清晰、图形准确、比例匀称、字体工整。

绘制草图时使用软一些的铅笔（如 HB、B 或者 2B），铅笔削长一些，铅芯呈圆形，粗、细各一支，分别用于绘制粗、细线。

画草图时，可以用有方格的专用草图纸，或者在白纸下面垫一张有格子的纸，以便控制图线的平直和图形的大小。

（一）直线的画法

徒手画直线时，先标出直线的两端点，从起点开始，眼睛瞄准终点方向，手腕贴着纸面，沿着画线方向移动铅笔。

画水平线时，图纸可稍倾斜一点，自左向右画线；画垂直线时，自上而下画线，短直线可一笔画出，长直线应分段相接而成，如图1-72所示。画30°、45°、60°等特殊角度的斜线时，可根据直角边的比例关系近似画线，如图1-73所示。

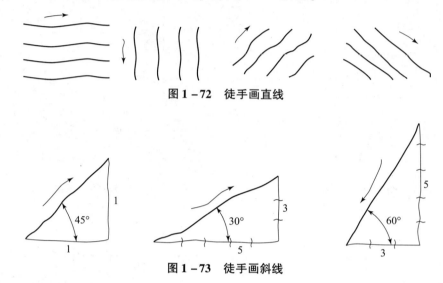

图1-72 徒手画直线

图1-73 徒手画斜线

（二）圆和椭圆的画法

画小圆时，先定出圆心位置，过圆心画两条互相垂直的中心线，在中心线上按半径大小目测定出4个点，过4个点分两半画圆，如图1-74（a）所示；画直径较大的圆时，可过圆心再画两条45°的相交线，按半径目测定出8个点，过8个点分段画圆，如图1-74（b）所示。

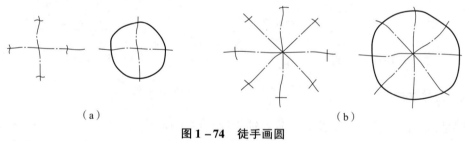

（a）　　　　　　　　　　（b）

图1-74 徒手画圆
(a) 小圆；(b) 大圆

画椭圆时，先根据长、短轴定出4个点，画出一个矩形，然后按图1-75画出与矩形相切的椭圆。

图1-75 徒手画椭圆

徒手绘图的示例如图1-76所示。

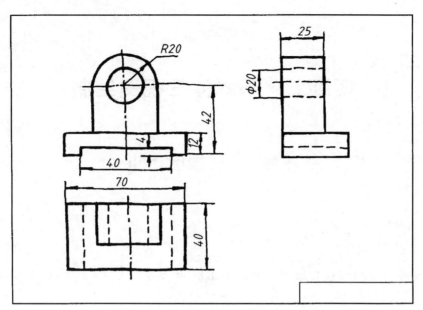

图 1-76 徒手绘图

项目二 基本体三视图绘制

任务1 三视图认知

✓ 任务引入

按要求完成《机械制图基础训练与任务书》中"任务1：三视图认知——任务实施"的任务。

✓ 任务目标

(1) 掌握投影法的概念、分类及正投影法的基本特性，培养空间想象能力。
(2) 掌握空间投影体系的建立、三视图的形成及其投影规律，培养空间思维转换能力。
(3) 完成《机械制图基础训练与任务书》中"任务1：三视图认知——任务实施"的任务。

✓ 知识点导学

1. 投影法的概念、分类及正投影法的基本特性
(1) 光线经过物体在选定的平面上投影得到图形的方法称为投影法。
(2) 常用的投影法分中心投影法和平行投影法两大类，在平行投影法中，按投影线是否垂直于投影面，又分为正投影法和斜投影法两种。
(3) 正投影法有3个基本投影特性：真实性、积聚性和类似性。
2. 投影体系的建立、三视图的形成及其投影规律
(1) 空间3个互相垂直的平面将空间分为8个部分，每一部分叫作1个分角，国家标准规定：绘制技术图样应优先采用第一角画法，即将物体置于第一分角内向投影面进行投影。第一分角的三投影面分别为正面（也称V面）、水平面（也称H面）和侧面（也称W面）。
(2) 三视图的形成：将物体放置在V、H、W三投影面体系中，分别向3个投影面作正投影，将空间3个投影面展开摊平在一平面上，V面投影图称为主视图，H面投影图称为俯视图，W面投影图称为左视图。
(3) 三视图的投影规律：
三视图间的位置关系：俯视图在主视图的正下方，左视图在主视图的正右方。
三视图之间的尺寸关系：主视图反映了形体上下方向的高度尺寸和左右方向的长度尺寸，俯视图反映了形体左右方向的长度尺寸和前后方向的宽度尺寸，左视图反映了形体上下

方向的高度尺寸和前后方向的宽度尺寸。主、俯视图长度相等且对正（长对正），主、左视图高度相等且平齐（高平齐），俯、左视图宽度相等（宽相等）。

三视图与物体的方位对应关系：主视图反映了形体的上下和左右方位关系；俯视图反映了形体的左右和前后方位关系；左视图反映了形体的上下和前后方位关系。

 相关知识

一、投影法基础知识

在工程技术中，人们常用到各种图样，如机械图样、建筑图样等。这些图样都是按照不同的投影方法绘制出来的，工程界广泛采用投影的方法来表达物体，以实现三维物体与二维图形的相互转换，而机械图样是用正投影法原理绘制的。

（一）投影法概念

在日常生活中，当太阳光或灯光照射物体时，在地面或墙上就会产生物体的影子，这种现象称为投影现象，把物体的影子称为物体的投影。不难看出，要获得物体的投影，必须具备光源、物体及平面这3个条件。根据这种自然现象，经过归纳总结，就形成了投影法的概念，即光线经过物体在选定的平面 P 上投影得到图形的方法称为投影法。

如图 2-1 所示，光源 S 称为投影中心，由光源发射出的光线称为投射线，平面 P 是形成投影的平面，称为投影面，投射线经过 A 点后在投影面 P 上所得到的投影点 a 称为投影。

（二）投影法分类

常用的投影法分两大类：中心投影法和平行投影法。

1. 中心投影法

投射线汇交于一点的投影法称为中心投影法，按中心投影法作出的投影称为中心投影，如图 2-2 所示，设 S 为投影中心，△ABC 在投影面 P 上的中心投影为△abc。用中心投影法得到的物体的投影大小与物体的位置有关。在投影中心与投影面不变的情况下，当△ABC 靠近或远离投影面时，它的投影△abc 就会变大或变小，且一般不能反映△ABC 的实际大小，这种投影法所得图样具有高度的立体感，但度量性较差。中心投影法主要用于绘制建筑物的透视图，因此，在机械工程图样中，不采用中心投影法。

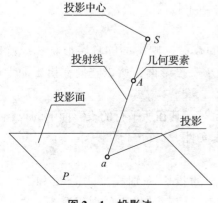

图 2-1 投影法

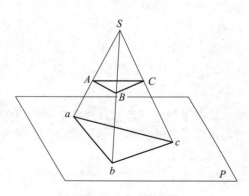

图 2-2 中心投影法

2. 平行投影法

若将中心投影法的投影中心移至无穷远，则所有投射线可视为相互平行，这种投射线相互平行的投影法称为平行投影法，投射线的方向称投影方向。如图 2－3 所示，△ABC 在投影面 P 上的平行投影为 △abc。当平行移动物体时，其投影的形状和大小都不会改变。平行投影法主要用于绘制工程图样。

在平行投影法中，按投影线是否垂直于投影面，又分为正投影法和斜投影法两种。投影线倾斜于投影面的平行投影法称为斜投影法，如图 2－3（a）所示；投影线垂直于投影面的平行投影法称为正投影法，如图 2－3（b）所示。

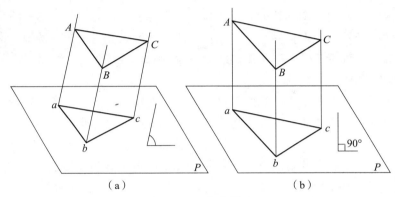

图 2－3　平行投影法

(a) 斜投影法；(b) 正投影法

正投影法能在投影面上较"真实"地表达空间物体的大小和形状，作图简便，且度量性好，因而在工程中得到广泛的应用，机械图样就是采用正投影法绘制的。投影法的类型可归纳如下。

$$投影法\begin{cases}中心投影法——透视图\\平行投影法\begin{cases}斜投影法——各种斜轴测图\\正投影法\begin{cases}单面——标高图、各种正轴测图\\多面——多面正投影图\end{cases}\end{cases}\end{cases}$$

（三）正投影的基本投影特性

正投影法中，物体上的平面和直线的投影有以下 3 个特性。

1. 真实性

当物体上的平面和直线平行于投影面时，它们的投影反映平面的真实形状和线段的实长。在图 2－4（a）中，线段 AB∥投影面，平面 CDE∥投影面，所以它们在投影面上的投影反映线段的实长与平面的实形。

通过分析可知：当空间直线或平面平行于投影面时，其在所平行的投影面上的投影反映直线的实长或平面的实形，称正投影的这种性质为真实性。

2. 积聚性

当物体上的平面和直线垂直于投影面时，它们的投影分别积聚为直线和点。在图 2－4（b）中，线段 AB⊥投影面，平面 CDE⊥投影面，因而其投影分别积聚为一点 a（b）和一线 cde。

通过分析可知：当直线或平面垂直于投影面时，其在所垂直的投影面上的投影为一点或一条直线，称正投影的这种性质为积聚性。

3. 类似性

当物体上的平面和直线倾斜于投影面时，平面投影为缩小的类似形（其平行、凹凸、直曲和边数不变），直线段的投影仍为直线，但长度缩短。如图2-4（c）中，线段 AB 投影依然为线段，$\triangle CDE$ 的投影依然为 $\triangle cde$，且均为类似形。

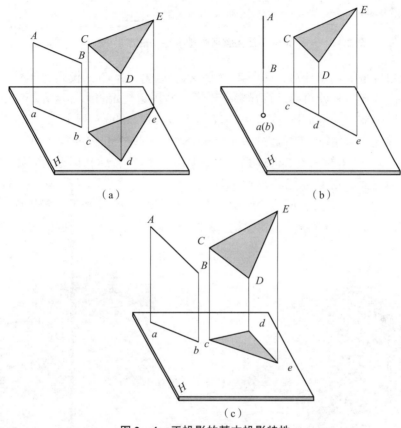

图2-4 正投影的基本投影特性
(a) 真实性；(b) 积聚性；(c) 类似性

通过分析可知：当空间直线或平面倾斜于投影面时，其在该投影面上的正投影仍为直线或与之类似的平面图形。其投影的长度变短或面积变小，称正投影的这种性质为类似性。

（四）投影体系的建立

在许多情况下，只用一个投影不加任何注解，是不能完整、清晰地表达和确定形体的形状和结构。如图2-5所示，3个形体在同一个方向的投影完全相同，但3个形体的空间结构并不相同。可见只用一个方向的投影不能唯一地表达形体的形状。一般情况下，必须将形体向几个方向同时投影，才能完整、清晰地表达出形体的形状和结构。

在表达物体的结构形状时，通常需将物体向两个或两个以上的投影面进行正投影。多投影面体系就是由互相垂直的两个或多个投影面组成的，三投影面体系是由互相垂直的三个投影面组成的。3个互相垂直的平面将空间分为8个部分，每一部分叫作一个分角，分别称为

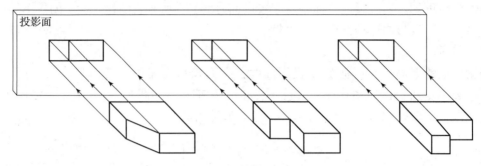

图 2-5 一个投影不能完整清晰地表达和确定形体的形状结构

Ⅰ分角、Ⅱ分角、……、Ⅷ分角，如图 2-6 所示。这个体系叫三投影面体系。世界上有些国家规定将形体放在第一分角内进行投影，也有一些国家规定将形体放在第三分角内进行投影，而我国国家标准《技术制图 投影法》（GB/T 17451—1998）规定："技术图样应采用正投影法绘制，并优先采用第一角画法"，即将物体置于第一分角内向投影面进行投射。

图 2-7 是第一分角的三投影面体系，对该体系采用的名称和标记为：正对着观察者的正立投影面称为正面，用 V 标记（也称 V 面）；水平位置的投影面称为水平面，用 H 标记（也称 H 面）；右边的侧立投影面称为侧面，用 W 标记（也称 W 面）。投影面与投影面的交线称为投影轴，分别以 OX、OY、OZ 标记，3 根投影轴的交点 O 叫原点。

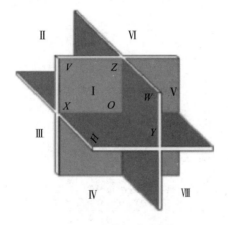

图 2-6 空间八个分角图

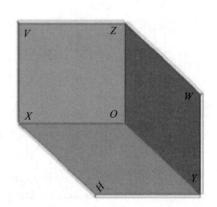

图 2-7 三投影面体系

二、三视图的形成及其投影规律

（一）三视图的形成

如图 2-8（a）所示，将物体放置在建立 V、H、W 三投影面体系内，然后分别向 3 个投影面作正投影。物体在三投影面体系中的摆放位置应注意以下两点。

（1）应使物体的多数表面（或主要表面）平行或垂直于投影面（即形体正放）。

（2）物体在三投影面体系中的位置一经选定，在投影过程中不能移动或变更，直到所有投影都进行完毕。这样规定主要是为了绘图、读图和研究问题方便。

物体在 3 个投影面上完成投影后，为了作图和表示方便，需将空间 3 个投影面展开后摊平在一平面上。其规定展开方法如图 2-8（b）所示。V 面保持不动，将 H 面和 W 面按图中箭头所指方向分别绕 OX 和 OY 轴旋转，使 H 面和 W 面均与 V 面处于同一平面内，即得如图 2-8（c）所示的形体的三面投影图。

从三面投影图的形成过程可知，各面投影图的形状和大小均与投影面的大小无关。由此可以看出，如果形体上、下、前、后、左、右平行移动，该物体的三面投影图仅在投影面上的位置有所变化，而其形状和大小是不会发生变化的，即三面投影图的形状和大小与形体和投影面的距离（即与投影轴的距离）无关。因此，在画三面投影图时，一般不画出投影面的大小（即不画出投影面的边框线），也不画出投影轴，如图 2-8（d）所示。

在三投影面体系中，习惯将通过这种投影方法所得点、线、面等几何元素的投影图，称为三面投影，将通过这种投影方法所得物体的投影图称为三视图。国家标准规定：V 面上的投影图称为主视图；H 面上的投影图称为俯视图；W 面上的投影图称为左视图。

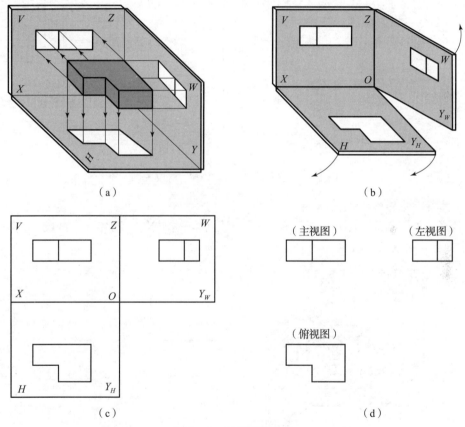

图 2-8 三视图的形成

（二）三视图的投影规律

三视图之间、物体和三视图之间存在着下列投影规律。

1. 三视图之间的位置关系

俯视图在主视图的正下方，左视图在主视图的正右方。

2. 三视图之间的尺寸关系

1) 每个视图所反映的物体尺寸情况

（1）主视图：反映了形体上下方向的高度尺寸和左右方向的长度尺寸。

(2) 俯视图：反映了形体左右方向的长度尺寸和前后方向的宽度尺寸。

(3) 左视图：反映了形体上下方向的高度尺寸和前后方向的宽度尺寸。

2) 三视图之间的尺寸对应关系

根据每个视图所反映的形体的尺寸情况及投影关系，可以看出主、俯视图中相应投影（整体或局部）的长度相等，并且对正；主、左视图中相应投影（整体或局部）的高度相等，并且平齐；俯、左视图中相应投影（整体或局部）的宽度相等。上述内容可归纳为：主、俯视图长对正，主、左视图高平齐，俯、左视图宽相等，常常简称为"长对正、高平齐、宽相等"，习惯称为"三等规律"。"三等规律"是画图或看图中要时刻遵循的规律，视图间"三等规律"对应关系如图2-9所示。

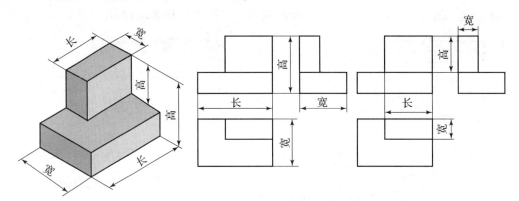

图 2-9　视图间"三等规律"对应关系

3. 三视图与物体的方位关系

任何物体在空间都具有上、下、左、右、前、后6个方位，物体在空间的6个方位和三视图所反映物体的方位如图2-10所示。

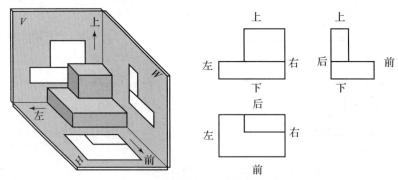

图 2-10　物体与视图的方位关系

主视图反映了物体的上、下和左、右方位关系；俯视图反映了物体的左、右和前、后方位关系；左视图反映了物体的上、下和前、后位置关系。比较物体与三视图之间的方位关系，可以看出如下特点。

主视图的上、下、左、右方位与物体的上、下、左、右方位一致；俯视图的左、右方位与物体的左、右方位一致，而俯视图的上方反映的是物体的后方，俯视图的下方反映的是物体的前方；左视图的上、下方位与物体的上、下方位一致，而左视图的左方反映的是物体的后方，左视图的右方反映的是物体的前方。

由三视图的投影规律可知：物体 3 个方向的尺寸、6 个方位由两个视图就能确定，而物体的形状一般需要 3 个视图才能确定。在绘制三视图时，物体的内部结构和背面的外形结构都是不可见的，为便于区分于可见部分结构，不可见部分需用虚线表示。

任务 2　空间点的三面投影作图

✓ 任务引入

按要求完成《机械制图基础训练与任务书》中"任务 2：空间点的三面投影作图——任务实施"中任务。

✓ 任务目标

（1）掌握点的三面投影、三面投影与直角坐标的关系，空间点的三面投影规律，特殊位置点的投影特性，空间两相对位置点的投影特性，重影点的投影特性及其可见性等基础知识和点的三面投影的作图方法，进一步培养空间思维转换能力。

（2）在任务书中完成《机械制图基础训练与任务书》中"任务 2：空间点的三面投影作图——任务实施"中任务。

✓ 知识点导学

1. 点的三面投影

点的三面投影表示：水平投影用相应的小写字母表示，正面投影用相应的小写字母加一撇表示，而侧面投影用相应的小写字母加两撇表示。

2. 点的三面投影与直角坐标系的关系

水平投影由 x、y 决定，正面投影由 x、z 决定，侧面投影由 y、z 决定。

3. 点的三面投影规律

正面投影与水平投影的连线垂直 X 轴，点的正面投影与侧面投影的连线垂直 Z 轴，点的水平投影到 X 轴的距离等于其侧面投影到 Z 轴的距离。

4. 特殊位置点的投影

空间点在投影面或投影轴上，称为特殊位置点，投影面上的点必有一坐标为 0，在该投影面上的点的投影与该点重合，另两个投影分别在相应的投影轴上；投影轴上的点必有两个坐标为 0，在包含该轴的两个投影面上的点的投影都与该点重合，另一个投影面上的投影与原点重合。

5. 空间两相对位置点的投影

空间两点的相对位置是指两点的上下、左右以及前后关系。在投影图中可通过它们的坐标差来判断它们之间的相对位置，故点的投影既能反映点的坐标，也能反映出两点的坐标差。

6. 重影点的投影特性

空间两点存在正左右方、正上下方、正前后方时，两点在相应的投影面上的投影重合为一点,空间两点称为对某投影面的重影点,重影点的可见性要根据不相同的那个坐标来判断,其中坐标值大者为可见,小者为不可见,并规定不可见点的投影加( )表示。

✓ 相关知识

研究图 2-11 所示的三棱锥可知,点是构成空间物体最基本的几何元素。因此,学习点的投影是学习直线、平面以及立体投影的基础。

一、点在三投影面体系中的投影

(一) 点的三面投影

为了方便对空间点及其投影点进行说明,规定:空间点用大写的英文字母如 A、B、C、D、…表示,其水平投影用相应的小写字母如 a、b、c、d、…表示,正面投影用相应的小写字母加一撇如 a'、b'、c'、d'、…表示,侧面投影用相应的小写字母加两撇如 a''、b''、c''、d''、…表示。

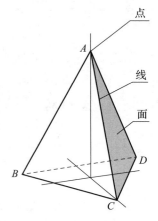

图 2-11 三棱锥

如图 2-12 (a) 所示,将点 A 置于 $V/H/W$ 三投影面体系中,由 A 向 H 面作垂线,垂足 a 为点 A 的水平投影;由 A 向 V 面作垂线,垂足 a' 为点 A 的正面投影;由 A 向 W 面作垂线,垂足 a'' 为点 A 的侧面投影。

为使点的三面投影位于同一平面上,需将投影面展开。移去空间点 A,将 H 面绕 OX 轴向下转 90°,将 W 面绕 OZ 轴向右转 90°使它们与 V 面展开在同一平面上,从而得到点的三面投影图,如图 2-12 (b) 所示。这时,OY 轴分成 H 面的 OY_H 轴和 W 面的 OY_W 轴。可以将投影面的边框和名称省略,只标原点与 3 个坐标轴的名称。如图 2-12 (c) 所示。

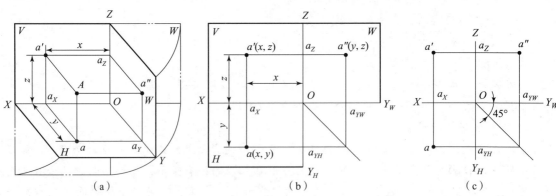

图 2-12 点在三投影面体系中的投影

(二) 点的三面投影与直角坐标系的关系

将 3 个投影面 H、V、W 作为直角坐标平面,投影轴作为坐标轴,O 作为坐标原点。规定 X 轴由 O 向左为正方向、Y 轴由 O 向前为正方向、Z 轴由 O 向上为正方向。点 A 到 W、V、H 的距离分别用 x、y、z 坐标值表示,如图 2-12 (b) 所示。则点的投影与其坐标的关系为:

点 A 到 W 面的距离 $= x = Aa'' = aa_Y = a'a_Z = Oa_X$

点 A 到 V 面的距离 $= y = Aa' = aa_X = a''a_Z = Oa_Y$

点 A 到 H 面的距离 $= z = Aa = a'a_X = a''a_Y = Oa_Z$

由此可知，点 A 的每个投影由两个坐标决定：水平投影由 x、y 决定，正面投影由 x、z 决定，侧面投影由 y、z 决定。空间点 A（x，y，z）在三投影面体系中有唯一确定的一组投影 a、a'、a''；反之，若已知点 A 的一组投影 a、a'、a''，可确定该点的坐标值，即可确定点的空间位置。

（三）点的三面投影规律

(1) 点的正面投影与水平投影的连线垂直于 OX 轴，即 $aa' \perp OX$ 轴；

(2) 点的正面投影与侧面投影的连线垂直于 OZ 轴，即 $a'a'' \perp OZ$ 轴；

(3) 点的水平投影到 OX 轴的距离，等于该点的侧面投影到 OZ 轴的距离，即 $aa_X = a''a_Z$。

如图 2 - 12（c）所示，由于 H 面投影中的 Oa_{YH} 等于 W 面投影中的 Oa_{YW}，作图时可过点 O 作直角 $\angle Y_H O Y_W$ 的平分线，从 a 引 OY_H 轴的垂线并延长交角平分线于一点，再从该点作 OY_W 轴的垂线并延长，与从 a' 引出的 OZ 轴的垂线相交，其交点即为 a''。

由上可知，已知点的两面投影即可求出第三投影。

【例 2 - 1】 如图 2 - 13（a）所示，已知点 A 的两投影 a、a'，试求 a''。

分析：已知点 A 的水平投影 a 和正面投影 a'，即已知空间 A 点的位置，第三面投影则是唯一的，可以求出。

作图步骤：如图 2 - 13（b）所示。

(1) 作 $\angle Y_H O Y_W$ 的平分线；

(2) 过水平投影 a 作 OY_H 轴的垂线并延长交 $\angle Y_H O Y_W$ 的平分线于一点，再从该点引 OY_W 轴的垂线并延长，和从正面投影 a' 引 OZ 轴的垂线的延长线交于一点，即为 A 点的侧面投影 a''。

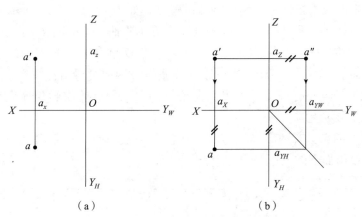

图 2 - 13 已知点的两面投影求第三投影

【例 2 - 2】 已知点 A（20，10，18），求作其三面投影，并画出其空间立体图。

分析：由点 A 的坐标可知 A 点为一般位置点。点的三面投影与坐标有着直接的关系，可以通过取坐标值求出两面投影，即可求出第三面的投影。

作图步骤：

(1) 画出投影轴并标记，作出 $\angle Y_H O Y_W$ 的平分线；

(2) 在 OX 轴上取 a_X 点，使 $Oa_X = 20$，如图 2-14（a）所示；

(3) 过 a_X 点作 OX 轴的垂线，并在垂线上取 $a_X a = 10$，$a_X a' = 18$，从而得到 a 和 a'，如图 2-14（b）所示；

(4) 由水平和正面投影即可求出侧面投影 a''，如图 2-14（c）所示。

空间立体图作图步骤如图 2-14（d）所示。

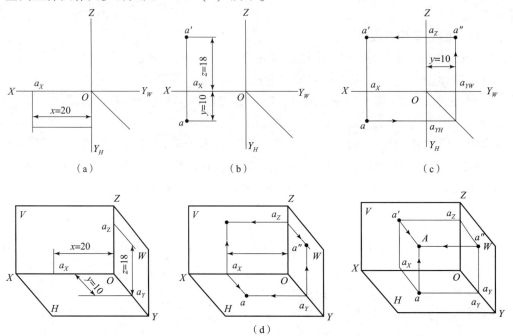

图 2-14 已知点的坐标求作点的投影图和空间立体图

（四）特殊位置点的投影

空间点在投影面或投影轴上，称为特殊位置点。如图 2-15（a）所示，点 A 位于 V 面上，其三面投影：a' 与 A 重合，a 在 OX 轴上，a'' 在 OZ 轴上。如图 2-15（b）所示，点 A 在 OZ 轴上，其三面投影：a'、a'' 与 A 重合，a 与原点 O 重合。如图 2-15（c）所示，A 点在原点上，其三面投影：a'、a'' 和 a 均与原点 O 重合。因而可得出：

(1) 投影面上的点必有一坐标为零，在该投影面上的点的投影与该点重合，另两个投影分别在相应的投影轴上。

(2) 投影轴上的点必有两个坐标为零，在包含该轴的两个投影面上的点的投影都与该点重合，另一个投影面上的投影与原点重合。

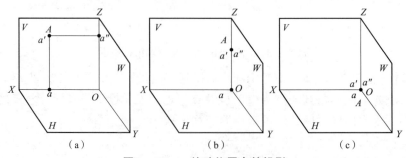

图 2-15 特殊位置点的投影

二、空间两相对位置点的投影

空间两点的相对位置是指两点的上下、左右、前后关系。在投影图中可通过它们的坐标差来判断它们之间的相对位置。如图 2-16 所示，点的投影既能反映点的坐标，也能反映出两点的坐标差，Δx、Δy、Δz 就是 A、B 两点的相对坐标。

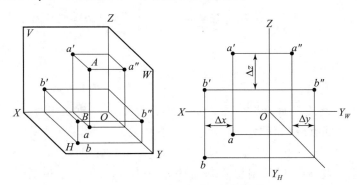

图 2-16　两相对位置点的投影

假设以点 A 为参考点，若 $\Delta x = x_B - x_A$ 为正，则 B 点在 A 点的左方（沿 X 轴正方向），反之 Δx 为负则 B 在 A 的右方；若 $\Delta y = y_B - y_A$ 为正，则 B 点在 A 点的前方（沿 Y 轴正方向），反之 Δy 为负则 B 在 A 后方；若 $\Delta z = z_B - z_A$ 为正，则 B 点在 A 点的上方（沿 Z 轴正方向），反之 Δz 为负则 B 在 A 下方。

图 2-16 中，Δx、Δy 为正，Δz 为负，所以 A、B 两点的空间位置关系是：点 A 在 B 的上方、后方、右方，点 B 在 A 的下方、前方、左方。

三、重影点投影特性及其可见性

如图 2-17 所示，C 点在 D 点的正上方（C、D 两点的 x、y 都相等），所以对 H 面的水平投影重合为一点，C 与 D 称为对 H 面的重影点。

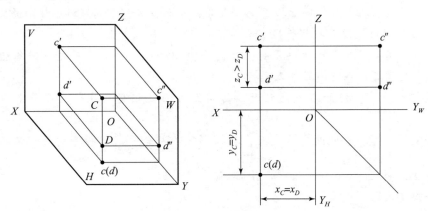

图 2-17　重影点

重影点的可见性要根据不相同的那个坐标来判断，其中坐标值大者为可见，小者为不可见，并规定不可见点的投影加（ ）表示。

任务3　空间直线的三面投影作图

任务引入

按要求完成《机械制图基础训练与任务书》中"任务3：空间直线的三面投影作图——任务实施"任务。

任务目标

(1) 掌握空间直线的三面投影作图方法、各种位置直线的投影特性、直线上点的投影特性、空间两相对位置直线的投影等基础知识和直线的三面投影的作图方法，进一步培养空间思维转换能力。

(2) 在任务书中完成《机械制图基础训练与任务书》中"任务3：空间直线的三面投影作图——任务实施"任务。

知识点导学

1. 直线的三面投影

根据两点决定一条直线几何原理可知，直线的三面投影作图可根据该直线上的两点的同面投影的连线来确定，即分别作出直线上两点（通常是线段的两个端点）的三面投影之后，用直线连接其同面投影。

2. 各种位置直线的投影特性

(1) 投影面平行线：其投影中必有一投影倾斜于投影轴且反映其实长；

(2) 投影面垂直线：其投影中必有一投影积聚为一点，另二投影反映其实长。

3. 直线上点的投影特性

直线上点的投影在直线的同面投影上，且分割同面投影与空间线段成相同的比例。

4. 两直线相对位置及其投影特性

(1) 两平行直线：空间两直线平行，其同面投影必相互平行。反之，若各组同面投影都相互平行，则两直线在空间必相互平行。

(2) 两相交直线：空间两直线相交，其同面投影必相交，且交点符合空间点的投影规律。

(3) 两交叉直线：空间两直线交叉，其投影既不符合平行的投影特性，又不符合相交的投影特性。

相关知识

一、直线的投影特性

（一）直线的投影

由几何原理可知，两点决定一条直线，由投影原理可知，直线的投影一般仍是直线。因此，求作空间直线的三面投影方法：分别作出直线上两点（通常是线段的两个端点）的三面投影之后，用直线连接其同面投影，结果如图 2-18 所示，ab、$a'b'$、$a''b''$ 即为直线的三面投影。因此，空间直线的投影可由该直线上的两点的同面投影的连线来确定。

（二）各种位置直线的投影特性

空间直线在三投影面体系中，相对于投影面的位置有 3 种情况：投影面垂直线、投影面平行线、投影面倾斜线，投影面垂直线和投影面平行线统称为特殊位置直线，投影面倾斜线称为一般位置直线。

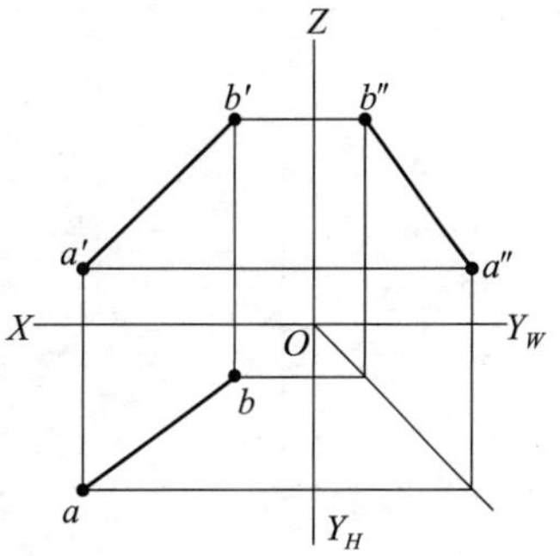

空间直线与其水平投影面投影、正投影面投影、侧投影面投影的夹角，分别称为该直线对 H、V、W 的倾角，分别用 α、β、γ 表示，本节对此内容不作要求。

1. 投影面垂直线

图 2-18 直线的三面投影

垂直于某一投影面而与另两个投影面平行的直线，称为投影面垂直线，垂直于 H 面的直线称为铅垂线，垂直于 V 面的直线称为正垂线，垂直于 W 面的直线称为侧垂线。表 2-1 列出了 3 种投影面垂直线的直观图、投影图及其投影特性。

表 2-1 3 种投影面垂直线的直观图、投影图及其投影特性

直线的位置	直观图	投影图
垂直于 H 面（铅垂线）	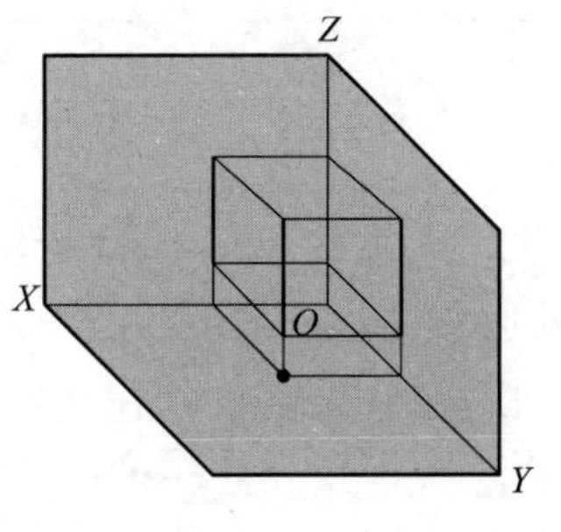	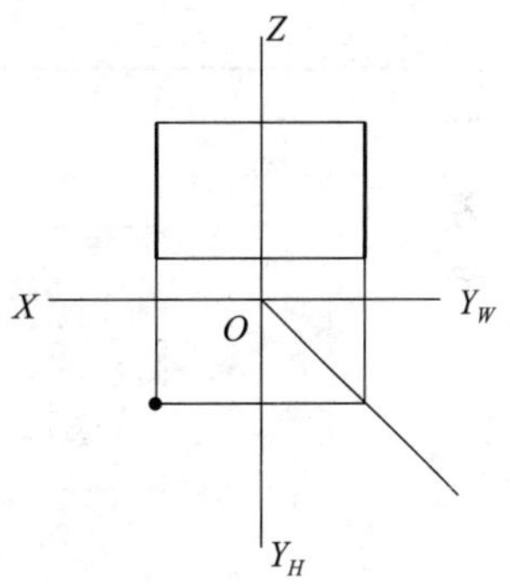
垂直于 V 面（正垂线）	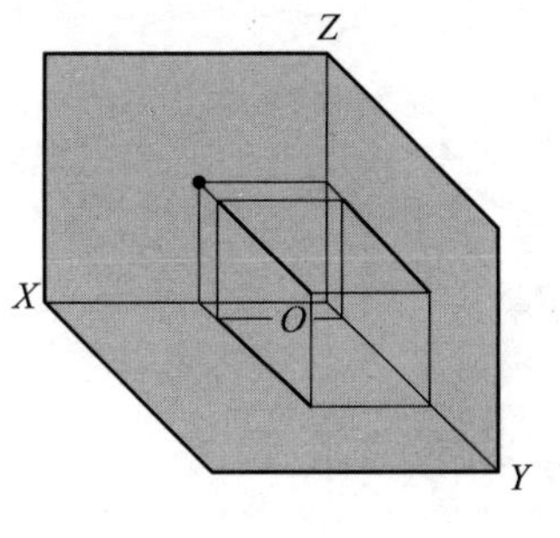	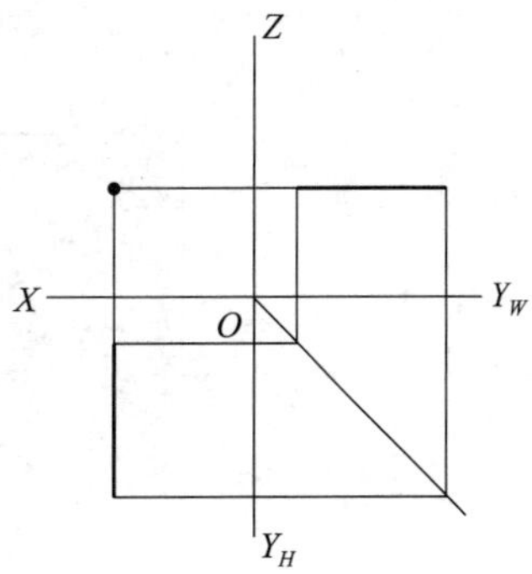

续表

直线的位置	直观图	投影图
垂直于 W 面（侧垂线）	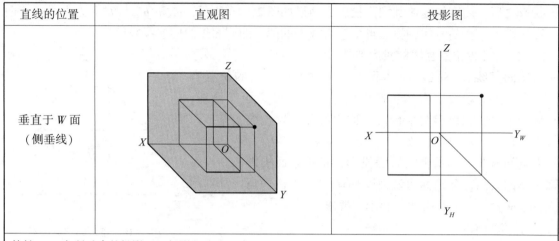	

特性：1. 在所垂直的投影面上投影积聚为一点。
2. 其他两个投影面上的投影反映实长，且分别垂直于相应的投影轴。

2. 投影面平行线

平行于一个投影面而与另两个投影面倾斜的直线称为投影面平行线。平行于 H 面的直线为水平线，平行于 V 面的直线为正平线，平行于 W 面的直线为侧平线。表 2-2 列出了 3 种投影面平行线的直观图、投影图及其投影特性。

表 2-2 投影面平行线的投影特性

直线的位置	直观图	投影图
平行于 H 面（水平线）		
平行于 V 面（正平线）		

直线的位置	直观图	投影图
平行于 W 面（侧平线）	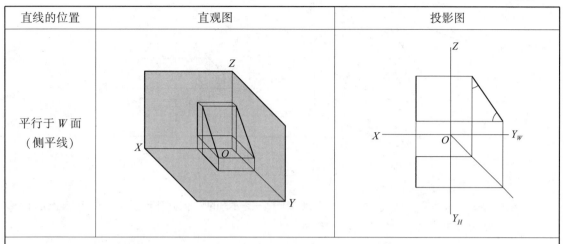	

特性：1. 在所平行的投影面内投影为一段反映实长的斜线（与投影轴的夹角分别反映该直线对另外两个投影面的倾角）。
2. 其他两个投影面上的投影长度缩短，且平行于相应的投影轴。

3．一般位置线

与 3 个投影面均倾斜的直线称为一般位置线。由于一般位置直线对 3 个投影面都倾斜，因此，其 3 个投影都是倾斜线段，如图 2-19 所示。

一般位置线的投影特性：3 个投影都不反映直线实长；3 个投影均对投影轴倾斜。

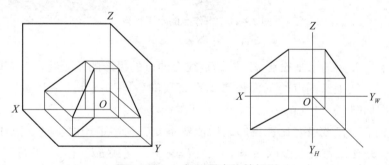

图 2-19　一般位置直线的投影

二、直线上的点的投影特性

直线上的点有如下特性：

（1）从属性：若点在直线上，则点的各个投影必在直线的各同面投影上。利用这一特性可以在直线上找点，或判断已知点是否在直线上。

如图 2-20 所示，直线 AB 上有一点 C，则 C 点的三面投影 c、c'、c'' 必定分别在该直线 AB 的同面投影 ab、$a'b'$、$a''b''$ 上。

（2）定比性：属于线段上的点分割线段之比等于其投影之比。

在图 2-20 中，点 C 在线段 AB 上，它把线段 AB 分成 AC 和 CB 两段。根据直线投影的定比性，$AC : CB = ac : cb = a'c' : c'b' = a''c'' : c''b''$。

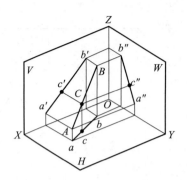
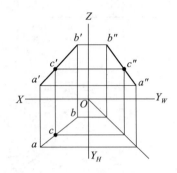

图 2-20 直线上点的投影

【例 2-3】 如图 2-21（a）所示，已知侧平线 AB 的两投影和直线上 K 点的正面投影 k'，求 K 点的水平投影 k。

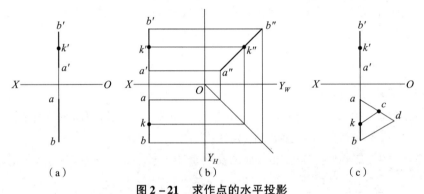

图 2-21 求作点的水平投影
(a) 题目；(b) 解法一；(c) 解法二

分析：若求作 K 点的水平投影 k，根据直线上的点的投影的两个特性，有两种方法。

（1）若点在直线上，则点的三面投影均在直线的各同面投影上。因此，可求出直线的侧面投影，结果如图 2-21（b）所示。

（2）直线的点分割线段之比在投影之后依然不变，利用定比法，过 a 点作一与 ad 成任意夹角的射线，并在该射线上截取 $ac = a'k'$，$cd = k'b'$，连接 bd，作 kc 平行于 bd，k 点即为 K 点的水平投影，结果如图 2-21（c）所示。

三、相对位置两直线的投影特性

空间两直线的相对位置有 3 种：平行、相交、交叉。

（一）两平行直线

1. 特性

若两直线相互平行，它们的各同面投影必平行，反之亦然；且各同面投影的长度之比等于直线长度之比。

如图 2-22 所示，按正投影法，过 AB、CD 作投影面的投射线必定相互平行，两平行投射面与同一投影面的交线也必定平行，即 ab∥cd 和 $a'b'$∥$c'd'$。如作出侧面投影，也必有 $a''b''$∥$c''d''$。

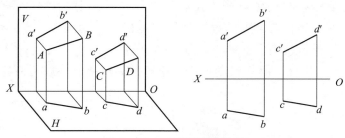

图 2-22 平行两直线投影

2. 判定空间两直线是否平行

(1) 如果空间两直线处于一般位置时,则只需观察两直线中的任何两组同面投影是否互相平行即可判定空间两直线是否平行。

(2) 当空间两平行直线平行于某一投影面时,则需观察两直线在所平行的那个投影面上的投影是否互相平行才能判定空间两直线是否平行。如图 2-23 所示,两直线 AB、CD 均为侧平线,虽然 $ab/\!/cd$、$a'b'/\!/c'd'$,但不能确定两直线平行,还必需求作两直线的侧面投影进行判定,由于图中所示两直线的侧面投影 $a''b''$ 与 $c''d''$ 相交,所以可判定直线 AB、CD 不平行。

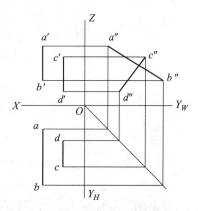

图 2-23 平行于某一投影面的空间两直线是否平行判定

(二) 空间两相交直线

1. 特性

若空间两直线相交,则它们的各同面投影必相互相交,其交点符合空间一点的投影规律;反之亦然,交点为两直线的共有点。

如图 2-24 所示,AB、CD 为空间相交两直线,其交点为 K。根据直线上点的投影特点,点 K 的正面投影 k' 既在 a'b' 上,又在 c'd' 上,所以 a'b' 与 c'd' 的交点 k' 就是交点 K 的正面投影。同理,ab 与 cd 的交点 k 及 a''b'' 与 c''d'' 的交点 k'' 分别是交点 K 的水平投影和侧面投影,k、k'、k'' 必然符合一个点的投影规律。

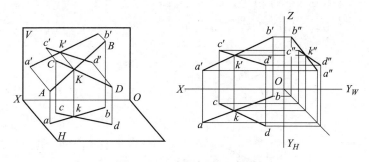

图 2-24 空间相交两直线

2. 判定空间两直线是否相交

(1) 如果空间两直线均为一般位置线时,则只需观察两直线中的任何两组同面投影是否相交且交点是否符合点的投影规律即可判定空间两直线是否相交。

(2) 当空间两直线中有一条直线为投影面平行线时,则需观察两直线在该投影面上的投影是否相交且交点是否符合点的投影规律才能确定,如图 2-25(a) 所示;或者根据直线投影的定比性进行判断,如图 2-25(b) 所示。两直线 AB、CD 两组同面投影 ab 与 cd、a'b' 与 c'd' 虽然相交,但其交点不符合点的投影规律,所以可判定该两直线在空间不相交。

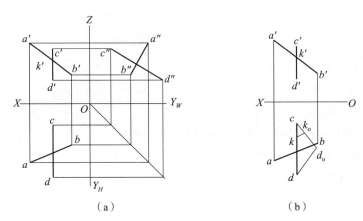

图 2-25 两直线在空间相交的判定

(三) 空间两交叉直线

空间中既不平行又不相交的两直线,称为交叉直线,又称异面直线。

1. 特性

若空间两直线交叉,则它们的各组同面投影必不同时平行,或者它们的各同面投影虽然相交,但其交点不符合点的投影规律。反之亦然。如图 2-26(a) 所示。

2. 判定空间两交叉直线的相对位置

空间交叉两直线的投影的交点,实际上是空间两点的投影重合点。利用重影点和可见性,可以很方便地判别两直线在空间的位置。重影点在某一投影面中的可见性,一定要相应地在另一投影中根据"上遮下、前遮后、左遮右"来判断。

在图 2-26(b) 中,判断 AB 和 CD 的正面重影点 k'(l') 的可见性时,由于 K、L 两点的水平投影 k 比 l 的 y 坐标值大,所以当从前往后看时,点 K 可见,点 L 不可见,由此可判定 AB 在 CD 的前方。同理,从上往下看时,点 M 可见,点 N 不可见,可判定 CD 在 AB 的上方。

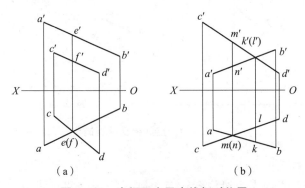

图 2-26 空间两交叉直线相对位置

任务4　空间平面的三面投影作图

✓ 任务引入

按要求完成《机械制图基础训练与任务书》中"任务4：空间平面的三面投影作图——任务实施"任务。

✓ 任务目标

(1) 掌握空间各种位置平面的投影特性、空间平面上直线和点的投影特性和作图方法、空间平面上直线和点的从属性判定等基础知识，初步培养空间构型能力。

(2) 在任务书中完成《机械制图基础训练与任务书》中"任务4：空间平面的三面投影作图——任务实施"任务。

✓ 知识点导学

1. 空间各种位置平面

空间平面相对于投影面的位置有三类：投影面垂直面、投影面平行面、投影面倾斜面，前两类统称为特殊位置平面，后者称为一般位置平面。

2. 各种位置平面的投影特性

(1) 投影面垂直面：其投影中必有一投影积聚为一倾斜直线，另二投影为该平面的类似形。

(2) 投影面平行面：其投影中必有一投影反映实形，另二投影积聚为一直线且平行于相应投影轴。

3. 平面上取点、取线

(1) 平面上取线：一直线如过平面上两点，或一直线通过平面上的一点并平行于平面上的另一直线，则直线在平面上。故要判定线在平面上，必须先在线上取两点并判定两点在平面上；或先在线上取一点并判定该点在平面上（点在面上），且线平行于平面内任一线。

(2) 平面上取点：点在直线上，而直线又在平面上，则点必在平面上，故要在平面上取点，必须先在平面上取直线。

✓ 相关知识

一、平面的投影特性

（一）平面的表示方法

一平面的空间位置可由下列任意一组几何元素来确定。

(1) 不在同一直线上的3点，如图2-27（a）所示。

(2) 一直线和直线外的1点，如图2-27（b）所示。

(3) 相交两直线，如图 2-27（c）所示。
(4) 平行两直线，如图 2-27（d）所示。
(5) 任意平面图形，如图 2-27（e）所示。

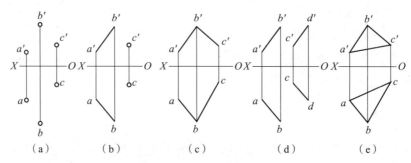

(a)　　　(b)　　　(c)　　　(d)　　　(e)

图 2-27　平面的表示法

以上 5 种平面的表示方法在表示时可以互相转化，其中最常用的表示法是用平面图形表示平面。

（二）各种位置平面的投影

空间平面在三投影面体系中，对投影面的位置有三类：投影面垂直面、投影面平行面、投影面倾斜面。投影面垂直面和投影面平行面统称为特殊位置平面，投影面倾斜面称为一般位置平面。

平面与水平投影面、正立投影面、侧立投影面的夹角，分别称为该平面对 H、V、W 的倾角，分别用 α、β、γ 表示，本节对此内容不作要求。

1．投影面垂直面

仅垂直于某一投影面（与另外两个投影面倾斜）的平面，称为投影面垂直面。仅垂直于 H 面的平面称为铅垂面，仅垂直于 V 面的平面称为正垂面，仅垂直于 W 面的平面称为侧垂面。如图 2-28 所示分别为铅垂面、正垂面和侧垂面，表 2-3 列出了 3 种投影面垂直面的投影特性。

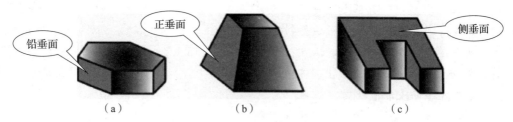

(a)　　　　　　　(b)　　　　　　　(c)

图 2-28　投影面垂直面直观图

(a) 铅垂面；(b) 正垂面；(c) 侧垂面

对于投影面垂直面的辨认：如果空间平面在投影面投影为"一线（倾斜于投影轴）二图形"，则此平面为投影面垂直面，且在某一投影面上的投影积聚为一条与投影轴倾斜的直线，则此平面垂直于该投影面。

2．投影面平行面

平行于某一投影面（必同时垂直于另外两个投影面）的平面，称为投影面平行面。

表 2–3 投影面垂直面的投影特性

平面的位置	直观图	投影图
垂直于 H 面（铅垂面）		
垂直于 V 面（正垂面）		
垂直于 W 面（侧垂面）		

特性：1. 在所垂直的投影面内投影积聚为一段斜线。
2. 其他两个投影面上的投影均为缩小的类似形。

平行于 H 面的平面称为水平面，平行于 V 面的平面称为正平面，平行于 W 面的平面称为侧平面。如图 2–29 所示分别为水平面、正平面和侧平面，表 2–4 列出了 3 种投影面平行面的投影特性。

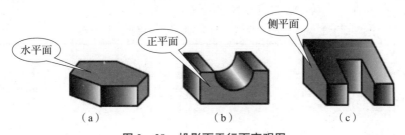

图 2–29 投影面平行面直观图
(a) 水平面；(b) 正平面；(c) 侧平面

表 2-4 投影面平行面的投影特性

平面的位置	直观图	投影图
平行于 H 面 （水平面）	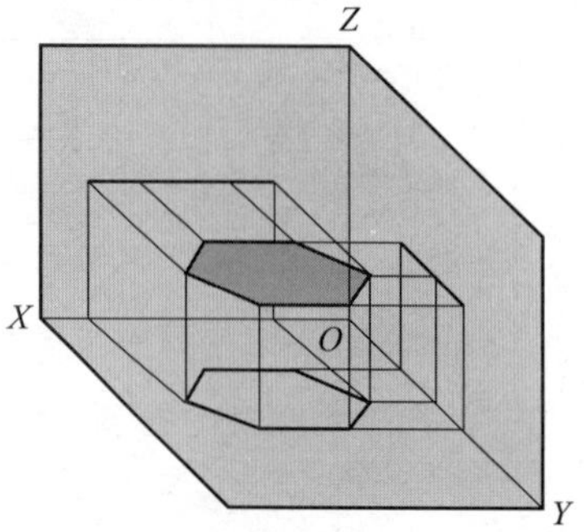	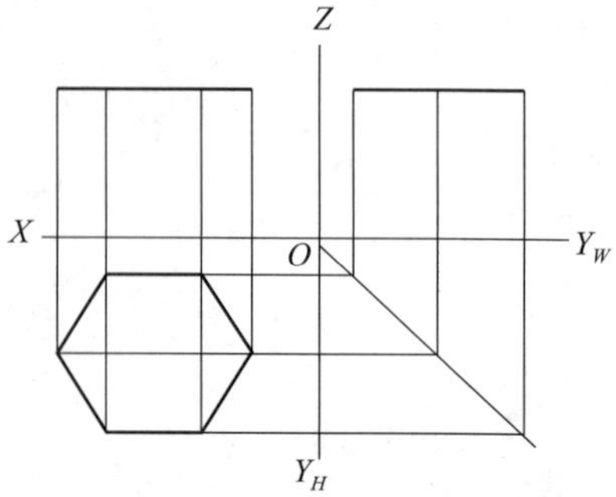
平行于 V 面 （正平面）	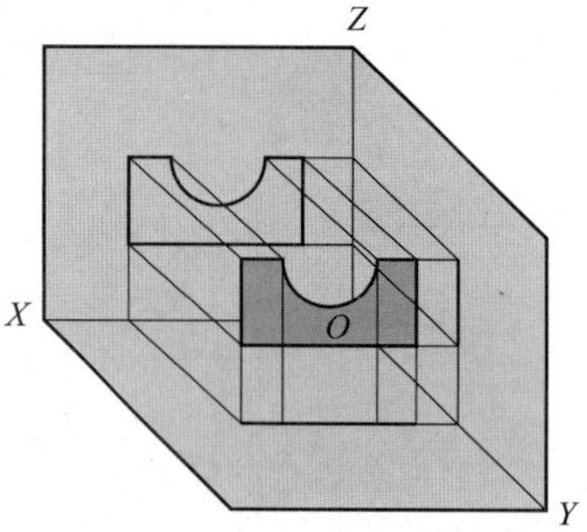	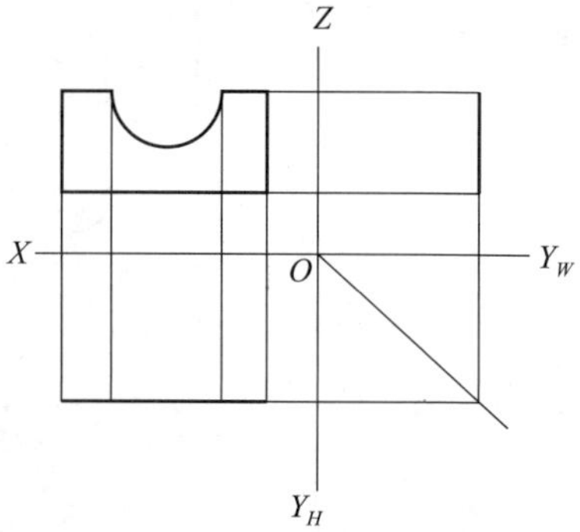
平行于 W 面 （侧平面）	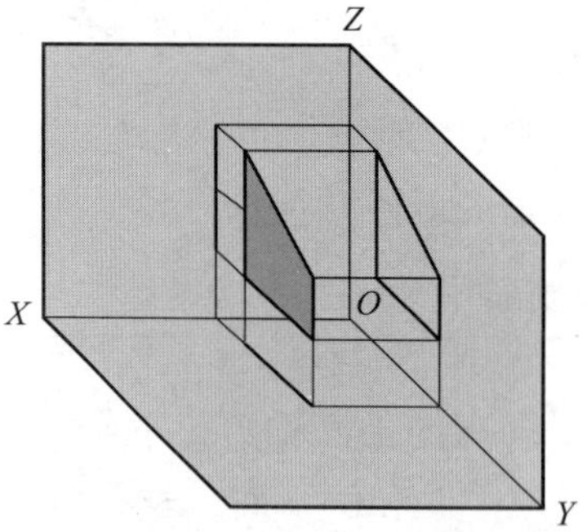	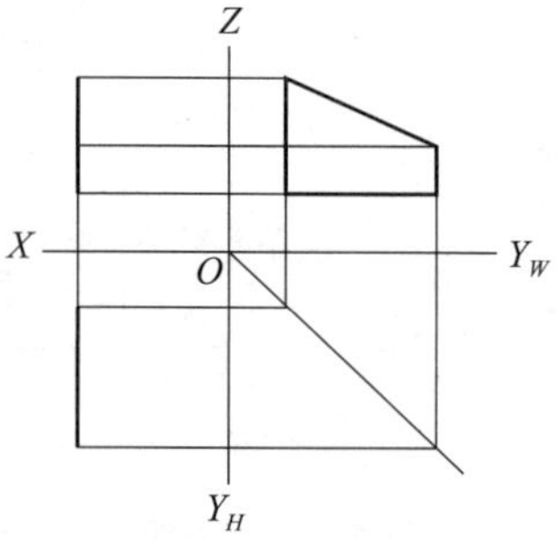

特性：1. 在所平行的投影面上的投影反映实形。
2. 其他两个投影面上的投影积聚为直线，且分别平行于相应的投影轴。

对于投影面平行面的辨认：如果空间平面在投影面投影为"二线（平行于投影轴）一图形"，则此平面为投影面平行面，且在某一投影面上的投影为图形，则此平面平行于该投影面。

3. 一般位置平面

与 3 个投影面均倾斜的平面称为一般位置平面。如图 2-30 所示。

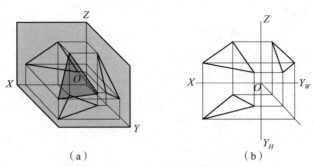

(a)　　　　　　　　　　　(b)

图 2-30　一般位置平面的投影

(a) 直观图；(b) 投影图

一般位置平面的投影特征可归纳为：一般位置平面的三面投影，既不反映实形，也无积聚性，均为类似形。

一般位置平面的辨认：如果平面的三面投影都是类似的几何图形的投影，则可判定该平面一定是一般位置平面。

二、平面上的直线和点的投影特性

(一) 平面上直线的投影

直线在平面上的几何条件是：

(1) 若一直线通过平面上的两个点，则此直线必定在该平面上。

(2) 若一直线通过平面上的一点并平行于平面上的另一直线，则此直线必定在该平面上。

如图 2-31 (a) 所示，相交两直线 AB、AC 确定一平面 P，分别在直线 AB、AC 上取点 E、F，连接 EF，则直线 EF 为平面 P 上的直线。作图方法如图 2-31 (b) 所示。

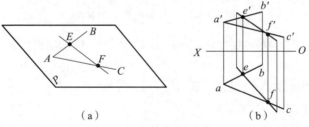

(a)　　　　　　　　　　　(b)

图 2-31　平面上的直线 (一)

如图 2-32 (a) 所示，相交两直线 AB、AC 确定一平面 P，在直线 AC 上取点 E，过点 E 作直线 MN∥AB，则直线 MN 为平面 P 上的直线。作图方法如图 2-32 (b) 所示。

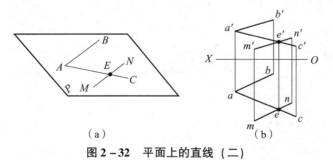

(a)　　　　　　　　　　　(b)

图 2-32　平面上的直线 (二)

(二) 平面上点的投影

点在平面上的几何条件是：点在平面内的一直线上，则该点必在平面上，因此，在平面上取点，必须先在平面上取一直线，然后再在该直线上取点。点在平面上的几何条件是根据点和平面的投影关系判定点是否在平面上的依据。

如图 2-33（a）所示，相交两直线 AB、AC 确定一平面 P，点 K 取自直线 AB，所以点 K 必在平面 P 上。作图方法如图 2-33（b）所示。

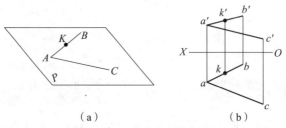

（a）　　　　　　　　（b）

图 2-33　平面上点的投影

【例 2-4】　如图 2-34（a）所示，K 为三角形 ABC 内的点，已知 k，试求 k'。

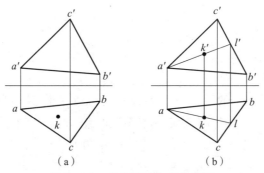

（a）　　　　　　　　（b）

图 2-34　求作平面内点的投影

分析：由 K 为三角形 ABC 内的点，知点 K 必处于平面 ABC 内的某直线上。

作图步骤：

（1）连接 ak 并延长交 bc 于点 l，求出点 l 正面投影 l'；

（2）连接 $a'l'$，由点 K 的水平投影 k 点在 al 上知点 K 的正面投影 k' 必在 $a'l'$ 上；

（3）根据点的投影规律，即可求出 K 的正面投影 k'。作图过程如图 2-34（b）所示。

【例 2-5】　如图 2-35（a）所示，试判断点 M 和点 K 是否属于所确定的平面。

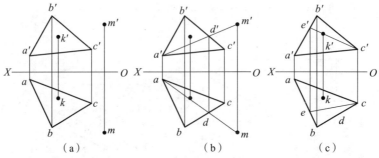

（a）　　　　　　（b）　　　　　　（c）

图 2-35　判断点是否属于平面

分析：点在平面上的几何条件是：若点在平面内的任一已知直线上，则点必在该平面上。如能判断点 K 和点 M 是属于△ABC 平面内某一直线上的点，就可确定点 K 和点 M 是属于△ABC 平面内的点。

作图步骤：

(1) 连 a'm'，交 b'c'于点 d'。

(2) 根据点的投影规律，由点 d'作出点 d，连接 ad 并延长，由作图知点 m 在直线 ad 上，显然点 M 在 AD 上，所以点 M 在平面△ABC 内。作图过程如图 2-35（b）所示。

(3) 同理，连 c'k'，并延长与 a'b'相交于 e'。

(4) 根据点的投影规律，由 e'作出 e，连 ce，由作图知点 k 不在直线 ce 上，显然点 K 不在 CE 上，所以点 K 不在平面△ABC 内。作图过程如图 2-35（c）所示。

【例 2-6】 已知△ABC 内正平线 MN 到 V 面的距离为 20 mm，求作该正平线的两面投影 m'n'和 mn。

分析：根据正平线的投影特性，其水平投影平行于 OX 轴，即可求出。

作图步骤：

(1) 由点 O 沿 OY 轴量取 20 mm，作平行于 OX 轴的直线，与 ac、bc 分别交于两点 m、n。

(2) 根据点的投影规律，确定 a'c'上的 m'，b'c'上的 n'，连接 m'n'。MN 即为满足要求的正平线。作图过程如图 2-36（b）所示。

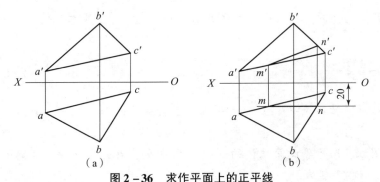

图 2-36　求作平面上的正平线

【例 2-7】 如图 2-37（a）所示△ABC 平面，要求在△ABC 平面上取一点 K，使点 K 在点 A 之下 15 mm，在点 A 之前 10 mm，试求出点 K 的两面投影。

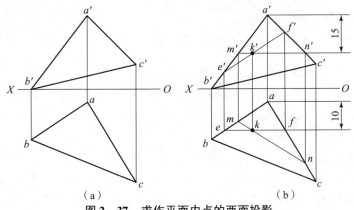

图 2-37　求作平面内点的两面投影

分析：此题实际上是平面上求点和判断点是否属于平面两个问题的综合应用，即先求出满足使点 K 在点 A 之下 15 mm 条件点的集合，它是一条平行于投影轴 OX 的直线，再在直线上求作属于平面内该直线上的点。

作图步骤：

（1）在正投影面作平行于投影轴 OX，距离点 a' 为 15 mm，且与 △a'b'c' 相交的直线 m'n'，与 △a'b'c' 的 a'b'、a'c' 相交于点 m'、n' 两点。

（2）根据点的投影规律，分别在水平投影面 △abc 的 ab、ac 边上求作相应的投影点 m、n，连接 mn，则 MN 即是 △ABC 上一直线。

（3）在 a 点的前方求作平行于投影轴 OX，且与点 a 距离为 10 mm 的直线 ef，ef 和 mn 的交点即是所求满足条件的 K 点的水平投影。

（4）根据点的投影规律，在 m'n' 或 e'f' 上求作相应投影点 k'。作图过程如图 2-37（b）所示。

任务5　基本几何体的投影作图

任务引入

按要求完成《机械制图基础训练与任务书》中"任务5：基本几何体的投影作图——任务实施"任务。

任务目标

（1）掌握棱柱、棱锥等平面立体的三视图画法及其表面上取点、取线的作图方法，培养空间思维与空间构型能力。

（2）掌握圆柱、圆锥等曲面立体的三视图画法及其表面上取点、取线的作图方法，培养空间思维与空间构型能力。

（3）在任务书中完成《机械制图基础训练与任务书》中"任务5：基本几何体的投影作图——任务实施"任务。

知识点导学

1. 基本几何体

表面均为平面的立体称为平面立体，常见的平面立体有棱柱、棱锥；表面为曲面或平面与曲面组成的立体称为曲面立体，又称回转体，常见的曲面立体有圆柱、圆锥等。机械制图中，通常把这些立体称为基本几何体。

2. 平面立体投影及其视图

（1）正六棱柱投影：顶面和底面放置与水平面平行位置，它们的水平投影反映实形而且重合，正面及侧面投影均积聚为线段；6个侧面中，前后侧面为正平面，它们的正面投影反映实形，水平投影及侧面投影均积聚为线段；其他4个侧面为铅垂面，水平投影积聚为倾斜于投影轴的线段，正面投影和侧面投影均为缩小的类似形。

(2) 正六棱柱视图画法：一般先画对称中心线和顶面、底面基线，再画具有轮廓特征且反映顶面和底面实形的俯视投影底稿线；再根据"三等规律"的投影关系画出主视图和左视图各侧棱的投影底稿线；最后擦除辅助线并加深轮廓线。

(3) 三棱锥投影：锥底面放置与水平面平行位置，它的水平投影反映实形，正面投影和侧面投影分别积聚为线段；棱面均为一般位置平面，它们的三面投影均为类似形；侧面棱线为一般位置直线，底面棱线均为水平线。

(4) 三棱锥视图画法：一般是先画底面的投影，由反映实形的投影开始，再画积聚成线段的投影主视图投影和左视图投影；由棱锥顶点相对位置，确定棱锥顶点的3个投影，再连接锥顶点与底面上的各个端点并判别可见性；最后擦除辅助线并加深轮廓线。

3. 平面立体表面上取点

(1) 在棱柱表面上取点：在棱柱表面上根据一点的投影，求出该点的另外两个投影时，首先必须确定该点所在的平面，并根据该平面的投影特性，利用平面的积聚性和点在平面上的投影特点即可求得该点的另外两个投影。

(2) 在棱锥表面上取点：在棱锥表面上给定一点的某一个投影，求出该点的另外两个投影时，首先必须确定该点所在的平面，若该平面为特殊位置平面，可利用点所在平面的积聚性法求出点的投影，若该平面为一般位置平面，需采用平行线或是过锥顶线辅助直线法求出点的投影。

4. 曲面立体投影及其视图

(1) 圆柱体投影：顶面和底面均放置与水平面平行位置，其水平投影为圆，反映底面的实形，正面和侧面投影分别积聚成一线段，由于圆柱体面上所有素线都是铅垂线，所以圆柱体面的水平投影积聚为一个圆，与底面圆周重合；圆柱体面在正面上应画出转向轮廓素线；圆柱体面在侧面上应画出转向轮廓素线。

(2) 圆柱体视图画法：一般先画对称中心线、轴线，再画投影具有积聚性的圆；然后根据投影规律画出另两个投影为矩形的视图，最后擦除辅助线并加深轮廓线。

(3) 圆锥体投影：底面放置与水平面平行位置，其水平投影为圆，反映底面的实形，正面和侧面投影分别积聚成一线段，圆锥面的水平投影与底面水平投影重合；圆锥面在正面上应画出转向轮廓素线的投影；在侧面上应画出转向轮廓素线的投影。

(4) 圆锥体视图画法：一般先画出对称中心线、轴线，底面圆的各个投影；再画出锥顶的投影，然后分别画出其外形轮廓素线，最后擦除辅助线并加深轮廓线。

5. 曲面立体表面上取点

圆柱表面上点的投影，可利用圆柱投影的积聚性来求得。

(1) 在圆柱体表面上取点。

(2) 在圆锥体表面上取点有两种方法：辅助素线法和辅助纬圆法。

✓ 相关知识

立体表面是由若干面围成。表面均为平面的立体称为平面立体，常见的平面立体有棱柱、棱锥；表面为曲面或平面与曲面组成的立体称为曲面立体（又称回转体），常见的曲面立体有圆柱、圆锥、球、圆环等。机械制图中，通常把这些立体称为基本几何体。

一、平面立体的投影及表面取点

由于平面立体是由若干个多边形平面所围成，相邻两表面的交线称为棱线，棱线的交点称为顶点。因此绘制平面立体的投影可归结为绘制立体上点、直线和平面的投影。常见的平面立体有棱柱体和棱锥体两种。

由于平面立体是由平面围成，因此，绘制平面立体的三视图，就可归结为绘制各个表面（棱面）的投影的集合。由于平面图形是由直线段组成，而每条线段都可由其两端点确定，因此作平面立体的三视图，又归结为其各表面的交线（棱线）及各顶点的投影的集合。

（一）棱柱

1. 棱柱的组成

棱柱体由顶面、底面和侧面围成，顶面和底面平行且全等，相邻侧面的交线称为侧棱，各侧棱线相互平行。侧面与底面、顶面的交线称为棱线，棱线的交点称为顶点。常见的棱柱有三棱柱、四棱柱、五棱柱、六棱柱等。本节仅讨论正棱柱的投影。

2. 棱柱的三视图

图 2-38 为正六棱柱体及其视图。其顶面和底面放置与水平面平行的位置，它们的水平投影反映实形而且重合，正面及侧面投影均积聚为线段。6 个侧面中，前后侧面为正平面，它们的正面投影反映实形，水平投影及侧面投影均积聚为线段；其他 4 个侧面为铅垂面，水平投影积聚为倾斜于投影轴的线段，正面投影和侧面投影均为缩小的类似形。六条侧棱线为铅垂线，水平投影积聚为一点，正面与侧面投影反映实长。

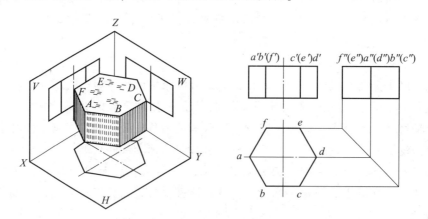

图 2-38 正六棱柱体及其视图

作图步骤：

（1）画棱柱的三视图时，一般先画对称中心线和顶面、底面基线，再画具有轮廓特征且反映顶面和底面实形的俯视投影——正六边形，如图 2-39（a）所示；

（2）根据"长对正"的投影关系画出主视图各侧棱的投影，再根据"宽相等"的投影关系画出左视图各侧棱的投影，最后擦除辅助线并加深轮廓线，如图 2-39（b）所示。

正棱柱的投影特征：当棱柱的底面平行某一个投影面时，则棱柱在该投影面上投影的外轮廓为与其底面全等的正多边形，而另外两个投影则由若干个相邻的矩形线框所组成。

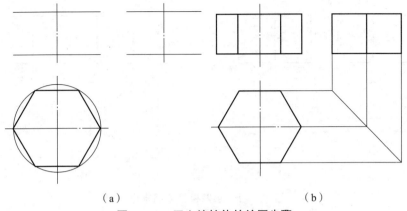

(a) (b)

图 2-39 正六棱柱体的绘图步骤

3. 在棱柱表面上取点

在棱柱表面上给定一点的某一个投影，要求出该点的另外两个投影时，首先必须确定该点所在的平面，并分析该平面的投影特性，由于棱柱表面为特殊位置平面，则利用平面的积聚性和点在平面上的投影特点即可求得该点的另外两个投影。

如图 2-40 所示，已知棱柱表面上点 M 的正面投影 m'，求作它的其他两面投影 m、m''。因为 m' 可见，所以点 M 必在面 ABCD 上。此棱面是铅垂面，其水平投影积聚成一条直线，故点 M 的水平投影 m 必在此直线上；再根据 m、m' 可求出 m''。由于 ABCD 的侧面投影为可见，故 m'' 也为可见。

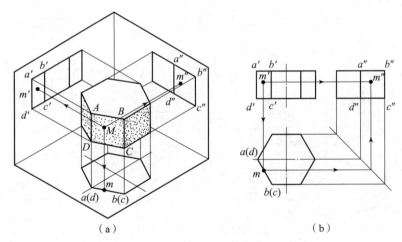

(a) (b)

图 2-40 正六棱柱的投影及表面上的点

【例 2-8】 如图 2-41 所示，正四棱柱上有点 M 和点 N，已知其正面投影 m'（不加括号为可见）、n'（加括号为不可见），求出它们的另外两个投影。

首先根据 m' 和 n' 的位置及可见性判断出点 M 在左前方的侧面上，点 N 在右后方的侧面上。利用侧面的水平投影有积聚性的特性，先求出水平投影 m 和 n；再根据"高平齐、宽相等"求出 m'' 和 n''。点 M 在左棱面上，m'' 可见；点 N 在右棱面上，n'' 为不可见。

特别强调：若平面为特殊位置平面，该面上的点在具有积聚性的投影面上的投影可不加括号。

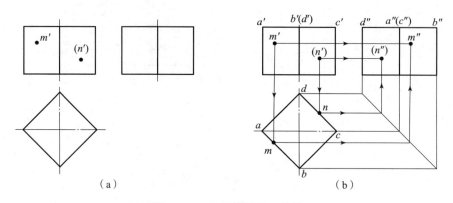

图 2-41 正四棱柱表面求点

(二) 棱锥

1. 棱锥的组成

棱锥体由底面和侧面围成,底面为平面多边形,各侧面均为三角形,各侧棱线相交于同一点,此点称为棱锥的顶点。常见的棱锥有三棱锥、四棱锥等。

2. 棱锥的三视图

图 2-42 为三棱锥 $S-ABC$ 及其视图。由于锥底面 $\triangle ABC$ 为水平面,所以它的水平投影反映实形,正面投影和侧面投影分别积聚为直线段 $a'b'c'$ 和 $a''c''\,b''$。棱面 $\triangle SAB$、$\triangle SAC$ 和 $\triangle SBC$ 均为一般位置平面,它们的三面投影均为类似形。棱线 SA、SB 和 SC 为一般位置直线,棱线 AC、AB 和 BC 为水平线。

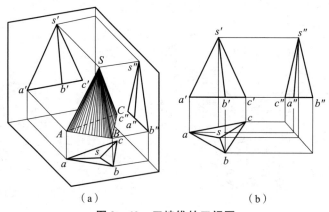

图 2-42 三棱锥的三视图

作图步骤:

(1) 画棱锥的三视图时,一般是先画底面的投影 $\triangle abc$,由反映实形的投影开始,再画积聚成线段的主视图投影 $a'b'c'$ 和左视图投影 $a''c''\,b''$;

(2) 由棱锥顶点的相对位置,确定棱锥顶点的 3 个投影,如图 2-43 (a) 所示;

(3) 连接棱锥顶点与底面上的各个端点并判别可见性,最后加深。其作图步骤如图 2-43 (b) 所示。

正棱锥的投影特征:当棱锥的底面平行某一个投影面时,则棱锥在该投影面上投影的外轮廓为与其底面全等的正多边形,而另外两个投影则由若干个相邻的三角形线框所组成。

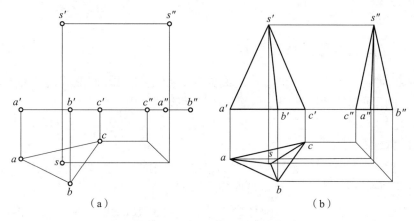

图 2-43 三棱锥的绘图步骤

3. 在棱锥表面上取点

在棱锥表面上给定一点的某一个投影，要求出该点的另外两个投影时，首先必须确定该点所在的平面，分析该平面的投影特性，若该平面为特殊位置平面，可利用点所在平面的积聚性法求出点的投影，若该平面为一般位置平面，需采用辅助直线（平行线或是过锥顶线）法求出点的投影。

【例 2-9】 如图 2-44（a）所示，已知三棱锥表面有点 M 和点 N，已知点 M 的水平面投影 m 和点 N 的正面投影 n'，求出它们的其他两投影。

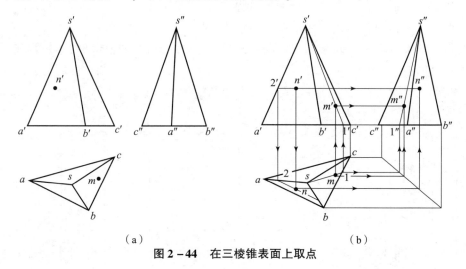

图 2-44 在三棱锥表面上取点

首先判断出点 M 在 △SBC 上，点 N 位于 △SAB 上，△SBC 和 △SAB 都是一般位置平面，需用辅助直线法求出点的另外两个投影。在俯视图上，过点 m 及锥顶投影点 s 作一条辅助直线（SM 的投影）sm，与（底边 BC 投影）bc 交于点 1，作出直线 $s1$ 的三面投影。根据点在直线上的投影性质，可求出点 M 的其他两个投影，△SBC 的正面投影可见，故 m' 可见；△SBC 的侧面投影不可见，故 m'' 不可见。

过点 N 作辅助线 $2N$ 平行于 AB，即过其正面投影 n' 作直线 $2'n'$ 平行于 $a'b'$，与 $s'a'$ 相交于 $2'$，根据点的投影规律作出点 $2'$ 相应水平投影 2，过 2 作直线平行于 ab，水平投影 n 即在该直线上，再求出侧面投影 n''。由于 △SAB 的 3 个投影均可见，故 n'' 与 n 亦均可见，如

图 2-44（b）所示。

二、曲面立体的投影及表面取点

曲面立体的曲面是由一条母线（直线或曲线）绕定轴回转而形成的。在投影图上表示曲面立体就是把围成立体的回转面或平面与回转面表示出来。

（一）圆柱

1. 圆柱体的组成

圆柱面可看成是一条母线绕与其平行的直线旋转而成，该直线称为圆柱的轴线。圆柱面上任意一条平行于轴线的直线，称为圆柱面的素线，如图 2-45 所示。圆柱体的表面由顶面、底面和圆柱面围成，顶面和底面为平行且相等的圆。

2. 圆柱体的三视图

如图 2-46 所示，圆柱体的顶面和底面均放置在与水平面平行的位置，其水平投影为圆，反映底面的实形，正面和侧面投影分别积聚成一线段。由于圆柱面上所有素线都是铅垂线，所以圆柱面的水平投影积聚为一个圆，与底面圆周重合。圆柱面在正面上应画出转向轮廓素线 AA_1 和 BB_1 的投影（AA_1 和 BB_1 是前半圆柱面和后半圆柱面的分界线），在侧面上应画出转向轮廓素线 CC_1 和 DD_1 的投影（CC_1 和 DD_1 是左半圆柱面和右半圆柱面的分界线）。应该注意，因圆柱面是光滑曲面，转向轮廓素线 AA_1 和 BB_1 的侧面投影及 CC_1 和 DD_1

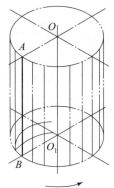

图 2-45　圆柱面的形成

的正面投影，均不必画出。同时，应在投影图中用点画线画出圆柱体轴线的投影和圆的中心线。在水平投影上，顶面可见，底面不可见；在正面投影上，前半圆柱面可见，后半圆柱面不可见；在侧面投影上，左半圆柱面可见，右半圆柱面不可见。

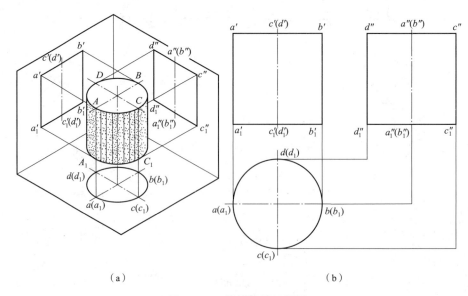

（a）　　　　　　　　　　　（b）

图 2-46　圆柱体的三视图

作图步骤：

（1）画圆柱的三视图时，一般先画对称中心线、轴线，再画投影具有积聚性的圆。

（2）然后根据投影规律画出另两个投影为矩形的视图，最后加深。其作图步骤如图 2 – 47 所示。

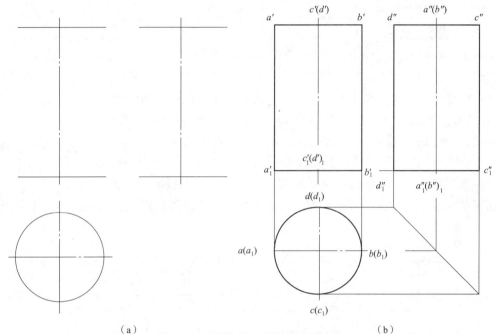

（a）　　　　　　　　　　　　　　（b）

图 2 – 47　圆柱体三视图的绘图步骤

圆柱的投影特征：当圆柱的轴线垂直某一个投影面时，必有一个投影为圆形，另外两个投影为全等的矩形。

3. 在圆柱体表面上取点

圆柱表面上点的投影，可利用圆柱投影的积聚性来求得。如图 2 – 48 所示，已知圆柱表面上点 M 的正面投影 m'，求其他两面投影。因为 m' 不可见，所以点 M 必在后半圆柱面上，根据圆柱表面的水平投影具有积聚性的特性，点 M 的水平投影应在圆柱面水平投影的后半圆周上，据此可求出 m，再根据 m'、m 求出 m''。根据 m' 或 m 投影的位置均可判断出点 M 在左半圆柱面上，故 m'' 可见。由点 N 的正面投影 n'，也可求出另两面投影。

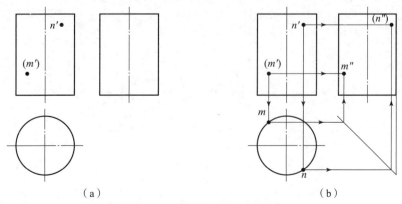

（a）　　　　　　　　　　　　　　（b）

图 2 – 48　在圆柱体表面上取点

(二) 圆锥

1. 圆锥体的组成

圆锥表面由圆锥面和底面所围成。如图2-49所示，圆锥面可看作是一条直母线 SA 围绕与它平行的轴线 SO 回转而成，已知直线称为轴线，母线旋转到任一位置称为素线，各素线的交点称为顶点。

2. 圆锥体的三视图

如图2-50所示，底面为水平面，所以它的水平投影为圆，反映底面的实形，正面和侧面投影分别积聚成一直线。圆锥面的水平投影与底面水平投影重合，圆锥面在正面上应画出转向轮廓素线 SA 和 SB 的投影（SA 和 SB 是前半圆锥面和后半圆锥面的分界线），在侧面上应画出转向轮廓素线 SC 和 SD 的投影（SC 和 SD 是左半圆柱面和右半圆柱面的分界线）。同时，应在投影图中用点画线画出圆锥体轴线的投影和圆的中心线。在水平投影上，圆锥面可见，底面不可见；在正面投影上，前半圆锥面可见，后半圆锥面不可见；在侧面投影上，左半圆锥面可见，右半圆锥面不可见。

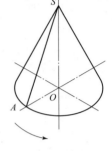

图2-49 圆锥体的组成

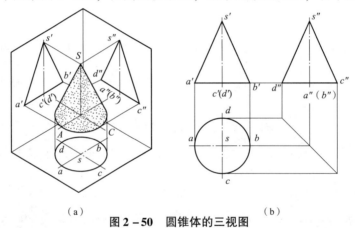

(a)   (b)

图2-50 圆锥体的三视图

作图步骤：

(1) 画圆锥的三视图时，先画出对称中心线、轴线，底面圆的各个投影。

(2) 再画出锥顶的投影，然后分别画出其外形轮廓素线，最后加深。其作图步骤如图2-51所示。

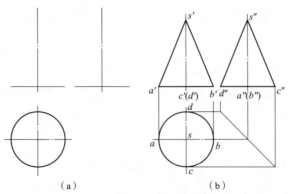

(a)   (b)

图2-51 圆锥体三视图的绘图步骤

圆锥的投影特征：当圆锥的轴线垂直某一个投影面时，则圆锥在该投影面上投影为与其底面全等的圆形，另外两个投影为全等的等腰三角形。

3. 在圆锥体表面上取点

在圆锥体表面上取点的具体作图可采用下列两种方法。

方法一：辅助素线法

如图 2-52 所示，已知圆锥表面上点 M 的正平面投影 m'，求作点 M 其他两投影 m 和 m''。

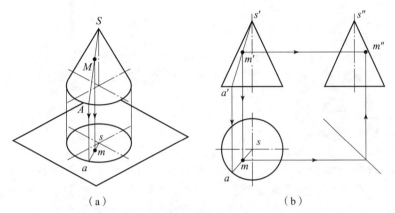

图 2-52 用辅助素线法在圆锥面上取点

如图 2-52（a）所示，过锥顶 S 和 M 作一直线 SA，与底面交于点 A。点 M 的各个投影必在此 SA 的相应投影上。

在图 2-52（b）中过 m' 作 $s'a'$，然后求出其水平投影 sa。由于点 M 属于直线 SA，根据点在直线上的从属性质可知 m 必在 sa 上，求出水平投影 m，然后再由 m 和 m' 可求出 m''。

根据点 M 的可见性知 m、m'' 均为可见点。

方法二：辅助圆法

如图 2-53 所示，已知圆锥表面上点 M 的正平面投影 m'，求作点 M 其他两投影 m 和 m''。

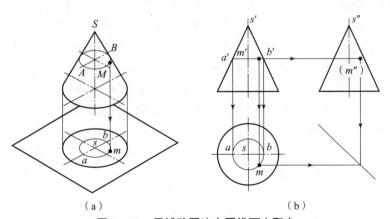

图 2-53 用辅助圆法在圆锥面上取点

如图 2-53（a）所示，过圆锥面上点 M 作一垂直于圆锥轴线的辅助圆，点 M 的各个投影必在此辅助圆的相应投影上。

在图 2-53 (b) 中，过 m'作水平线 a'b'，此为辅助圆的正面投影积聚线。辅助圆的水平投影为一直径等于 a'b'的圆，圆心为 s，由 m'向下引垂线与此圆相交，然后再由 m'和 m 可求出 m"。根据点 M 的可见性知 m 为可见点，m"为不可见点。

任务6　截交线视图绘制

✓ 任务引入

采用 A4 图纸幅面，按 1∶1 比例完成《机械制图基础训练与任务书》中"任务6：截交线视图绘制——任务实施"图样绘制，并绘制标题栏，标注尺寸，标题栏按教材"图 1-5 学生用简化标题栏"格式绘制。

✓ 任务目标

(1) 掌握截交线的概念和性质，平面与平面立体相交和平面与曲面立体相交截交线的求作图方法，不同位置平面截平面截圆柱、圆锥所得截交线形状类别，进一步培养空间思维与空间构型能力。

(2) 完成《机械制图基础训练与任务书》中"任务6：截交线视图绘制——任务实施"图样绘制任务。

✓ 知识点导学

1. 截交线的基本概念

截平面与立体表面的交线称为截交线，截交线一定是一个封闭的平面图形。截交线既在截平面上，又在立体表面上，截交线是截平面和立体表面的共有线。

2. 求截交线的一般方法与步骤

(1) 求截交线的方法：积聚性法和辅助面法。

(2) 求截交线的一般步骤：先找出一系列特殊的截交点（转向点、极限点、特征点、结合点等），再求出若干一般截交点，并判别可见性，最后顺次连接各点成多边形或曲线。

3. 平面与平面立体相交截交线作图方法

找到截平面与平面立体上若干条棱线的交点；依次将各点连线；判断交点的可见性；依次连接各交点，可见的交线用粗实线绘制，不可见的交线用细虚线绘制。

4. 平面与曲面立体相交截交线及其作图方法

(1) 平面与圆柱相交截交线形状：根据截平面与圆柱轴线的相对位置不同，其截交线有矩形、圆和椭圆 3 种不同的形状。

(2) 平面与圆锥相交截交线形状：根据截平面与圆锥轴线的相对位置不同，其截交线有圆、椭圆、抛物线和直线、双曲线和直线、三角形五种不同的情况。

(3) 平面与曲面立体相交截交线作图方法

先取平面与曲面立体上相交位置的特殊点（最高、最低点，最左、最右点，最前、最后点和可见性分界点);再求出一定数量的一般点(一般在每 2 个特殊点间插入 1 个一般点);判别各点可见性;依次光滑连接各交点,可见的交线用粗实线绘制,不可见的交线用细虚线绘制。

✓ 相关知识

机器上的零件,多数是由基本几何体经过不同方式的截割或组合而成的,因此,在零件的表面上就会有交线存在。根据形成交线的原因,这些交线可分为两类:一类是平面与立体表面相交产生的交线,如图 2-54 所示;另一类是两立体表面相交产生的交线,如图 2-55 所示。

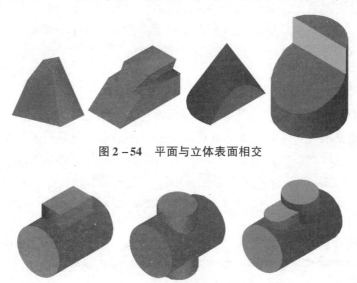

图 2-54 平面与立体表面相交

图 2-55 两立体表面相交

一、截交线的基本性质

平面与立体表面相交,可以认为是立体被平面截切,此平面通常称为截平面,截平面与立体表面的交线称为截交线。图 2-54 为平面与立体表面相交示例。截交线的性质如下。

(1) 截交线一定是一个封闭的平面图形。

(2) 截交线既在截平面上,又在立体表面上,截交线是截平面和立体表面的共有线。截交线上的点都是截平面与立体表面上的共有点。

因为截交线是截平面与立体表面的共有线,所以,求作截交线的实质就是求出截平面与立体表面的共有点。

二、求截交线的一般方法与步骤

(一) 求截交线的方法

求画截交线就是求一系列截交点,方法通常有积聚性法和辅助面法。

(1) 积聚性法:已知截交线的两个投影(截平面的一个积聚性投影和被截切立体表面的一个积聚性投影),根据共有点性质,可求出截交线另一投影。

(2) 辅助面法:根据三面共点的集合原理,采用辅助平面或辅助球面使其与截平面和立体表面相交，求出截交线，完成截交线的投影。

（二）求截交线的作图步骤

（1）找出一系列特殊位置的截交点，这些特殊位置的截交点主要包括。

①转向点：投影轮廓线上的点（即曲面的转向线与截平面的交点）一般为可见性分界点。

②极限点：极限位置（对投影面）点，例如最高、最低点，最左、最右点，最前、最后点等。

③特征点：曲线本身的特征点，例如椭圆长、短轴上4个端点。

④结合点：截交线由几部分组成时的结合点。

（2）求出若干一般截交点，一般在每2个特殊点间插入1个一般点。

（3）判别截交点可见性。

（4）顺次连接各点成多边形或曲线。

（三）平面与平面立体相交

平面立体的表面是平面图形，因此平面与平面立体的截交线为封闭的平面多边形。多边形的各个顶点是截平面与立体的棱线或底边的交点，多边形的各条边是截平面与平面立体表面的交线。根据截交线的性质，求截交线可归结为求截平面与立体共有线的问题。具体作图步骤如下。

（1）找到截平面与平面立体上若干条棱线的交点（截交点）；如立体被多个平面截割，应求出截平面间的交线。

（2）判断各交点的可见性。

（3）依次将各点连接，可见的交线用粗实线绘制，不可见的交线用细虚线绘制。

（4）整理轮廓线，擦除多余的辅助线。

下面通过例题讲解平面立体截交线的求作方法。

【例 2 – 10】 如图 2 – 56（a）所示，求用正垂面 P 斜切四棱锥的截交线。

分析：截平面 P 为正垂面，P 面与四棱锥的4个侧面相交有四条交线（即与4条侧棱相交有4个交点），所以截平面截切形成的截交线围成四边形，该四边形也为正垂面。因此，只要求出截交线上4个顶点在各投影面上的投影，然后依次连接各点的同面投影，即得截交线的另外两个投影。

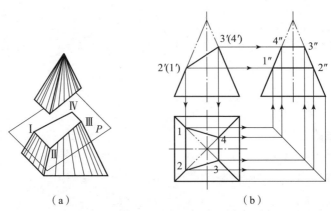

（a）　　　　　　　　　　（b）

图 2 – 56　正垂面斜切四棱锥截交线作图过程

作图方法与步骤：

（1）因截平面的正面投影具有积聚性，可直接求出截交线各顶点的正面投影（1′）、2′、3′、(4′)。

（2）根据直线上点的投影特性及点的可见性，求出各顶点的水平投影 1、2、3、4 和侧面投影 1″、2″、3″、4″。

（3）依次连接各顶点的同面投影，即得截交线的水平投影和侧面投影。作图过程如图 2-56（b）所示。

当用 2 个以上平面截切平面立体时，在立体上会出现切口、凹槽或穿孔等。作图时，只要作出各个截平面与平面立体的截交线，并画出各截平面之间的交线，就可作出这些平面立体的投影。

【例 2-11】 如图 2-57（a）所示，已知一带切口正三棱锥的正面投影，求其另两面投影。

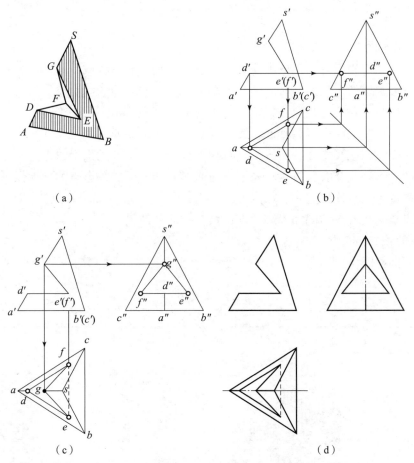

图 2-57 带切口正三棱锥的投影作图过程

分析：该正三棱锥的切口是由 2 个相交的截平面切割而形成。2 个截平面中，1 个是水平面，1 个是正垂面，它们都垂直于正面，因此切口的正面投影具有积聚性。水平截面与三棱锥的底面平行，因此它与棱面△SAB 和△SAC 的交线 DE、DF 必分别平行与底边 AB 和

AC，水平截面的侧面投影积聚成一条直线。正垂截面分别与棱面△SAB 和△SAC 交于直线 GE、GF。由于两个截平面都垂直于正面，所以两截平面的交线一定是正垂线，作出以上交线的投影即可得出所求投影。

作图方法与步骤：

（1）求作截平面 DEF 与三棱锥相交各截交点。点 D 为棱线上点，可直接求出，点 E、F 为侧面上点，应先在三棱锥侧面上过锥顶取线，再在线上取点，最后根据点的投影规律，即可完成点 E、F 在水平投影面和侧投影面上投影点的求作。作图过程及结果如图 2-57（b）所示。

（2）求作截平面 EFG 与三棱锥相交各截交点。点 G 为棱线上点，可直接求出，点 E、F 为侧面上点，已在步骤（1）完成求作。作图过程及结果如图 2-57（c）所示。

（3）判断各交点的可见性，根据点 D、E、F 和 G 点位置判断，四点均可见的，但点 E、F 间连线是不可见。

（4）依次连接各点的同面投影，其中点 E、F 间用细虚线连接。作图过程及结果如图 2-57（d）所示。

（四）平面与曲面立体相交

回转体的截交线一般是封闭的平面曲线，也可能是平面直线或由平面曲线和直线所围成的平面图形。截交线的形状与回转体的几何性质及其与截平面的相对位置有关。作图时，首先要分析截平面与回转体的相对位置，从而了解截交线的形状及截交线的一个或两个投影，根据共有性，求出截交线上点的其他投影面投影。当截平面或曲面立体的表面垂直于某一投影面时，则截交线在该投影面上的投影具有积聚性，可直接利用面上取点的方法作图。

求作曲面立体的截交线，就是求截平面与曲面立体表面的共有点的同面投影，然后把各点的同名投影依次光滑连接起来。求点的一般步骤是：先求特殊位置点，再求一般位置点，然后依次光滑地连接各点的同面投影，即得截交线的其他投影。

1. 圆柱的截交线

平面截切圆柱时，根据截平面与圆柱轴线的相对位置不同，其截交线有 3 种不同的形状，如表 2-5 所示。

表 2-5 平面与圆柱的截交线

截平面的相对位置	截平面平行于轴线	截平面垂直于轴线	截平面倾斜于轴线
立体图	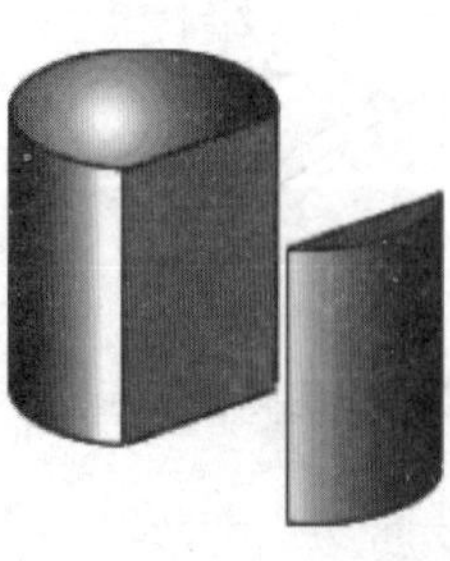		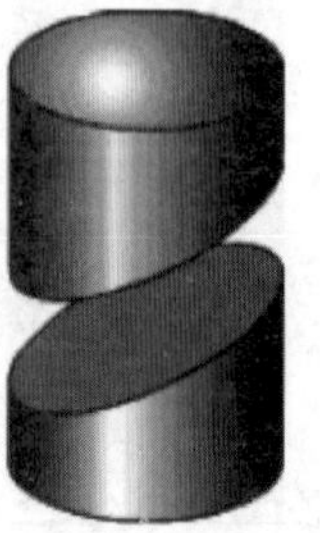

截平面的相对位置	截平面平行于轴线	截平面垂直于轴线	截平面倾斜于轴线
投影图			
截交线形状	矩形	圆	椭圆

【例 2-12】 如图 2-58（a）所示，求作正垂面截切圆柱体截交线的投影。

分析：截平面倾斜于圆柱轴线，截交线的立体形状为椭圆。由于截平面是正垂面，因此截交线的正面投影积聚成线段。截交线上的点又在圆柱面上，其水平投影与圆柱面的积聚性投影重合。因而已知截交线的两面投影，根据圆柱表面上点的投影特性，即可求出截交线的侧面投影。

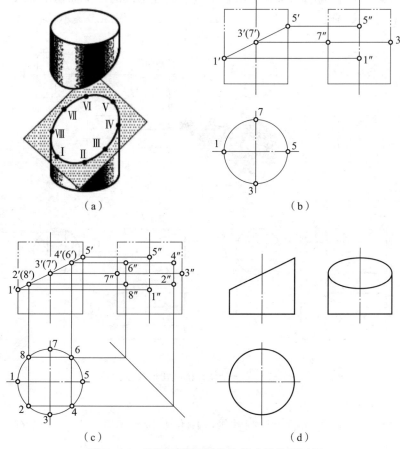

图 2-58 正垂面截切圆柱体截交线作图过程

作图方法与步骤：

（1）先取截交线上的特殊点（如点Ⅰ、Ⅲ、Ⅴ和Ⅶ）。

先在V面上取出截交线上特殊点Ⅰ、Ⅲ、Ⅴ、Ⅶ的正面投影1′、3′、5′、7′，它们是圆柱体转向轮廓素线上的极限位置点。其中，Ⅰ点是截交线上的最低点，也是最左点；Ⅲ点、Ⅶ点分别是截交线上的最前点与最后点；Ⅴ点是最高点也是最右点。同时它们也是椭圆长、短轴的四个端点。根据圆柱面的投影有积聚性的特点求出它们的水平投影1、3、5、7，及侧面投影1″、3″、5″、7″。作图过程如图2－58（b）所示。

（2）再求出一定数量的一般点（如点Ⅱ、Ⅳ、Ⅵ和Ⅷ）。

先在正面投影上选取2′、4′、6′、8′，根据圆柱面的积聚性，找出其水平面投影2、4、6、8，由点的两面投影作出侧面投影2″、4″、6″、8″。作图过程如图2－58（c）所示。

（3）判别可见性。由于正垂面在圆柱体的上方，且左低右高，故截交线所取各点的侧面投影均为可见。

（4）依次光滑连接各点的侧面投影，即得截交线的侧面投影，结果如图2－58（d）所示。

【例2－13】 如图2－59（a）所示，补全接头的正面投影和水平投影。

分析：该圆柱左端的开槽是由两个平行于圆柱轴线的对称的正平面和一个垂直于轴线的侧平面切割而成。圆柱右端的切口是由两个平行于圆柱轴线的水平面切割而成。

作图方法和过程如图2－59（b）～2－59（d）所示，作图步骤不再赘述。

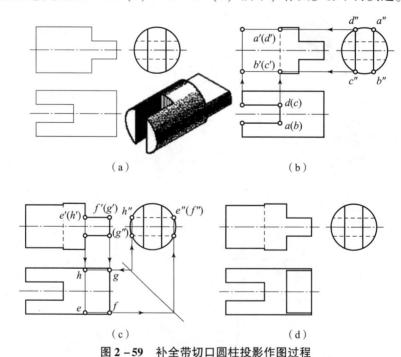

图2－59 补全带切口圆柱投影作图过程

2. 圆锥的截交线

平面截切圆锥时，根据截平面与圆锥轴线的相对位置不同，其截交线有5种不同的情况。如表2－6所示。

表 2-6 平面与圆锥的截交线

截平面的位置	与轴线垂直	与轴线倾斜	与素线平行	与轴线平行	过锥顶
立体图					
投影图					
截交线的形状	圆	椭圆	抛物线和直线	双曲线和直线	三角形

【例 2-14】 如图 2-60（a）所示，求作正垂面与圆锥的截交线。

分析：图中截平面 P 为正垂面，它倾斜于圆锥体的中心轴线，截交线的正面投影积聚为一线段（与轴线倾斜，为正垂面），它的另外两个投影为缩小的类似形即椭圆。长轴端点为 Ⅰ、Ⅱ，短轴端点为 Ⅲ、Ⅳ。利用圆锥面上取点的方法可求出截交线的水平投影和侧面投影。

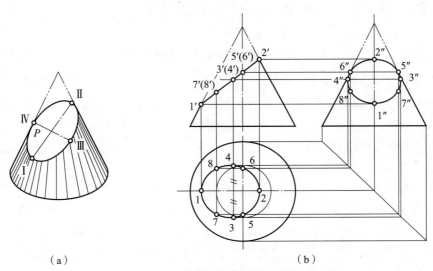

(a)　　　　　　　　　　　(b)

图 2-60 正垂面截切圆锥的截交线作图过程

作图方法与步骤：

(1) 求特殊点（如 Ⅰ、Ⅱ、Ⅲ、Ⅳ、Ⅴ、Ⅵ），找出椭圆长、短轴 4 个端点的正面投影

1′、2′、3′、4′，其中Ⅰ、Ⅱ为截交线上的最低（左）点、最高（右）点，它们的水平投影1、2和侧面投影1″、2″可直接求出。Ⅲ、Ⅳ点正面投影3′（4′）位于1′2′中点，水平投影3、4可用辅助圆法求出，根据正面投影和水平面投影求出侧面投影3″、4″。Ⅴ、Ⅵ两点在圆锥的最前、最后素线上，所以它们的正面投影5′（6′）和侧面投影5″、6″可直接作出，最后求水平投影5、6。

（2）求一般点（如Ⅶ、Ⅷ），在V面截交线的下部任取两重影的一般位置点7′、8′，利用辅助圆法求出它们的水平投影7、8和侧面投影7″、8″，为方便作图，7″、8″两点取为6″、5″两点的对称点。

（3）判别可见性，由于正垂面在圆锥体的上方，且左低右高，故截交线的水平投影与侧面投影均为可见。

（4）依次光滑连接各点，即得截交线的水平投影及侧面投影。结果如图2-60（b）所示。

【例2-15】 如图2-61（a）所示，求作正平面与圆锥的截交线。

分析：由图可知，截平面为正平面，截交线的侧面投影和水平投影均积聚成一线段，截交线的正面投影为双曲线与一线段所围成的平面形。

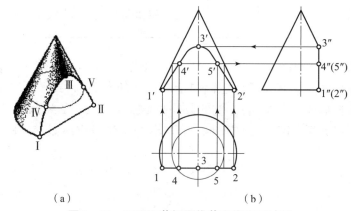

图2-61 正平面截切圆锥截交线作图过程

作图方法与步骤：

（1）求特殊点（如Ⅰ、Ⅲ、Ⅱ），由于截平面为正平面，所以截交线的水平投影与侧面投影均积聚为线段。先在截交线的水平投影上取1、3、2，其中1、2为圆锥底面圆周上的两交点，3为圆锥最前转向素线上的交点。由三点的水平投影确定侧面投影1″、3″、2″，根据这两面投影求出它们的正面投影1′、3′、2′。

（2）求一般点（如Ⅳ、Ⅴ），作辅助水平面与圆锥相交，截交线是圆，该圆的水平投影与截交线的水平投影相交于4、5点，再由4、5求出正面投影4′、5′和侧面投影4″、5″。

（3）判别可见性，由于截平面在圆锥的前方，故截交线的正面投影为可见。

（4）依次光滑连接各点，即得截交线的正面投影。结果如图2-61（b）所示。

（五）综合题例

实际机件常由多个回转体组合而成。求组合回转体的截交线时，首先要分析构成机件各基本体与截平面的相对位置、截交线的形状、投影特性，然后逐个画出各基本体的截交线，再按它们之间的相互关系连接起来。

【例2-16】 如图2-62（a）所示，求作顶尖头的截交线。

分析：顶尖头部是由同轴的圆锥与圆柱组合而成。它的上部被两个垂直于正面的截平面 P 和 Q 切去一部分，在它的表面上共出现三组截交线和一条 P 与 Q 的交线。截平面 P 平行于轴线，所以它与圆锥面的交线为双曲线，与圆柱面的交线为两条平行直线。截平面 Q 与圆柱斜交，它截切圆柱的截交线是一段椭圆弧。三组截交线的侧面投影分别积聚在截平面 P 和圆柱面的投影上，正面投影分别积聚在 P、Q 两面的投影（直线）上，因此只需求作三组截交线的水平投影。

作图方法和过程如图2-62（b）~图2-62（d）所示，作图步骤不再赘述。

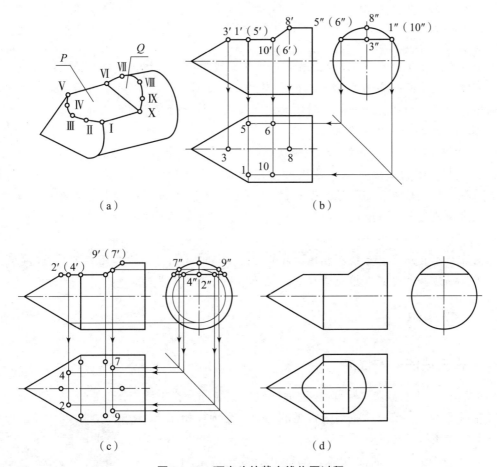

图2-62 顶尖头的截交线作图过程

任务7 相贯线视图绘制

任务引入

采用 A4 图纸幅面，按1:1比例完成《机械制图基础训练与任务书》中"任务7：相贯线视图绘制——任务实施"图样绘制，并绘制标题栏，标注尺寸，标题栏按教材"图1-5

学生用简化标题栏"格式绘制。

✓ 任务目标

（1）掌握相贯线的概念和性质、两个正交圆柱相贯线的原理作图方法和近似画法，进一步培养空间思维与空间构型能力。

（2）完成《机械制图基础训练与任务书》中"任务7：相贯线视图绘制——任务实施"图样绘制任务。

✓ 知识点导学

1. 相贯线的基本概念

两个基本体相交（或称相贯），表面产生的交线称为相贯线，相贯线是两个曲面立体表面的共有线，也是两个曲面立体表面的分界线，相贯线上的点是两个曲面立体表面的共有点。两个曲面立体的相贯线一般为封闭的空间曲线，特殊情况下可能是平面曲线或直线。

2. 求相贯线的一般方法与步骤

（1）求相贯线的一般方法：积聚性法和辅助平面法。

（2）求相贯线的一般步骤：先找出相贯线上一系列特殊的点（最高、最低点，最左、最右点，最前、最后点和可见性分界点），再求出相贯线上若干一般点，并判别可见性，最后顺次光滑地连接各点成空间封闭的曲线（特殊情况下可能是平面曲线或直线）。

3. 相贯线的近似画法

当两圆柱垂直正交且直径有相差，在不引起误解时，为了简化作图，可采用圆弧代替相贯线的近似画法，相贯线可用大圆柱的半径为半径作圆弧来代替。

✓ 相关知识

一、相贯线的基本性质

两个基本体相交（或称相贯），表面产生的交线称为相贯线，图2-63所示为立体与立体表面相贯实例。本节只讨论最为常见的两个正交圆柱相贯的问题。相贯线的性质如下。

（1）相贯线是两个曲面立体表面的共有线，也是两个曲面立体表面的分界线。相贯线上的点是两个曲面立体表面的共有点。

（2）两个曲面立体的相贯线一般为封闭的空间曲线，特殊情况下可能是平面曲线或直线。

求两个曲面立体相贯线的实质就是求它们表面的共有点。作图时，依次求出特殊点和一般点，判别其可见性，然后将各点光滑连接起来，即得相贯线。

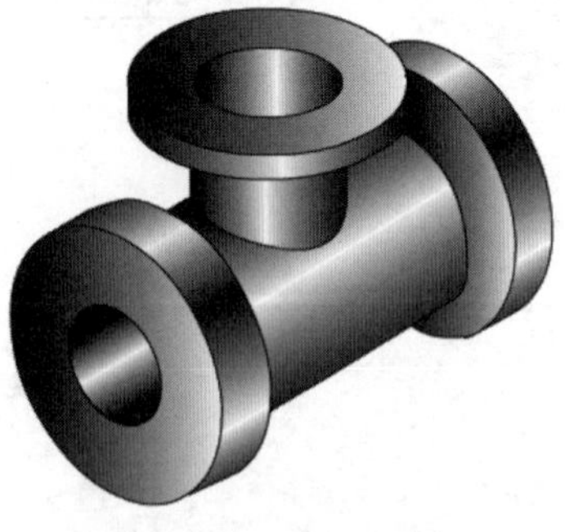

图2-63 立体与立体表面相贯实例

二、求相贯线的一般方法与步骤

（一）求相贯线的一般方法

1. 利用积聚性求作相贯线

两曲面立体相交，如果其中有一个是轴线垂直于投影面的圆柱，则该圆柱在该投影面上的投影积聚为圆，而相贯线的投影也重合在圆上。这时可由点的两个已知投影求出其他投影的方法求出相贯线的投影。

2. 利用辅助平面法求相贯线

当两曲面立体的相贯线不能或不便于用积聚性方法直接求出时，可用辅助平面法求解。辅助平面法是求两曲面立体相贯线比较普遍的方法。辅助平面法是用一辅助平面（为使作图简便，应选用特殊位置平面作为辅助平面，一般为投影面平行面）与相贯的两曲面立体同时相交，则辅助平面分别与两曲面立体相交得两组截交线，这两组截交线均处于辅助平面内，它们的交点为辅助平面与两曲面立体表面的共有点，依次连接各点，就得到相贯线。

（二）求相贯线的作图步骤

（1）求特殊点，这些特殊位置的截交点主要包括最高、最低点，最左、最右点，最前、最后点，可见性分界点等。

（2）求出若干一般点，一般在每2个特殊点间插入1个一般点。

（3）判别点的可见性。

（4）顺次光滑地连接各点成空间封闭的曲线，特殊情况下可能是平面曲线或直线。

（三）两个正交圆柱相贯线

限于篇幅和课程要求，本节只讨论利用积聚性求作相贯线。

【例2-17】 如图2-64（a）所示，已知两圆柱的三面投影，求作它们的相贯线。

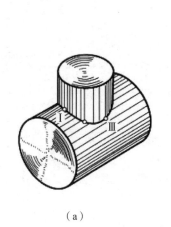
（a）

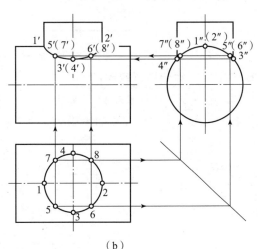
（b）

图2-64 正交两圆柱体的相贯线

分析：可以看出，小圆柱的中心轴线为铅垂线，小圆柱的水平投影积聚为圆。大圆柱的中心轴线为侧垂线，大圆柱的侧面投影积聚为圆。根据共有性，相贯线既在大圆柱面上又在小圆柱面上，所以相贯线的水平投影积聚在小圆柱的水平投影圆周上，侧面投影积聚在大圆柱的侧面投影圆周上，因此只需求出相贯线的正面投影。又由于两圆柱垂直正交，故相贯线正面投影的前半部分与后半部分重合为一段曲线。

作图方法与步骤：

（1）求特殊点，相贯线上的特殊点主要是两相贯体转向轮廓线上的共有点。小圆柱与大圆柱的正面轮廓转向素线的交点 $1'$、$2'$ 是相贯线上的最左、最右（也是最高）点；小圆柱的侧面轮廓线与大圆柱表面的交点 $3''$、$4''$ 是相贯线上的最前、最后（也是最低）点。根据积聚性可直接求出水平投影 1、2、3、4 和正面投影 $1'$、$2'$、$3'$、$4'$，最后根据两面投影求侧面投影 $1''$、$2''$、$3''$、$4''$。

（2）求一般点，在小圆柱的水平投影圆周上取点 5、6、7、8，作出其侧面投影 $5''$、$(6'')$、$7''$、$(8'')$，再求出正面投影 $5'$、$6'$、$(7')$、$(8')$。

（3）判别可见性。

（4）顺次光滑连接 $1'$、$5'$、$6'$、$2'$ 各点，即得相贯线的正面投影。

（四）相贯线的近似画法

相贯线的作图步骤较多，如对相贯线的准确性无特殊要求，当两圆柱垂直正交且直径有相差，在不引起误解时，为了简化作图，可采用圆弧代替相贯线的近似画法。例如，轴线正交且平行于 V 面的两圆柱相贯，相贯线的 V 面投影可以用与大圆柱半径相等的圆弧来代替。圆弧的圆心在小圆柱的轴线上，圆弧通过 V 面转向线的两个交点，并凸向大圆柱的轴线。如图 2-65 所示，垂直正交两圆柱的相贯线可用大圆柱的 $D/2$ 为半径作圆弧来代替。

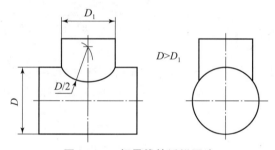

图 2-65 相贯线的近似画法

（五）两圆柱正交的相贯线归纳

1. 两圆柱直径大小对相贯线的影响

（1）当 $D_1 < D$ 时，相贯线正面投影为上下对称的曲线。如图 2-66 所示。

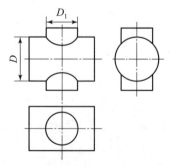

图 2-66 两圆柱（$D_1 < D$）相贯线

（2）当 $D_1 = D$ 时，相贯线正面投影为正交的两条直线。如图 2-67 所示。

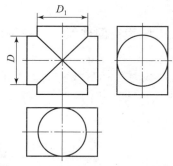

图 2-67 两圆柱（$D_1 = D$）相贯线

(3) 当 $D_1 > D$ 时，相贯线正面投影为左右对称的曲线。如图 2-68 所示。

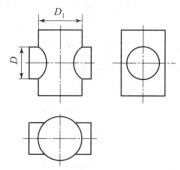

图 2-68 两圆柱（$D_1 > D$）相贯线

2. 两圆柱面正交位置对相贯线的影响

两圆柱面正交常见有 3 种情况，两外圆柱面相交、外圆柱面与内圆柱面相交和两内圆柱面相交。这 3 种情况的相交形式虽然不同，但相贯线的性质和形状一样，求法也是一样的。如图 2-69 所示。

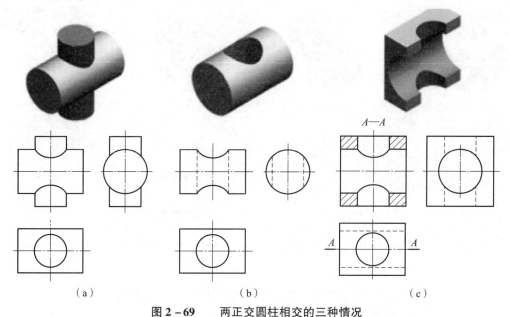

(a)   (b)   (c)

图 2-69 两正交圆柱相交的三种情况

(a) 两外圆柱面相交；(b) 外圆柱面与内圆柱面相交；(c) 两内圆柱面相交

3. 相贯线的特殊情况

两曲面立体相交，其相贯线一般为空间曲线，但在特殊情况下也可能是平面曲线或直线。

(1) 当两个回转体具有公共轴线时，相贯线为圆。当轴线垂直于水平面时，该圆的正面投影为一直线段，水平投影为圆的实形，如图2-70所示。

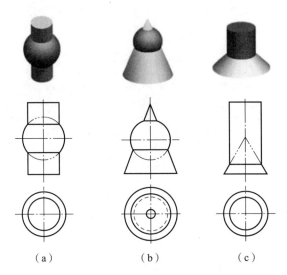

图2-70 两个同轴回转体的相贯线

(a) 圆柱与圆球相交；(b) 圆锥与圆球相交；(c) 圆柱与圆锥相交

(2) 当圆柱与圆柱、圆柱与圆锥相贯，公切于一圆球时，相贯线为平面曲线，若曲线所在平面与投影面垂直，则在该投影面上的投影为一直线段，如图2-71所示。

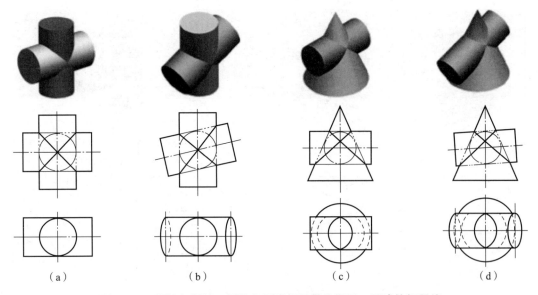

图2-71 圆柱与圆柱、圆柱与圆锥相贯并公切于一圆球的相贯线

(a) 圆柱与圆柱正交；(b) 圆柱与圆柱斜交；(c) 圆柱与圆锥正交；(d) 圆柱与圆锥斜交

（3）相贯线是直线。当两圆柱的轴线平行或两圆锥共顶时，相贯线是直线。如图 2-72 所示。

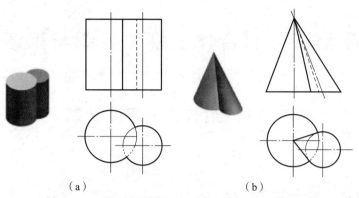

图 2-72　两圆柱的轴线平行或两圆锥共顶时的相贯线
（a）圆柱与圆柱相交；(b) 圆锥与圆锥斜交

项目三 组合体三视图绘制与识读

任务1 组合体三视图绘制

✓ 任务引入

采用 A4 图纸幅面，按 1∶1 比例绘制《机械制图基础训练与任务书》中"任务1：组合体三视图绘制——任务实施"中指定组合体视图绘制，并抄标尺寸，绘制标题栏，标题栏按"简化标题栏"格式绘制。

✓ 任务目标

（1）掌握画组合体视图的方法和步骤，培养绘制组合体三视图的基本能力。

（2）完成《机械制图基础训练与任务书》中"任务1：组合体三视图绘制——任务实施"中指定组合体视图表达任务，并抄标尺寸。

✓ 知识点导学

1. 组合体的组合形式与形体之间表面连接关系

（1）组合体的组合形式有 3 种：叠加、切割和综合。

（2）组合体各形体之间表面连接关系有 4 种：平齐、不平齐、相交、相切。

2. 形体分析方法

（1）形体分析法：将物体分解成若干个基本形体，并分析它们之间的组合形式和相对位置的方法。

（2）形体分析法步骤：将组合体分解成几个基本的几何体；确定各基本体的形状及相对位置；分析各基本体表面之间的连接关系。

（3）线面分析法：线面分析法是在形体分析法的基础上，运用线、面的空间性质和投影规律，分析形体表面投影关系的方法。

3. 画组合体三视图的方法与步骤

（1）画组合体三视图的方法：将组合体分解成若干个基本形体，逐个画出其视图；分析各形体之间的连接关系，正确画出其连接处的投影；画各形体时，应从反映实形的投影或表面有积聚性的投影画起，并注意保持三等规律。

（2）画组合体三视图的步骤：先进行形体分析，再进行主视图选择，最后画组合体三视图。画图步骤为：选比例、定图幅，布置视图，绘制底稿，检查描深。

相关知识

由两个或两个以上基本几何体所组成的物体，称为组合体。如图3-1（a）所示，组合体可理解为由图3-1（b）中Ⅰ、Ⅱ、Ⅲ几何体叠加和切割形成。组合体可以理解为是把零件进行必要的简化，将零件看作由若干个基本几何体组成。所以学习组合体的投影作图为零件图的绘制提供了重要的基础。本任务重点讨论组合体三视图的画法、看图方法和尺寸注法，为学习零件图打下基础。

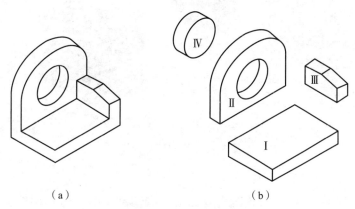

图3-1 组合体

一、组合体的组合形式和表面连接关系

（一）组合体的组合形式

形体的组合形式，通常有叠加、切割以及综合三类。

1. 叠加型组合体

叠加是将实形体和实形体进行组合，两形体以平面相接触，通过这种方式形成的组合体称为叠加型组合体。如图3-2（a）所示，组合体可以看成是由如图3-2（b）所示形体2上叠加形体1而形成。

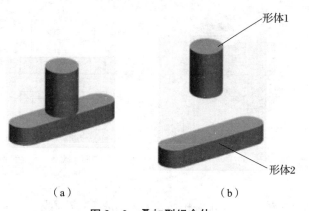

图3-2 叠加型组合体

2. 切割型组合体

切割是用一个或几个平面截去基本体的一部分，这时在基本体的表面形成截交线，通过这种方式形成的组合体称为切割型组合体。如图3-3（a）所示组合体可以看成是由如图3-2（b）所示形体1上先切去形体2，再切去形体3而形成。

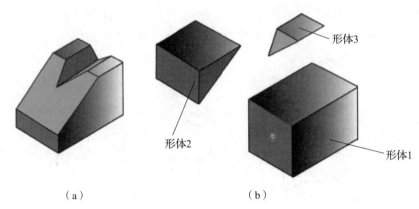

图3-3 切割型组合体

3. 综合型组合体

如图3-1所示形体的组合形式既有叠加，又有切割，即为综合型组合体。该形体可以看成是由形体Ⅰ上叠加形体Ⅱ和形体Ⅲ，形体Ⅱ是由长方体和半圆柱叠加后减去形体Ⅳ而形成。

（二）组合体的表面连接关系

在分析组合体的组合形式时，还需弄清立体表面的连接关系，通常有以下几种情况。

1. 平齐或不平齐

当形体叠加时，若两个基本体的某表面处于同一平面上，则称两基本体的该部分表面平齐，又称共面。平齐后两表面重合为一个表面，中间不应该画线，如图3-4所示；不平齐（不共面）时，两表面间需要画线，如图3-5所示。

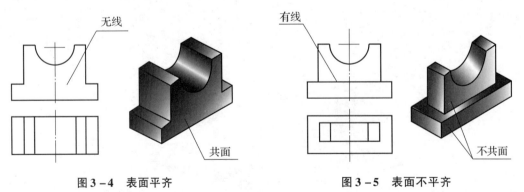

图3-4 表面平齐　　　　图3-5 表面不平齐

2. 相切

当形体相邻两表面光滑过渡时即为相切。在相切处不应画线，另一视图上的投影应画到切点处，如图3-6所示。

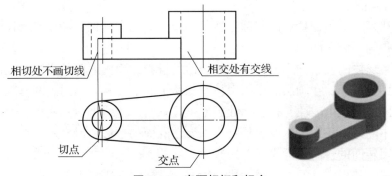

图 3-6 表面相切和相交

3. 相交

相交是指组合体中两部分间的表面彼此相交。两组合体相交时，相交处有交线即相贯线，应画出，如图 3-6 所示。

二、组合体的形体分析方法

(一) 形体分析法

任何复杂的形体，都可看成是由若干个基本形体组合而成的。如图 3-7（a）所示的轴承座，可看成是由（见图 3-7（b））底板、肋板、套筒和支承板组合而成。因此，在画组合体视图时，都可采用这种"化繁为简""先分后合"的分析方法。这种为了便于画图和看图，将物体分解成若干个基本形体，并分析它们之间的组合形式和相对位置的方法，称为形体分析法。

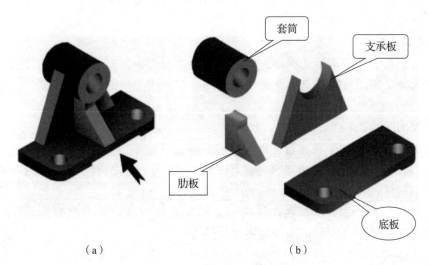

图 3-7 轴承座的形体分析

形体分析法的具体分析过程有以下 3 步。
(1) 将组合体分解成几个基本几何体。
(2) 确定各基本体的形状及相对位置。
(3) 分析各基本体表面之间的连接关系。

(二) 线面分析法

线面分析法是在形体分析法的基础上，运用线、面的空间性质和投影规律，分析形体表面的投影，进行画图和看图的方法。

画组合体各形体的投影实际上是画形体表面的投影，而画表面的投影又是画组成该表面所有棱线的投影。因而，在画出的视图中，除相切情况外，每一个封闭线框都表示形体某个表面的一个视图，当这个表面与投影面处于平行位置时，该线框表示实形，否则该线框为一类似形。视图中的每一条图线，或表示具有积聚性的面的投影，或表示两个邻接表面交线的投影，或表示回转面的转向线的投影。这些面、线的3个视图之间必定符合投影规律。投影结果表现为积聚性和真实性的面、线画法一般容易掌握，而表现类似性的面、线在画图中容易产生错误。

在画图和看图中，应以形体分析为主、线面分析为辅，即形体分析法是首先采用的方法。只有当形体的邻接表面处于平齐、相切或相交等特殊位置，或形体的表面有投影面垂直面或投影面平行面时，才运用线面分析法。

三、组合体三视图画法

下面就以图3-7所示轴承座为例，说明画组合体三视图的方法与步骤。

(一) 形体分析

画图之前，首先要对组合体进行形体分析，将其分解成几个组成部分，明确组合形式，进一步了解相邻两形体表面之间连接关系，然后考虑视图的选择。如图3-7（a）所示的轴承座是由底板、圆筒、肋板和支承板组成的，也就是说可以分解为图3-7（b）所示的几个部分。那么这几部分的组合形式为叠加，支承板的左右侧面和圆筒外表面为相切，肋板和圆筒相交，其交线为直线和圆弧。

(二) 选择主视图

主视图是三视图中最重要的视图，主视图选择恰当与否，直接影响组合体视图表达的清晰性。所谓选择主视图也即是怎样放置所表达的物体和用怎样的投影方向来作为主视图的投影方向。

选择主视图的原则：

（1）组合体应按自然位置放置，即保持组合体自然稳定的位置。

（2）主视图应较多地反映出组合体的结构形状特征，即把反映组合体的各基本几何体和它们之间相对位置关系最多的方向作为主视图的投影方向。

（3）尽量较少产生虚线，即在选择组合体的安放位置和投影方向时，要同时考虑各视图中不可见的部分最少，以尽量减少各视图中的虚线。

综合以上原则可以看出图3-7（a）所示轴承座，从箭头所标方向看去所得的视图，基本满足上述要求，可作为主视图。主视图选定后，俯视图和左视图也随之而定。

(三) 画图的方法与步骤

正确的画图方法和步骤是保证绘图质量和提高绘图效率的关键。

1. 选比例、定图幅

画图时，应遵照国标有关规定，尽量选用1:1的比例，这样可以从图上直接看出物体的真实大小。选定比例后，由物体的长、宽、高尺寸，计算3个视图所占的面积，并在视图之间留出标注尺寸的位置和适当的间距。根据估算的结果，选用恰当的基本图幅。

2. 布置视图

布置视图是指确定各视图在图纸上的位置。布图前先把图纸的边框和标题的边框画出来。各视图的位置要匀称，并注意两视图之间要留出适当距离，用以标注尺寸。大致确定各视图的位置后，绘制出作图基准线和重要位置线，即对称中心线、主要回转体的轴线、底面及重要端面的位置线。基准线也是画图时测量尺寸的基准，所以每个视图应画出与相应坐标轴对应的两个方向的基准线。

3. 绘制底稿

轴承座的画图步骤如图 3－8 所示。

为了迅速而正确地画出组合体的三视图，画底稿时，应注意以下 3 点。

（1）为保证三视图之间相互对正，提高画图速度，减少差错，应尽可能把同一形体的三面投影联系起来作图，并依次完成各组成部分的三面投影。不要孤立地先完成一个视图，再画另一个视图。

（2）先画主要形体，后画次要形体；先画各形体的主要部分，后画次要部分；先画可见部分，后画不可见部分。

（3）应考虑到组合体是各个部分组合起来的一个整体，作图时要正确处理各形体之间的表面连接关系。

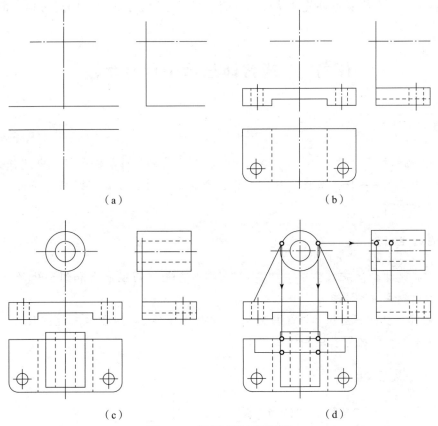

图 3－8 轴承座的画图步骤

(a) 绘制基准和重要位置线；(b) 绘制底板；(c) 绘制圆筒；(d) 绘制支承板

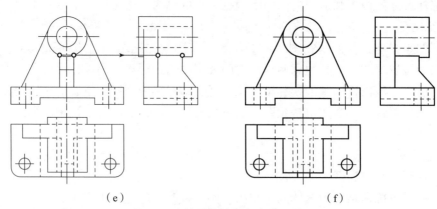

(e)　　　　　　　　　　　　　　(f)

图 3-8　轴承座的画图步骤（续）

(e) 绘制肋板；(f) 检查描深

4. 检查描深

底稿完成后，应认真检查。在三视图中依次核对各组成部分的投影关系正确与否，分析相邻两形体连接处有无遮挡或画法有无错误，是否多线或漏线，再将模型或轴测图与三视图对照，确认无误后再描深，完成全图。

为方便记忆组合体视图绘图步骤，可将组合体视图绘图步骤简化为如下口诀：先基准后轮廓，主次先后要分清；形体先从特征画，交线最后才形成；3个视图同时画，最后检查和描深。

任务2　组合体三视图尺寸标注

任务引入

采用 A4 图纸幅面，按 1∶1 比例绘制《机械制图基础训练与任务书》中"任务2：组合体三视图尺寸标注——任务实施"指定图样，并标注尺寸，绘制标题栏，标题栏按"简化标题栏"格式绘制。

任务目标

（1）掌握尺寸标注基本要求中"完整"和"清晰"两项要求和组合体的尺寸标注方法，培养尺寸标注的基本能力。

（2）完成《机械制图基础训练与任务书》中"任务2：组合体三视图尺寸标注——任务实施"指定组合体视图表达和标注尺寸任务。

知识点导学

1. 尺寸标注的"完整"和"清晰"基本要求

"完整"是指确定组合体各部分形状大小及相对位置的尺寸标注完全，既不能遗漏，也不要重复；"清晰"是指尺寸标注要布置匀称、清楚、整齐，便于阅读。

2. 组合体的尺寸种类

(1) 定形尺寸：确定组合体中各基本体在长、宽、高3个方向上大小的尺寸。

(2) 定位尺寸：确定组合体中各基本体相对位置的尺寸。

(3) 总体尺寸：表示组合体外形大小的总长、总宽、总高的尺寸。

3. 标注尺寸保证"清晰"要求的方法

(1) 尺寸应尽量标注在反映形体特征最明显的视图上，且同一形体的尺寸尽可能集中标注在一个视图上。

(2) 同一基本形体的定形尺寸和确定其位置的定位尺寸，应尽可能集中标注在一个视图上。

(3) 圆柱、圆锥的直径尺寸尽量标注在反映轴线的视图上，半圆弧及小于半圆弧的半径尺寸一定要标注在反映为圆弧的视图上。

(4) 尽量避免在虚线上标注尺寸。

(5) 同一视图上的平行并列尺寸，应按"小尺寸在内，大尺寸在外"的原则来排列，且尺寸线与轮廓线、尺寸线与尺寸线之间的间距要适当。

4. 尺寸基准

基准是指标注尺寸的起始位置，组合体有长、宽、高3个方向的尺寸，每个方向至少应有一个尺寸基准。

✓ 相关知识

一组视图只能表示物体的形状，不能确定物体的大小，组合体各部分的真实大小及相对位置由标注的尺寸确定。尺寸标注的基本要求是：正确、完整、清晰和合理。尺寸标注基本要求中的"正确"要求已在项目一中"尺寸注法"进行过阐述，本任务主要是通过组合体学习尺寸标注基本要求中"完整"和"清晰"两项要求。

尺寸标注中"完整"性要求是指确定组合体各部分形状大小及相对位置的尺寸标注完全，既不能遗漏，也不要重复。

尺寸标注中"清晰"性要求是指尺寸标注要布置匀称、清楚、整齐，便于阅读。

一、组合体的尺寸种类

组合体的尺寸要标注完整，必须包含以下几种尺寸。

(一) 定形尺寸

定形尺寸是确定组合体中各基本体在长、宽、高3个方向上大小的尺寸。

图3-9和图3-10所示为一些常用基本体的定形尺寸的注法。平面立体一般要标注长、宽、高3个方向大小的尺寸，回转体一般只要标注径向和轴向两个方向的尺寸。其中正方形的尺寸可采用如图3-9（f）所示的形式注出，即在边长尺寸数字前加注"□"符号。图3-9（d）和图3-9（g）中加"( )"的尺寸称为参考尺寸。

直径尺寸应在其数字前加注符号"ϕ"，一般注在非圆视图上。这种标注形式用一个视图就能确定其形状和大小，其他视图就可省略，如图3-10（a）~图3-10（c）所示。

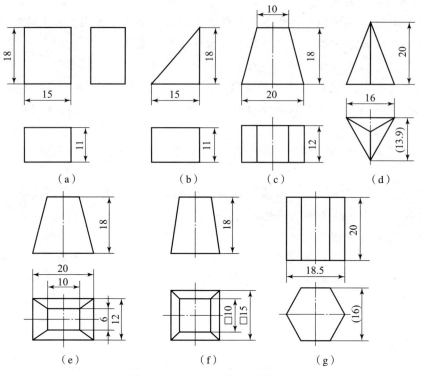

图3-9 平面立体的尺寸注法

标注圆球的直径和半径时,应分别在"ϕ""R"前加注符号"S",如图3-10(d)和图3-10(e)所示。圆柱和圆锥应注出底圆直径和高度尺寸,圆锥台还应加注顶圆的直径。

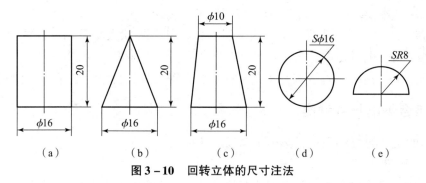

图3-10 回转立体的尺寸注法

(二) 定位尺寸

定位尺寸是确定组合体中各基本体相对位置的尺寸。

图3-11所示为部分常见形体的定位尺寸,从图中可以看出,在标注回转体的定位尺寸时,一般都是标注它的轴线的位置。

(三) 总体尺寸

总体尺寸是表示组合体外形大小的总长、总宽、总高的尺寸。

常见简单组合体的尺寸注法如图3-12所示,请读者自行分析其总体尺寸。

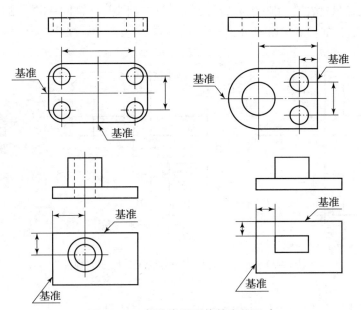

图 3–11　部分常见形体的定位尺寸

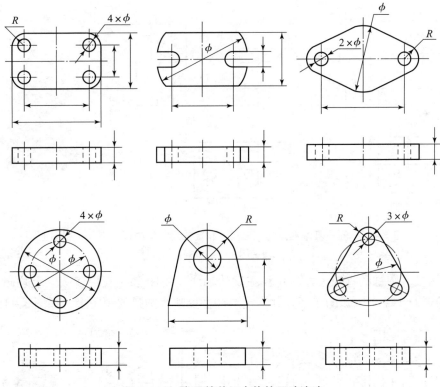

图 3–12　常见简单组合体的尺寸注法

二、组合体尺寸标注基本要求

标注尺寸不仅要求正确、完整，还要求清晰，以方便读图。为此，在严格遵守机械制图国家标准的前提下，还应做到以下几点：

(1) 尺寸应尽量标注在反映形体特征最明显的视图上，且同一形体的尺寸尽可能集中标注在一个视图上，如图 3-13 所示。

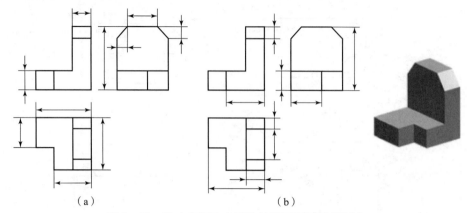

图 3-13　尺寸应标注在形体特征最明显的视图上
(a) 好；(b) 不好

(2) 同一基本形体的定形尺寸和确定其位置的定位尺寸，应尽可能集中标注在一个视图上，如图 3-14 所示。

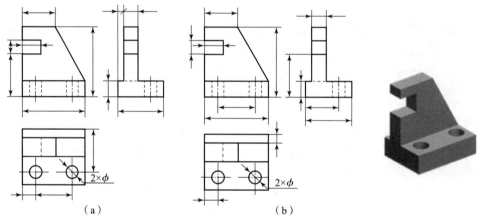

图 3-14　同一基本形体的定形尺寸和定位尺寸集中标注在一个视图上
(a) 好；(b) 不好

(3) 圆柱、圆锥的直径尺寸尽量注在反映轴线的视图上（底板或圆盘上均布的小孔除外）；半圆弧及小于半圆弧的半径尺寸一定要注在反映为圆弧的视图上，如图 3-15 所示。

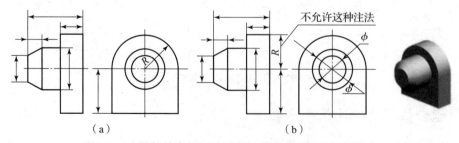

图 3-15　圆柱的直径尺寸尽量标注在反映轴线的视图上
(a) 好；(b) 不好

(4) 尽量避免在虚线上标注尺寸。

(5) 同一视图上的平行并列尺寸,应按"小尺寸在内,大尺寸在外"的原则来排列,且尺寸线与轮廓线、尺寸线与尺寸线之间的间距要适当,如图 3-16 所示。

(6) 尺寸应尽量配置在视图的外面,以避免尺寸线与轮廓线交错重叠,保持图形清晰。

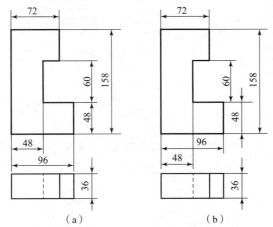

图 3-16 按"小尺寸在内,大尺寸在外"的原则标注尺寸
(a) 好;(b) 不好

三、尺寸基准

在明确了视图中完整、清晰性要求的同时,还需考虑尺寸基准的问题。

所谓尺寸基准,是指标注尺寸的起始位置,组合体有长、宽、高3个方向的尺寸,每个方向至少应有一个尺寸基准。组合体的尺寸标注中,常选取对称面、底面、端面、轴线或圆的中心线等几何元素作为尺寸基准。在选择基准时,每个方向除一个主要基准外,根据情况还可以有几个辅助基准。基准选定后,各方向的主要尺寸(尤其是定位尺寸)就应从相应的尺寸基准进行标注。常见形体的尺寸基准如图 3-11 所示,请读者自行分析并选择如图 3-12 所示中各视图的尺寸基准位置。

如图 3-17 所示轴承座的尺寸基准是:以左右对称面作为长度方向的基准;以底板和支承板的后端面作为宽度方向的基准;以底板的底面作为高度方向的基准。基准选定后,各方向的主要尺寸就应从相应的尺寸基准进行标注。下面以图 3-17 所示轴承座为例来说明组合体的尺寸标注方法和步骤。

(一) 形体分析

形体分析法不仅是组合体视图绘制的基本方法,也是组合体尺寸标注的基本方法。由图 3-17 分析知轴承座是由底板、套筒、支承板和肋板组成的。

(二) 选尺寸基准

由图 3-17 分析知长度方向以左右对称面为基准;宽度方向以底板的后端面为基准;高度方向以底板的底面为基准。

(三) 逐个标注各个形体的定形、定位尺寸

(1) 标注底板的定形、定位尺寸,如图 3-18 (a) 所示。为方便说明,图中尺寸线上标有"a"的为定位尺寸,标有"b"的为定形尺寸。

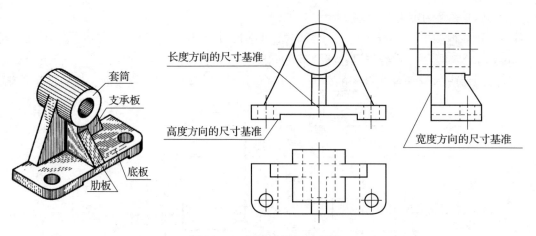

图 3-17 轴承座的尺寸基准

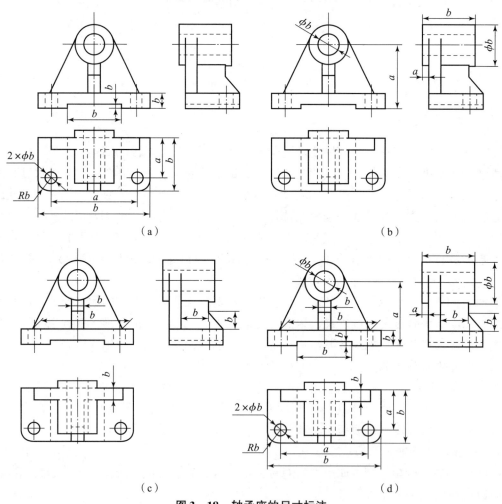

（a） （b）

（c） （d）

图 3-18 轴承座的尺寸标注
（a）标注底板的定形、定位尺寸；（b）标注套筒的定形、定位尺寸；
（c）标注支承板和肋板的定形、定位尺寸；（d）全部尺寸标注

(2) 标注套筒的定形、定位尺寸,如图3-18 (b) 所示。
(3) 标注支承板和肋板的定形、定位尺寸,如图3-18 (c) 所示。

(四) 标注总体尺寸

总长为底板的长度方向的定形尺寸;总高由套筒高度方向的定位尺寸和定形尺寸共同确定,不另标出;总宽由底板宽度方向的定形尺寸和套筒宽度方向的定位尺寸确定,不另标出。

应当注意,当组合体的一端或两端为回转体时,若标注出定位尺寸和圆弧的定形尺寸后,该方向的总体尺寸不能直接注出,否则就会出现重复尺寸。例如轴承座的总高尺寸。

按上述步骤标注出尺寸后,还要按形体逐个检查有无遗漏或重复尺寸,然后修正和调整。在具体标注时,最好先将所有的尺寸线和尺寸指引线画好,检查和修正完后,再填写具体数字。

完成全部尺寸标注,结果如图3-18 (d) 所示。

任务3 组合体三视图识读

任务引入

按要求完成《机械制图基础训练与任务书》中"任务3:组合体三视图识读——任务实施"任务。

任务目标

(1) 掌握组合体三视图识读的基本要领和基本方法,培养识读组合体三视图的基本能力。
(2) 完成《机械制图基础训练与任务书》中"任务3:组合体三视图识读"任务。

知识点导学

1. 三视图识读的基本要领
(1) 理解视图中线框和图线的含义。
(2) 将几个视图联系起来进行读图。
(3) 要善于抓特征视图。
2. 三视图识读的步骤和基本方法
(1) 识读三视图的一般步骤是:先主后次、先易后难、先局部后整体。
(2) 识读三视图的基本方法:采用形体分析法为主,线面分析法为辅的读图方法。
形体分析法:将机件分解成若干个基本形体,对照投影想象各基本形体的形状,最后综合起来想象出组合体的整体形状。
线面分析法:主要用来着重解决一些疑难问题。它包括以下两方面的内容。
①在一般情况下,视图中的一个闭合线框代表物体上的一个面(平面或曲面)的投影。
②不同的线框代表物体上不同的表面。

> 相关知识

画图和读图是学习本课程的两个重要环节,培养读图能力是本课程的基本任务之一。画图是将空间的物体形状在平面上绘制成视图,而读图则是根据已画出的视图,运用投影规律,对物体空间形状进行分析、判断、想象的过程,读图是画图的逆过程。

一、三视图识读的基本要领

(一)理解视图中线框和图线的含义

视图是由若干个封闭线框组成,而线框是由图线所构成的。因此,明确视图中图线及线框的含义,对读图是十分必要的。

(1) 视图中的粗实线或虚线包括直线或曲线,可以表示:表面与表面(两平面、两曲面或平面与曲面)交线的投影;具有积聚性的面(平面或柱面)的投影;曲面转向(外形)轮廓线的投影,如图 3-19 所示。

(2) 视图中的细点画线表示:对称平面的投影;回转体轴线的投影;圆的对称中心线,如图 3-19 所示。

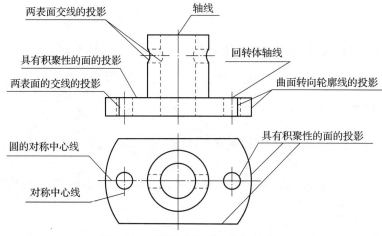

图 3-19 视图中图线、线框的含义

(3) 视图中的封闭线框含义,可以表示:单一面(平面或曲面)的投影;曲面及其相切面(平面或曲面)的投影;基本立体(实体或孔等空心体)的投影,如图 3-20 所示。

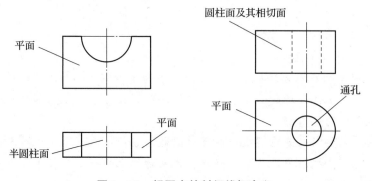

图 3-20 视图中的封闭线框含义

（4）视图中相邻的两个封闭线框，表示位置不同的两个面的投影，如图3-21所示。

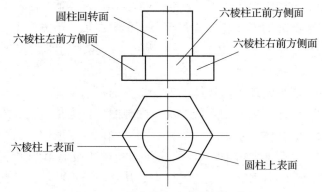

图3-21 相邻的两个封闭线框含义

（5）大线框内包括的小线框，一般表示在大立体上凸出或凹下的小立体的投影，如图3-22所示。

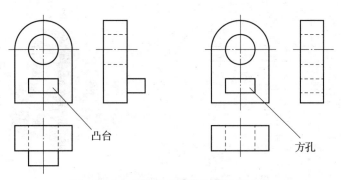

图3-22 大线框内包括的小线框含义

（二）将几个视图联系起来进行读图

在机械图样中，机件的形状一般是通过几个视图来表达的，每个视图只能反映机件一个方面的形状。因此，仅由一个或两个视图往往不能唯一地表达机件的形状。如图3-23所示的三组视图，图3-23（a）~图3-23（c）三组视图中主视图完全相同，但俯视图和左视图不同，表示的实际是3个不同的物体；图3-23（a）和图3-23（b）两组视图的主视图和左视图完全相同，但由于俯视图不同，表示的实际是两个不同的物体；图3-23（a）和图3-23（c）两组视图的主视图和俯视图完全相同，但由于左视图不同，表示的实际也是两个不同的物体。

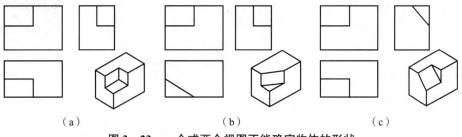

(a)　　　　　　　　(b)　　　　　　　　(c)

图3-23 一个或两个视图不能确定物体的形状

由此可见，读图时，必须将所有的几个视图联系起来看，才能想象出物体的确切形状。

（三）要善于抓特征视图

由于组合体各组成部分的形状和位置并不一定集中在某一个方向上，因此反映各部分形状特征和位置特征的投影也不会集中在某一个视图上。读图时必须善于找出反映特征的投影，这样就便于想象其形状与位置。

对于特征视图，最能清晰地表达物体的形状特征的视图，称为形状特征视图；最能清晰地表达构成组合体的各形体之间的相互位置关系的视图，称为位置特征视图。

如图3-24所示的组合体，它由四个部分组合而成。在读形体Ⅱ时，必须抓住主视图中反映形状特征的线框3′；读形体Ⅰ时，必须抓住俯视图中反映其形状特征的线框1；读Ⅳ时，必须抓住左视图中反映其形状特征的线框4″。从这些有形状特征的线框看起，再联系其相应投影，就能在较短的时间里判断各部分的形状。

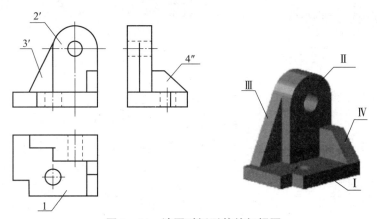

图3-24 读图时抓形状特征视图

又如图3-25所示，主视图中线框1与线框2所表示的两形体，仅通过主视图辨认不出哪个凸起、哪个凹下去，这就需要看左视图中有位置特征的相应投影，才能确定出具体结构形状。由此可见，抓住特征视图，再配合其他视图，才能比较快地想象出物体的形状。

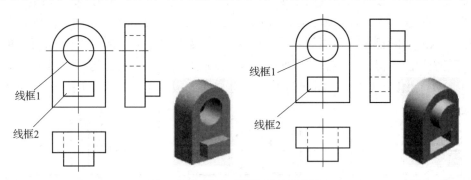

图3-25 读图时抓位置特征视图

二、读三视图的基本方法

读图的一般步骤是：先主后次、先易后难、先局部后整体。

先主后次：先看主视图，后看其他视图；先找特征视图，后对照其他视图；先确定形体的主要结构,后确定次要结构。

先易后难:把构成组合体的各形体中,形体结构比较容易确定的先读出来,形体结构比较难读的部分放在后面。

先局部后整体:先想象叠加式组合体的各基本形体的形状,后想象整体的形状;先分析切割式组合体的表面形状特征,后想象出整体的形状。

下面就两种读组合体视图的基本方法——形体分析法和线面分析法,介绍读图的具体步骤。

(一) 形体分析法

根据组合体的特点,将其分成大致几个部分,然后逐一将每一部分的几个投影对照进行分析,想象出其形状,并确定各部分之间的相对位置和组合形式,最后综合想象出整个物体的形状。这种读图方法称为形体分析法。此法用于叠加类组合体较为有效。

形体分析法是读图的基本方法。读图时,将几个视图联系起来看,将组合体分解为若干个较简单的组成部分,明确各组成部分的结构形状及表面连接形式,然后加以综合,从而想象出物体的形状。

读图的具体步骤为如下。

1. 抓住特征,分部分

抓住特征视图,将组合体分解为若干个组成部分。

2. 找准投影想象形状

依据"三等"规律,从反映特征部分的线框(一般是表示该部分形状的)出发,分别在其他两视图上找准相对应的投影,并想象出它们的形体。

3. 综合起来想象整体

想出各个组成部分的形状后,再根据整体三视图,分析它们之间的组合形式和相对位置,进而综合想象出该物体的整体形状。

一般的读图顺序是:先看主要部分,后看次要部分;先看容易确定的部分,后看难以确定的部分;先看某一组成部分的整体形状,后看其细节部分形状。

【例3-1】 读图3-26(a)所示的三视图,想象出它所表示的物体的形状。

分析:

(1) 分离出特征明显的线框。

3个视图都可以看作是由3个线框组成的,因此可大致将该物体分为3个部分。其中主视图中Ⅰ、Ⅲ两个线框特征明显,俯视图中线框Ⅱ的特征明显,如图3-26(a)所示。

(2) 逐个想象各形体形状。

根据投影规律,依次找出Ⅰ、Ⅱ、Ⅲ线框在其他两个视图的对应投影,并想象出它们的形状,如图3-26(b)~图3-26(d)所示。

(3) 综合想象整体形状。

确定各形体的相互位置,初步想象物体的整体形状,如图3-26(e)和图3-26(f)所示。然后把想象的组合体与三视图进行对照、检查,如根据主视图中的圆线框及它在其他两视图中的投影想象出通孔的形状,最后想象出的物体形状,如图3-26(g)所示。

图 3-26 用形体分析法读组合体的三视图

【例 3-2】 读图 3-27（a）所示的轴承座的三视图，想象出它所表示的物体的形状。

分析：

(1) 分部分抓住特征：通过分析可知，主视图明显地反映了Ⅰ、Ⅱ形体的形状特征，而左视图则较明显地反映了形体Ⅲ的形状特征。因此，该轴承座可大体分为 3 个部分，如图 3-27（a）所示。

(2) 对准投影想象形状：Ⅰ、Ⅱ形体从主视图出发，形体Ⅲ从左视图出发，根据"三等"规律，分别在其他视图上找出对应的投影，便可想象出它们的形状，如图 3-27（b）~图 3-27（d）中的立体图所示。

(3) 综合起来想象整体：Ⅰ形体在底板Ⅲ的上面，两形体的对称面重合且后面平齐；三棱柱肋板Ⅱ在Ⅰ形体的左、右两侧，且与其相连，后面是平齐的，从而综合想象出物体的整体形状，结果如图3-27（e）所示。

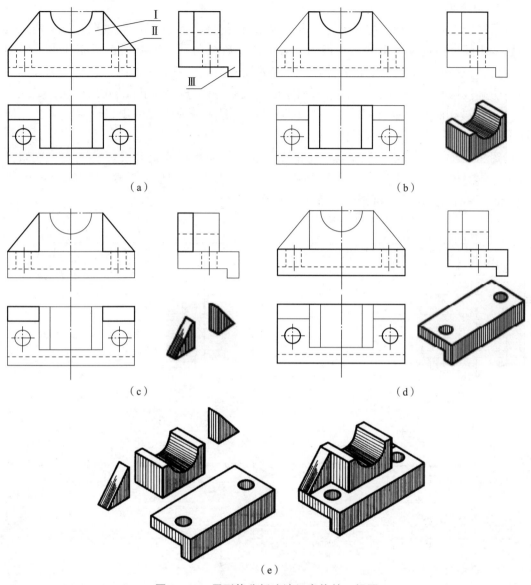

图3-27 用形体分析法读组合体的三视图

（二）线面分析法

在读图过程中，遇到物体形状不规则，或物体被多个面切割，物体的视图往往难以读懂，此时可以在形体分析的基础上进行线面分析。

线面分析法读图，就是运用投影规律，通过对物体表面的线、面等几何要素进行分析，确定物体的表面形状、面与面之间的位置及表面交线，从而想象出物体的整体形状。此法用于切割类组合体较为有效。

【例3-3】 读如图3-28（a）所示三视图，想象出它所表示的物体的形状。

1. 形体分析

由于压块3个视图的外形轮廓基本上都是矩形，所以可设想该压块是由一个长方体经几次切割后形成的。

2. 线面分析

从压块的外表面来看，主视图左上方的缺角是用正垂面切出的，俯视图左端的前、后缺角分别是用两个铅垂面切出的，左视图下方的前、后缺角则分别是用正平面和水平面切出的。可见，压块的外形是一个长方体被几个特殊位置平面切割后形成的。

在明确被切面的空间位置后，再根据平面的投影特性分清各切面的几何形状。

（1）当被切面为"垂直面"时，应从该平面投影积聚成直线的视图出发，再在其他两视图上找出对应的线框——边数相等的类似形。

如图 3-28（a）所示，从主视图中的斜线 p'（正垂面的积聚性投影）出发，在俯视图中找出与其对应的梯形线框，则左视图中的对应投影也一定是一个梯形线框（图中粗实线），根据平面的投影特性可知，P 面是一正垂面。

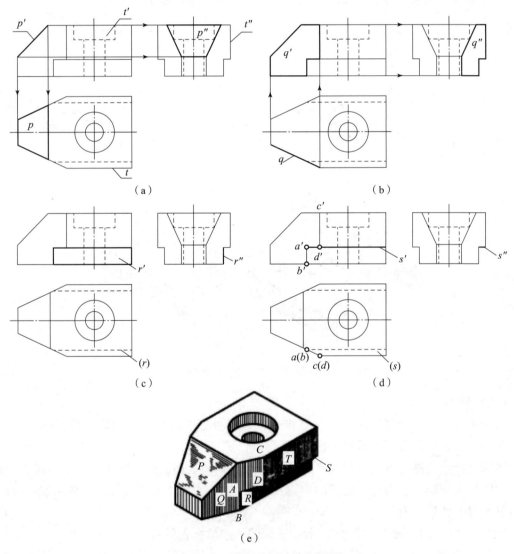

图 3-28 线面分析法读三视图

如图 3-28（b）所示，从俯视图中的斜线 q（铅垂面的投影）出发，在主、左视图上找出与它对应的投影——七边形（图中粗实线），显然，Q 面为一铅垂面。

（2）当被切面为"水平面"时，一般应先从该平面投影积聚成直线的视图出发，再在其他两视图上找出对应的投影——一线段和一平面图形（反映该平面实形）。

如图 3-28（c）所示，从左视图中直线 r'' 入手，再找出 R 面的正面投影（反映实形的矩形线框）和水平投影（一线段）（图中虚线），可知 R 面是正平面。

如图 3-28（d）所示，从左视图中的直线 s'' 出发，找出 S 面的水平投影（反映实形的梯形面，为不可见）和正面投影（一线段）（图中粗实线），可知 S 面是水平面。

如图 3-28（d）所示，$a'b'$ 不是平面的投影，而是 R 面和 Q 面交线的投影；同理 $c'd'$ 是 T 面和 Q 面交线的投影。其他的请读者自行分析。

3. 综合起来想象整体

在看懂压块各表面的空间位置与形状后，还必须根据视图分析面与面之间的相对位置，进而综合想象出压块的整体形状，其立体图形如图 3-28（e）所示。

三、读三视图综合举例

在读图练习中，常常要求由给出的两个视图补画第三视图或补画视图中所缺的图线。这是训练读图能力、培养空间想象能力的重要手段。

补画视图，实际上是看图与画图的综合，故一般可分两步进行：第一步应根据已给的视图按前述方法将图看懂并想象出物体的形状；第二步则是在想象出的形状基础上进行作图。作图时，应根据已给的两视图，按各组成部分逐个作出第三投影。这样，即可完成整个组合体的第三视图。

【例 3-4】 根据图 3-29（a）所示的组合体主、俯两视图，补画左视图。

分析：根据已知的两个视图，可以看出该物体是由底板、前半圆板和后立板叠加起来后，又在后面切去一个通槽，再钻一个水平通孔而成。其具体作图步骤如图 3-29（b）~图 3-29（f）所示。

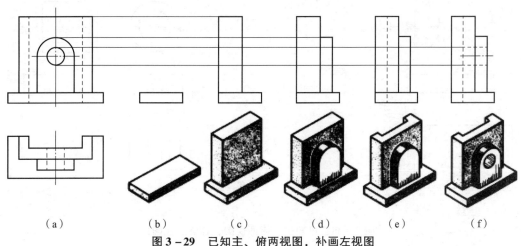

(a)　　　　　(b)　　　　　(c)　　　　　(d)　　　　　(e)　　　　　(f)

图 3-29　已知主、俯两视图，补画左视图

(a) 题目；(b) 补画底板；(c) 补画后立板；(d) 补画半圆板；(e) 补画通槽；(f) 补画圆孔

【例 3-5】 根据图 3-30（a）所示的组合体主、俯视图，作出其左视图。

作图方法和步骤如下。

（1）形体分析。

主视图可以分为 4 个线框，根据投影关系在俯视图上找出它们的对应投影，可初步判断该物体是由 4 个部分组成的。下部 I 是底板，其上开有两个通孔；上部 II 是一个圆筒；在底板与圆筒之间有一块支承板 III，它的斜面与圆筒的外圆柱面相切，它的后表面与底板的后表面平齐；在底板与圆筒之间还有一个肋板 IV。根据以上分析，想象出该物体的形状，如图 3-30（f）所示。

（2）画出各部分在左视图的投影。

根据上面的分析，想象出组合体的形状，如图 3-30（b）所示，按照各部分的相对位置，依次画出底板、圆筒、支承板、肋板在左视图中的投影。作图步骤如图 3-30（c）~图 3-30（f）所示。最后检查、描深，完成全图。

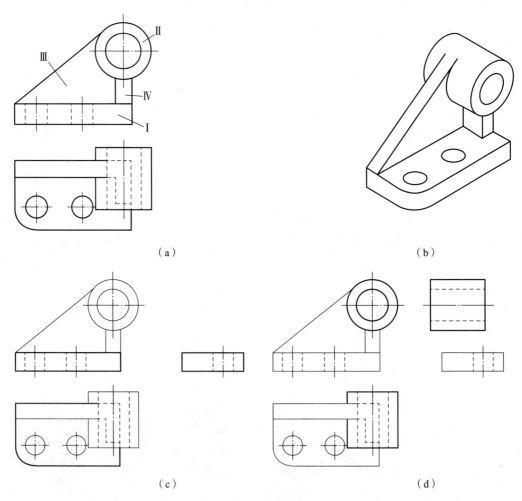

图 3-30 已知主、俯两视图，补画左视图

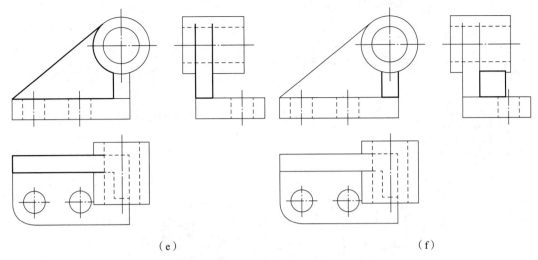

(e)　　　　　　　　　　　　　　(f)

图 3-30　已知主、俯两视图，补画左视图（续）

【例 3-6】　根据图 3-31 所示的组合体主、俯两视图，补画左视图。

分析：通过形体分析，先在主视图上分出 3 个封闭线框 1′、2′、3′，再在俯视图中找出对应的投影。由于在俯视图上找不到与其对应的类似形线框，所以与该线框对应的必然都是线（1、2、3），说明 3 个封闭线框所表示的是由前至后的 3 个正平面。以这 3 个正平面各为前端面，则可将该形体分为前、中、后三层，其宽度相等（如俯视图）；从高度方向看，又分为上、中、下三层，由中部小圆孔的前后起止情况（见俯视图中的虚线），可知Ⅱ面在中层，其上方被切去较大的半圆柱。前、后层上方由于都有半径相同的较小半圆柱槽，一层最低、一层最高，而其投影在主视图和俯视图上都可见，所以最高的半圆柱槽必定位于后层。小圆孔在中、后层相通，经上述分析便可想象出物体的整体形状，如图 3-31（h）所示。

作图：根据主、俯视图，在想出物体形状的基础上补画左视图。具体作图步骤如图 3-31（b）~图 3-31（g）所示。

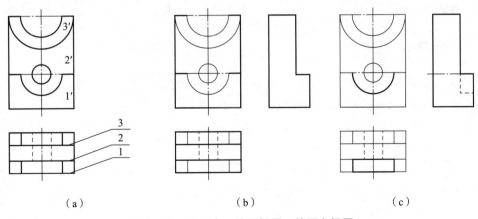

(a)　　　　　　　　　　(b)　　　　　　　　　　(c)

图 3-31　已知主、俯两视图，补画左视图

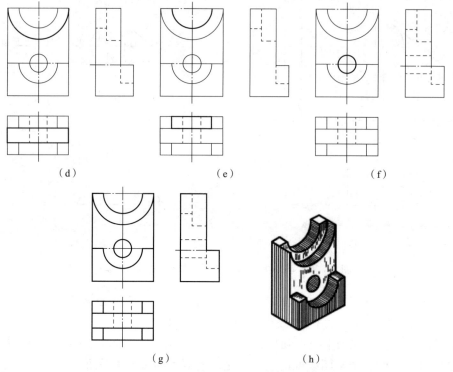

图 3-31 已知主、俯两视图,补画左视图(续)

任务 4　组合体正等轴测图画法

任务引入

按要求完成《机械制图基础训练与任务书》中"任务4:组合体正等轴测图绘制——任务实施"任务。

任务目标

(1) 掌握轴测图的形成,轴测轴、轴间角、轴向伸缩系数,轴测图投影的基本特性,轴测图的分类等基础知识,培养轴测图基本认知能力。

(2) 掌握正等轴测图的轴间角、轴向伸缩系数及平面和曲面立体的正等轴测图画法等基本知识,培养绘制正等轴测图的基本能力。

(3) 按要求完成《机械制图基础训练与任务书》中"任务4:组合体正等轴测图绘制——任务实施"正等轴测图绘制任务。

知识点导学

1. 轴测图的形成

将物体连同其直角坐标系,沿不平行于任一坐标平面的方向,用平行投影法将其投射在单一投影面上所得到的图形。

2. 轴测轴、轴间角、轴向伸缩系数和轴测图的投影特性

（1）轴测轴：空间直角坐标系的坐标轴，在轴测投影面上的投影称为轴测轴。

（2）轴间角：轴测轴间的夹角称为轴间角。

（3）轴向伸缩系数：空间直角坐标轴上的单位长度在轴测轴上投影后，投影的长度与单位长度的比值。

（4）轴测图的投影特性：平行性和沿轴性。

3. 轴测图的分类

按照投射方向不同，轴测图分为正轴测图和斜轴测图两类，每类按轴向伸缩系数不同又分为正（斜）等轴测图、正（斜）二轴测图和正（斜）三轴测图。

4. 正等轴测图的轴间角、轴向伸缩系数

3 个轴向伸缩系数相等且均为 0.82，简化系数为 1，3 个轴间角也相等且均为 120°。

5. 正等轴测图的画法

画轴测图常用的方法有坐标法、切割法、叠加法和综合法，坐标法是最基本的方法。

（1）平面立体正等轴测图画法：根据形体的形状特点选定适当的坐标轴，将形体上各点的坐标关系转移到轴测图上去，以定出形体上各点的轴测投影，从而作出形体的轴测图，即先定点、后连线。

（2）回转体正等轴测图的画法如下。

①圆的正等轴测图的画法：平行于坐标面的圆其轴测投影均为椭圆，可采用四心近似画法画出椭圆。

②圆角的正等轴测图的画法：圆角正等轴测图恰好就是上述近似椭圆 4 段圆弧中的 1 段，可采用四心近似画法画出椭圆弧。

✓ 相关知识

机件的多面投影（三视图）能完整、准确地反映物体的形状和大小，其优点是作图简单和度量性好，在工程上广泛采用。但是它立体感差，缺乏看图基础的人难以看懂。为了有助于看图，人们经常借助于富有立体感的单面投影——轴测图，它接近人们的视觉习惯，看图方便，但不能确切地反映物体真实的形状和大小，并且作图较正投影复杂，而且只能从一个角度表现物体形状，因而在生产中它作为辅助图样，用来帮助人们读懂正投影图。三视图和正等轴测图投影关系如图 3-32 所示。

在制图学习中，绘制轴测图也是培养空间构思能力的手段之一，通过画轴测图可以帮助想象物体的形状，培养空间想象能力。

一、轴测图的形成

所谓轴测图就是将物体连同其直角坐标系，沿不平行于任一坐标平面的方向，用平行投影法将其投射在单一投影面上所得到的图形。投影所在的面称为轴测投影面，如图 3-33 所示。按照投射方向与轴测投影面的夹角的不同，轴测图有正轴测图和斜轴测图之分，按投射

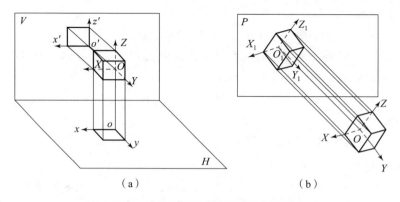

图 3-32 三视图和正等轴测图投影关系
(a) 三视图投影；(b) 正等轴测图投影

方向与轴测投影面垂直的方法画出来的是正轴测图，按投射方向与轴测投影面倾斜的方法画出来的是斜轴测图。

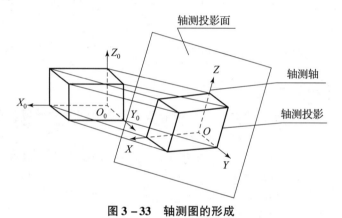

图 3-33 轴测图的形成

二、轴测轴、轴间角、轴向伸缩系数

如图 3-34 所示，空间直角坐标系的 OX、OY 和 OZ 坐标轴，在轴测投影面上的投影 O_1X_1、O_1Y_1 和 O_1Z_1 称为轴测轴。轴测轴间的夹角称为轴间角。空间直角坐标轴上的单位长度 OK、OM、ON 在轴测轴上的投影分别为 O_1K_1、O_1M_1、O_1N_1，各轴的轴向伸缩系数为 p_1、q_1、r_1，则：X 轴向伸缩系数 $p_1 = O_1K_1/OK$；Y 轴向伸缩系数 $q_1 = O_1M_1/OM$；Z 轴向伸缩系数 $r_1 = O_1N_1/ON$。

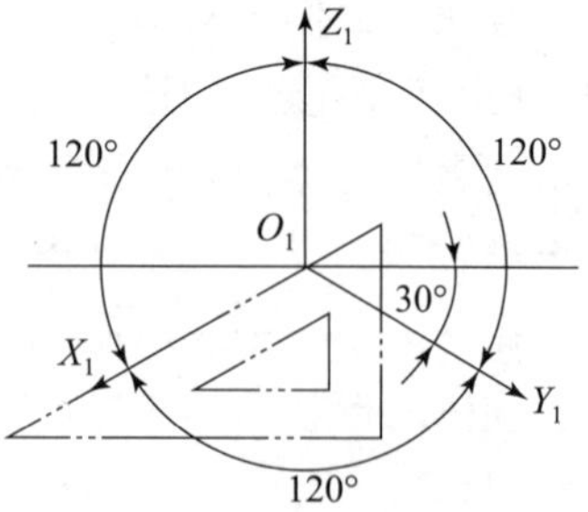

三、轴测图上投影的基本特性

因轴测图是根据平行投影法画出的平面图形，所以它具有平行投影的一般性质。

图 3-34 轴测轴和轴间角画法

1. 平行性

空间平行的线段，投影在轴测投影面上仍相互平行且长度比不变；空间平行于坐标轴的线段，投影在轴测投影面上仍平行于坐标轴。

2. 沿轴性

空间与坐标轴平行的线段，画轴测图时可沿轴测轴或与轴测轴平行的方向直接度量，所谓"轴测"就是沿轴向测量的含义。

四、轴测图的分类

按照投射方向不同，轴测图分为正轴测图和斜轴测图两类，每类按轴向伸缩系数不同又分为正（斜）等轴测图（$p_1 = q_1 = r_1$）、正（斜）二轴测图（$p_1 = q_1 \neq r_1$）和正（斜）三轴测图（$p_1 \neq q_1 \neq r_1$）。在国家标准 GB/T 4458.3—2013《机械制图 轴测图》和 GB/T 14692—2008《技术制图 投影法》中，对正等测、正二测和斜二测 3 种轴测图进行了规定，工程中最为常用的是正等轴测图。

五、正等轴测图的轴间角、轴向伸缩系数

如果使直角坐标系的 3 个坐标轴（OX、OY、OZ）对轴测投影面处于倾角都相等的位置，并用正投影法将物体向轴测投影面投射所得到的图形就是正等轴测图，简称正等测图。

画轴测图时，必须知道轴间角和轴向伸缩系数。在正等轴测图中，由于直角坐标系的 3 个轴对轴测投影面的倾角相等，因此，轴间角都是 120°，且 3 个轴向的伸缩系数相等，$p_1 = q_1 = r_1 = 0.82$，轴测轴和轴间角画法如图 3 – 34 所示。画正等轴测图时，为了简化作图时的尺寸计算，一般用"1"代替 0.82，我们把近似系数"1"称为"简化系数"，并分别以 p、q、r 表示。为使图形稳定，一般取 O_1Z_1 为竖线。为使图形清晰，轴测图通常不画虚线。

六、正等轴测图的画法

（一）平面立体正等轴测图画法

画轴测图常用的方法有坐标法、切割法、叠加法和综合法。坐标法是最基本的方法。根据形体的形状特点选定适当的坐标轴，然后将形体上各点的坐标关系转移到轴测图上去，以定出形体上各点的轴测投影，从而作出形体的轴测图，即先定点、后连线。画轴测图时，特别需要注意的是，为使图形清晰，不可见的线（虚线）通常不画出。

【例 3 – 7】 根据图 3 – 35（a）中长方体的三视图，绘制出长方体的正等轴测图。

分析：根据物体的形状，确定坐标原点和作图顺序。由于长方体的前后、左右对称，只有 6 个表面，故把坐标原点定在底面后、右边角点；长方体的顶面和底面均为平行于水平面的矩形，在轴测图中，顶面可见，底面不可见。作图方法与步骤如下。

(1) 在两面视图中，画出坐标轴的投影，确定轴测轴原点位置。

(2) 画出正等测的轴测轴，$\angle X_1 O_1 Y_1 = \angle X_1 O_1 Z_1 = \angle Y_1 O_1 Z_1 = 120°$。

(3) 量取 $O_1 2 = o2$，$O_1 4 = o4$，分别过 2、4 作 $O_1 Y_1$、$O_1 X_1$ 的平行线，完成底面投影，如图 3 – 35（b）所示。

(4) 过底面各顶点作 $O_1 Z_1$ 轴的平行线，长度为四棱柱高度。

(5) 依次连接各顶点，完成正等测图底稿线，如图 3 – 35（c）所示。

(6) 擦除作图辅助线、不可见轮廓线和多余图线，加深加粗各可见轮廓线，完成全图，如图 3 – 35（d）所示。

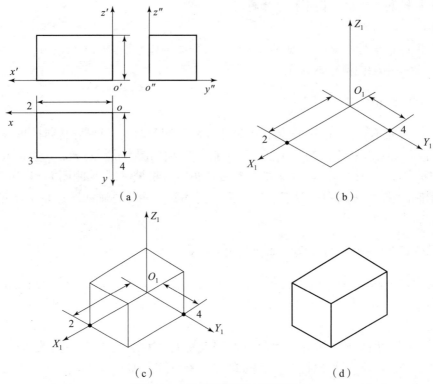

图 3-35 长方体正等轴测图画法

【例3-8】 根据图3-36（a）中切割型组合体的三视图，绘制出切割型组合体的正等轴测图。

分析：根据物体的形状可以看出此切割体是由一长方体经过两次切割所得，第一次切割的切平面为正垂面，第二次切割的切平面为铅垂面，作图方法与步骤如下。

（1）在三视图中画出坐标轴，如图3-36（a）所示。

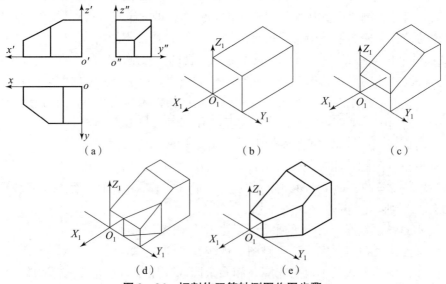

图 3-36 切割体正等轴测图作图步骤

· 118 ·

(2) 作出长方体的轴测图，如图 3-36（b）所示。

(3) 在与轴测轴平行的对应棱线上量取倾斜线上的端点，连接两端点，得到倾斜线的轴测图。连接平行四边形，得到正垂面的轴测图，如图 3-36（c）所示。

(4) 同理，得到左下角铅垂面的轴测图，如图 3-36（d）所示。

(5) 擦除作图辅助线、不可见轮廓线和多余图线，加深加粗各可见轮廓线，完成全图，如图 3-36（e）所示。

【例 3-9】 根据图 3-37（a）所示叠加型组合体的三视图，绘制出叠加型组合体的正等轴测图。

分析：根据物体的形状可以看出此叠加型组合体是经过一次切角的切割型长方体和一个切槽的切割型长方体叠加而成，作图方法与步骤如图 3-37（a）～图 3-37（f）所示。作图过程在这里不再赘述。

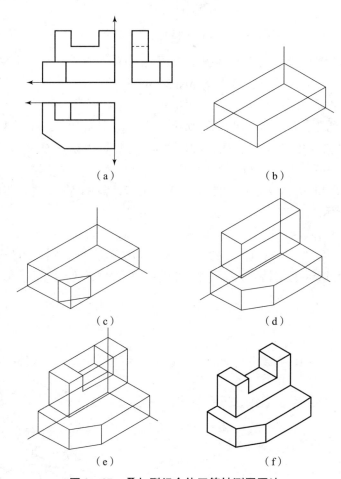

图 3-37 叠加型组合体正等轴测图画法

（二）回转体

1. 圆的正等轴测图的画法

平行于坐标面的圆的正等轴测图都是椭圆，除了长短轴的方向不同外，画法都是一样的。平行于投影面的圆的正等轴测图的画法如下：由于正等轴测图的 3 个坐标轴都与轴测投影面倾斜,所以平行于投影面的圆的正等轴测图均为椭圆。由图可见:$X_1O_1Y_1$面上椭圆的长轴垂直于O_1Z_1轴;$X_1O_1Z_1$面上椭圆的长轴垂直于O_1Y_1轴;$Y_1O_1Z_1$面上椭圆的长轴垂直于O_1X_1轴,如图3-38所示。

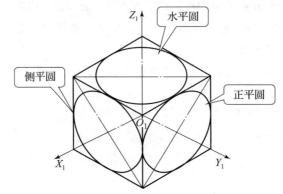

图3-38 平行坐标面上圆的正等测图

椭圆的正等轴测图一般采用四心圆弧法作图。下面以半径为R的水平圆为例,说明圆的正等轴测图的画法。其作图方法与步骤如图3-39所示。

(1) 定出直角坐标的原点及坐标轴,如图3-39(a)所示。

(2) 画圆的外切正方形1234,与圆相切于a、b、c、d4个点,如图3-39(b)所示。

(3) 画出轴测轴,并在O_1X_1、O_1Y_1轴上截取$O_1A_1 = O_1C_1 = O_1B_1 = O_1D_1 = R$,得$A_1$、$B_1$、$C_1$、$D_1$4个点,如图3-39(c)所示。

(4) 过A_1、C_1和B_1、D_1点分别作O_1Y_1、O_1X_1轴的平行线,得菱形$1_12_13_14_1$,如图3-39(d)所示。

(5) 连1_1C_1、3_1A_1分别与2_14_1交于O_3和O_2,如图3-38(e)所示。

(6) 分别以1_1、3_1为圆心,1_1C_1、3_1A_1为半径画圆弧,再分别以O_2、O_3为圆心,O_2D_1为半径画圆弧。由这4段圆弧光滑连接而成的图形即为所求的近似椭圆,如图3-39(f)所示。

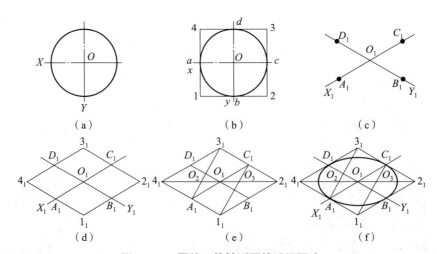

图3-39 圆的正等轴测图的近似画法

2. 回转体的正等轴测图

【例 3-10】 绘制图 3-40 所示圆柱体的正等轴测图。

(1) 定原点和坐标轴,如图 3-40 (a) 所示。

(2) 画出顶面圆的正等轴测图,再将顶面四段圆弧的圆心向下平移距离 h,画出底面圆的正等轴测图,如图 3-40 (b) 所示。

(3) 作两椭圆的公切线,擦去多余线条,描深完成全图,如图 3-40 (c) 所示。

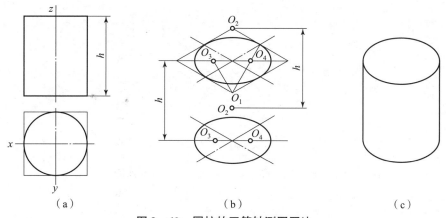

图 3-40 圆柱的正等轴测图画法

(三) 平行于基本投影面的圆角的正等轴测图的画法

平行于基本投影面的圆角,实质上就是平行于基本投影面的圆的一部分。因此,可以用近似法画圆角的正等轴测图。特别是常见的 1/4 圆周的圆角,其正等轴测图恰好就是上述近似椭圆 4 段圆弧中的 1 段,如图 3-41 (a) 所示带圆角长方体底板的正等轴测图作图步骤如下。

(1) 按图 3-41 (b) 画出不带圆角的长方体底板的正等轴测图,并按圆角半径 R 在底板相应的棱线上找出切点 1、2 和切点 3、4。

(2) 过切点 1、2 和切点 3、4 分别作切点所在直线的垂线,其交点 O_1、O_2 就是轴测圆角的圆心,如图 3-41 (c) 所示。

(3) 以 O_1 和 O_2 为圆心,以 $O_1 1$ 和 $O_2 3$ 为半径作圆弧,即得底板上顶面圆角的正等轴测图,如图 3-41 (d) 所示。

(4) 将顶面圆角的圆心 O_1、O_2 及其切点分别沿 Z_1 轴下移底板厚度 H,再用与顶面圆弧相同的半径分别画圆弧,并作出对应圆弧的公切线,即得底板圆角的正等轴测图,如图 3-41 (e) 所示。

(5) 擦去辅助线并描深图线,最后得到带圆角的长方形底板的正等轴测图,如图 3-41 (f) 所示。

【例 3-11】 根据图 3-42 (a) 所示切割型组合体的三视图,绘制出该组合体的正等轴测图。

分析:圆柱上的切口可看成是被 P、Q、R 3 个平面切割而成。因此画该形体的轴测图,可先画出完整的圆柱,再画各切口的轴测图,绘图步骤如图 3-42 所示,作图步骤在这里不再赘述。

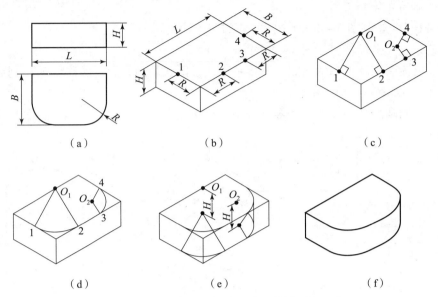

图 3-41 带圆角长方体底板的正等轴测图画法

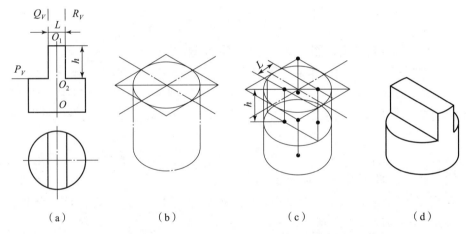

图 3-42 切割型组合体正等轴测图画法

(四) 综合型组合体正等轴测图的画法

画综合型组合体的正等轴测图时，也像画复杂组合体三视图一样。要先进行形体分析，分析综合型组合体的构成，然后再作图。作图时，可先画出基本形体的轴测图，再利用切割法和叠加法完成全图。一般从前、上面开始画起，后面被遮住的虚线不画。另外，利用平行关系是加快作图速度和提高作图准确性的有效手段。

【例 3-12】 根据图 3-43 (a) 所示综合型组合体的三视图，绘制出该组合体的正等轴测图。

分析视图可知，该立体是叠加为主、切割为辅的综合型组合体，由底板、圆柱筒、支承板、肋板四部分组成。作图时按照逐个形体叠加的顺序画图。作图步骤如图 3-43 (b) ~ 图 3-43 (f) 所示。

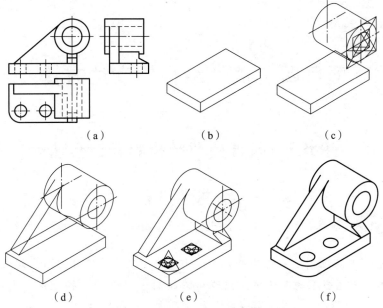

图 3-43 综合型组合体正等轴测图画法

(a) 视图；(b) 画底板；(c) 画圆柱体；(d) 画支承板；(e) 画肋板及孔；(f) 整理、描深，完成全图

项目四　机件结构的表达方法

任务1　机件外部结构的表达方法

◇ 任务引入

根据《机械制图基础训练与任务书》中"任务1：机体零件外部结构的表达方法——任务实施"中要求，采用合理的表达方案清晰地表达机体零件的结构形状。要求：采用 A4 图纸幅面和 1∶1 比例绘制图形，绘制标题栏，标注尺寸，标题栏按"简化标题栏"格式绘制。

◇ 任务目标

（1）掌握基本视图形成及应用，向视图、局部视图、斜视图的基本概念、画法、标注及其应用等基础知识，培养机件外部结构表达的综合能力。

（2）根据《机械制图基础训练与任务书》中"任务1：机体零件外部结构的表达方法——任务实施"中要求，完成"机体"结构视图表达任务。

◇ 知识点导学

1. 基本视图

（1）基本视图的概念：将机件向基本投影面投射所得的视图称为基本视图，包括主视图（由前向后投射所得视图）、俯视图（由上向下投射所得视图）、左视图（由左向右投射所得视图）、右视图（由右向左投射所得视图）、仰视图（由下向上投射所得视图）、后视图（由后向前投射所得视图）。

（2）基本视图的应用：在表达机件的形状时，不是任何机件都需要画出六个基本视图，应根据机件结构特点按需要选择其中的几个视图，一般是优先考虑选用主、俯、左三个基本视图，然后再考虑选用其他基本视图。

2. 向视图

（1）向视图的概念：可自由配置的基本视图。为便于读图，应在向视图的上方标注"×"（"×"为大写拉丁字母，应水平书写），在相应视图的附近用箭头指明投射方向，并标明相同的字母。

（2）向视图的应用：为使看图者不致产生误解，必须予以正确标注；向视图是正射获得的，既不能斜射，也不可旋转配置（也是局限性）；向视图不能只画出部分图形，必须完整地画出投射所得的图形（也是局限性）；表示投射方向的箭头尽可能配置在主视图上，以使所获视图与基本视图相一致（也是局限性）。

3. 局部视图

（1）局部视图的概念：将机件的某一部分向基本投影面投射所得的视图称为局剖视图，局部视图可按基本视图的配置形式配置，此时可省略标注，也可按向视图的配置形式配置并标注，此时必须标注。

（2）局部视图的应用：局部视图可以减少基本视图的数量，使表达简洁、重点突出。局部视图所表达的只是机件某一部分形状，故需要画出断裂边界，局部视图的断裂边界通常以波浪线表示；当局部视图外形轮廓自成封闭状态，且所表示机件的局部结构完整时，可省略表示断裂边界的波浪线。

4. 斜视图

（1）斜视图的概念：把机件向不平行于任何基本投影面（但垂直于某一基本投影面）的平面投射所得的视图称为斜视图。斜视图通常按向视图的配置形式配置并标注，在不致引起误解的情况下，从作图方便考虑，允许将图形旋转，这时斜视图应加注旋转符号。

（2）斜视图的应用：斜视图主要用来表达机件上倾斜部分的实形，故其余部分不必全部画出，断裂边界用波浪线表示，当斜视图外形轮廓成封闭状态，且所表示机件的倾斜结构完整时，可省略表示断裂边界的波浪线。

5. 注意事项

基本视图、向视图、局部视图和斜视图，在实际画图时，并不是每个机件的表达方案中都有这四个视图，而应根据表达需要灵活选用。

相关知识

在工程实际中，机件的结构形状多种多样，有些机件是外部结构复杂、内部结构简单，有些机件是外部结构简单、内部结构复杂，有些机件的内、外结构都比较复杂，如果仅用前面介绍的三视图和可见部分画实线、不可见部分画虚线的方法往往不能完整、清晰地表达。为此，国家标准 GB/T 17451—1998《技术制图 图样画法 视图》和 GB/T 4458.1—2002《机械制图 图样画法 视图》规定了视图、剖视图、断面图、局部放大图及简化画法等多种表达方法。绘制机械图样时，应首先考虑看图方便。根据机件的结构特点，选用适当的表达方法。在完整、清晰地表示机件结构形状的前提下，力求制图简便。

根据国家标准有关规定，技术图样应采用正投影法绘制，并优先采用第一角画法。根据正投影法所绘制出的物体的图形称为视图，视图是机件向投影面投影所得的图形机件的可见部分，只有在必要的时候才用虚线表达其不可见部分。所以，视图主要用来表达机件的外部结构形状。视图可分为基本视图、向视图、局部视图和斜视图四种。

一、基本视图

（一）基本视图的形成

将机件向基本投影面投射所得的视图称为基本视图。

空间的一个机件有六个基本投射方向，当机件的外部结构形状在各个方向（上下、左右、前后）都不相同时，三视图往往不能清晰地把它表达出来。因此，必须加上更多的投影面，以得到更多的视图。为了清晰地表达机件六个方向的形状，可在 H、V、W 三投影面的基础上再增加 3 个基本投影面。这 6 个基本投影面组成一方箱，把机件围在中间，机件在每个基本投影面上投影，这样可获得 6 个基本视图，如图 4－1（a）所示。6 个基本视图分别为：

(1) 主视图——由前向后投射所得视图。
(2) 俯视图——由上向下投射所得视图。
(3) 左视图——由左向右投射所得视图。
(4) 右视图——由右向左投射所得视图。
(5) 仰视图——由下向上投射所得视图。
(6) 后视图——由后向前投射所得视图。

将所得 6 个基本视图连同基本投影面按如图 4－1（b）所示的方法展开在 1 张图纸内，展开后的 6 个基本视图的配置关系和视图名称如图 4－2 所示。

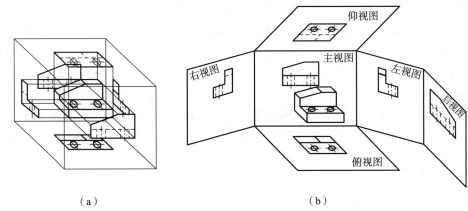

图 4－1 基本视图的形成

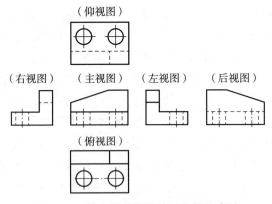

图 4－2 基本视图配置关系和视图名称

为了方便使用和文字表述，把按图 4－2 中放置的 6 个视图称为基本视图，所在位置称为基本配置。6 个基本视图在同一张图纸内按图 4－2 配置时，不需要标注视图的名称。

6 个基本视图之间仍符合"长对正，高平齐，宽相等"的"三等"投影规律，即：主、俯、仰、后 4 个视图等长；主、左、右、后 4 个视图等高；俯、仰、左、右 4 个视图等宽，如图 4－3 所示。

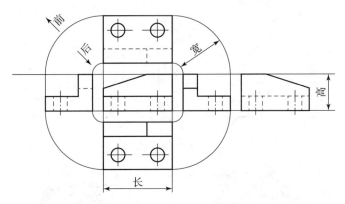

图 4-3 基本视图投影关系

此外，除后视图以外，各视图的里边（靠近主视图的一边）均表示机件的后面，各视图的外边（远离主视图的一边）均表示机件的前面，即"里后外前"。虽然机件可以用6个基本视图来表示，但实际上画哪几个视图，要看具体情况而定。

（二）基本视图的应用

在表达机件的形状时，不是任何机件都需要画出六个基本视图，应根据机件结构特点按需要选择其中的几个视图，一般是优先考虑选用主、俯、左3个基本视图，然后再考虑选用其他基本视图。如图4-4所示，支座是在选用主、俯、左三视图后又选用一后视图，以表示清楚后板面的形状构成，并避免了主视图上出现过多的虚线。又如图4-5所示，此圆盘机件若只选用主、左两个视图，则势必在左视图上要表现圆盘的左右两面的形状，这样就必然虚、实线交叠，影响清晰度，宜再增加一右视图表达圆盘右面形状。

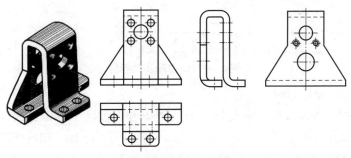

图 4-4 支座的视图表达

二、向视图

在实际设计绘图中，有时不能同时将6个基本视图都画在同一张纸上。为了解决这一问题，以及识别读图问题，国家标准规定了一种可以自由配置的视图——向视图，即图样上视图和剖视图自由配置的表示法。向视图是可自由配置的基本视图。在实际绘图过程中，由于图幅等原因，有时难以将6个基本视图按图的形式配置，此时可采用向视图表达。为便于读图，应在向视图的上方标注"×"（"×"为大写拉丁字母，应水平书写），在相应视图的附近用箭头指明投射方向，并标明相同的字母，如图4-6所示。

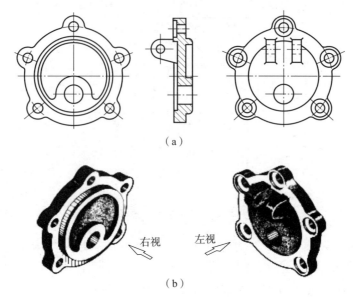

图4-5 端盖的视图表达

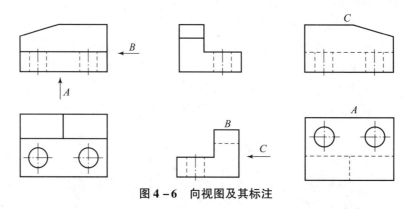

图4-6 向视图及其标注

在实际应用时,要注意以下几点。

(1) 由于向视图的位置可随意配置,为使看图者不致产生误解,因此必须予以正确标注,即在向视图的上方标注"×"("×"为大写拉丁字母),在相应视图的附近用箭头指明投射方向,并标注相同的字母。无论是注在箭头旁,还是注在视图的上方,均应与正常的读图方向一致,以便于识别。

(2) 向视图是基本视图的另一种表达方式,是移位配置的基本视图。向视图是正射获得的,既不能斜射,也不可旋转配置。否则,就不是向视图,而是斜视图了。

(3) 向视图不能只画出部分图形,必须完整地画出投射所得的图形。否则,投射所得的局部图形就是局部视图而不是向视图了。

(4) 表示投射方向的箭头尽可能配置在主视图上,以使所获视图与基本视图相一致。表示后视图投射方向的箭头应配置在左视图或右视图上。

三、局部视图

当采用一定数量的基本视图后,机件上仍有部分结构形状需要表达,则不必画出机件完整的基本视图，而只把该部分结构向基本投影面投影，这种将机件的某一部分向基本投影面投射所得的视图称为局部视图，如图4-7所示。

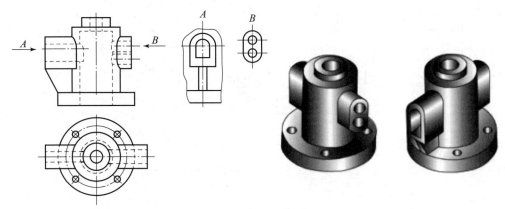

图4-7 局部视图

选择局部视图可以减少基本视图的数量，使表达简洁、重点突出。实际绘图时，要正确地理解和灵活地把握局部视图是要求将物体的某一部分向基本投影面投射这个基本原则。

局部视图可按基本视图的配置形式配置（中间没有其他图形隔开），如图4-7所示的A视图，此时可省略标注；也可按向视图的配置形式并标注，如图4-7所示的B视图，此时必须标注。

局部视图的表达形式通常有以下两种。

（1）局部视图所表达的只是机件某一部分形状，故需要画出断裂边界，局部视图的断裂边界通常以波浪线表示，如图4-7所示的A视图。

（2）当局部视图外形轮廓自成封闭状态，且所表示的机件的局部结构是完整的，可省略表示断裂边界的波浪线，如图4-7所示的B视图。

四、斜视图

当机件上某部分倾斜结构不平行于任何基本投影面时，如图4-8（a）所示，在基本视图中不能反映该部分的实形，而且标注该倾斜结构的尺寸也不方便。为此，可设置一个平行于倾斜结构且垂直于一个基本投影面的辅助投影面，如图4-8（b）所示的正垂面P，作为新的投影面，然后将该倾斜部分向新投影面投射，就得到反映该部分实形的视图，即斜视图。

把机件向不平行于任何基本投影面（但垂直于某一基本投影面）的平面投射所得的视图称为斜视图。当机件倾斜部分投射后，必须将辅助投影面按基本投影面展开的方法，旋转到与所垂直的基本投影面重合，以便将斜视图与其他基本视图画在同一图纸上，如图4-9中A视图所示。

斜视图主要用来表达机件上倾斜部分的实形，故其余部分不必全画出，断裂边界用波浪线表示，如图4-9的A视图。当斜视图外形轮廓成封闭状态，且所表示机件的倾斜结构完整时，可省略表示断裂边界的波浪线，如图4-10所示的A视图。

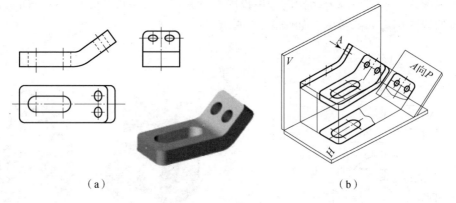

图 4-8 斜视图的形成

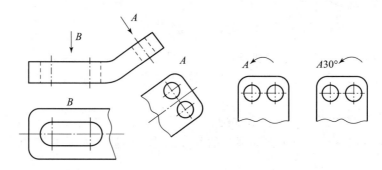

图 4-9 斜视图

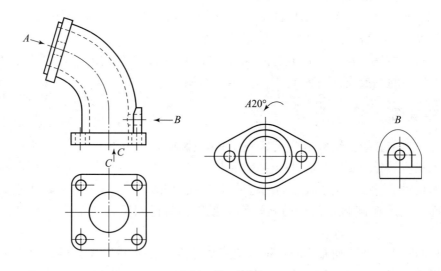

图 4-10 弯管

斜视图通常按向视图的配置形式配置并标注，在不致引起误解的情况下，从作图方便考虑，允许将图形旋转，这时斜视图应加注旋转符号，旋转符号为半圆形，半径等于字体高度，线宽为字体高度的 1/9～1/10。必须注意，表示视图名称的大写拉丁字母应靠近旋转符号的箭头端，允许将旋转角度标注在字母之后，角度值是实际旋转角大小，一般以不超过 90°为宜，箭头方向是旋转的实际方向。

需要注意，在实际选用基本视图、向视图、局部视图和斜视图画图时，并不是每个机件的表达方案中都有这 4 个视图，应根据表达需要灵活选用。

图 4-11 所示为弯管零件的视图表达方法，为清晰地表达出弯管的结构形状，采用一个主视图表达出弯管的整体结构；为表达弯管的底部结构采用了一局部视图 C；为表达式上端面结构采用了一斜视图 A，斜视图 A 也可旋转配置；为表达弯管的右端结构，采用一局部视图 B（需用波浪线将其从整体结构中断开）。

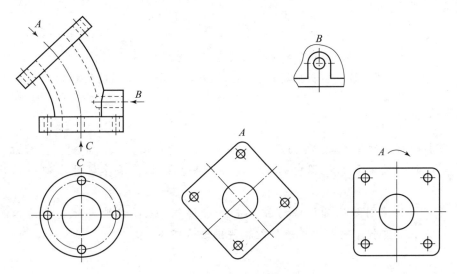

图 4-11 弯管零件的视图表达方法

【例 4-1】 图 4-12（a）为压紧杆立体图形，确定其表达方法。

分析：由于压紧杆左端耳板是倾斜的，所以俯视图和左视图都不能反映实形，画图也比较困难，表达不清楚。为了清晰表达倾斜结构，可按图 4-12（a）所示在平行于耳板倾斜部分的正垂面上作斜视图，反映耳板实形。其余部分结构的俯视图和左视图用局部视图表达，以简化作图。

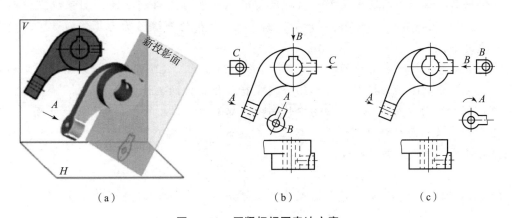

图 4-12 压紧杆视图表达方案

方案一：图 4-12（b）采用了 1 个基本视图（主视图）、1 个斜视图（视图 A）和 2 个局部视图（视图 B 和 C）。

方案二：图4-12（c）采用了1个基本视图（主视图）、2个局部视图（配置在俯视图位置上的局部视图，可不标注）和1个旋转配置的斜视图。

任务2　机件内部结构的表达方法

☑ 任务引入

根据《机械制图基础训练与任务书》中"任务2：机座零件内部结构的表达方法——任务实施"要求，采用合理的表达方案清晰地表达机座零件的结构形状。要求：采用A3图纸幅面和1:1比例绘制图形，绘制标题栏，标注尺寸，标题栏按"简化标题栏"格式绘制。

☑ 任务目标

（1）掌握剖视图的基本概念，剖切面及剖切位置的选取方法、剖视图的标注、剖视图的分类、剖切面的类型和剖视图中的规定画法等基础知识，培养机件内部结构综合表达能力。

（2）根据《机械制图基础训练与任务书》中"任务2：机座零件内部结构的表达方法——任务实施"要求，完成"机座"结构视图表达任务。

☑ 知识点导学

1. 剖视图的基本概念

剖视图主要用于表达机件的内部形状。根据国家标准规定，剖视图包括全剖视图、半剖视图、局部剖视图3种类型。除此之外，工程中习惯将通过几个平行的剖切平面剖开机件所得剖视图称为阶梯剖视图（国家标准中无此说法）；将通过几个相交剖切平面（交线垂直于某一投影面）剖开机件所得剖视图称为旋转剖视图（国家标准中无此说法）；将通过用不平行于任何基本投影面的剖切平面剖开机件所得的剖视图称为斜剖视图（国家标准中无此说法）；将通过用几个平行和相交的剖切平面剖开机件所得的剖视图称为复合剖视图（国家标准中无此说法）。

得到这些剖视图所采用的剖切平面有：单一剖切平面、几个平行的剖切平面、两相交剖切平面（交线垂直于某一投影面）和组合（平行和相交）的剖切平面。

（1）剖切平面位置：在基本视图中作剖视，都是用投影面的平行面作剖切平面。

（2）剖面及剖面符号：剖切平面与机件相交的交线所围成的图形称为剖面。在剖面上要根据材料的不同画上剖面符号。

（3）剖视是假想的：因此一个视图作剖视后，对其他视图的完整性不产生影响。

（4）剖视投影：要把剖切平面后面的可见部分全部进行投影，防止漏线。

2. 剖视图的标注方法

（1）剖切平面位置：用剖切符号（长5 mm的断开粗实线）表示。

（2）投影方向：用箭头在剖切符号两端表示。

（3）剖视图名称：用相同的大写拉丁字母表示。

3. 剖视图的分类及使用范围

（1）全剖视图：主要用于机件的外形简单而内形复杂或外形简单的对称机件需表达内腔时。

（2）半剖视图：主要用于内外形都需表达的对称机件或形状接近于对称且其不对称部分已有其他视图表达清楚的机件。

（3）局部剖视图：主要用于表达机件的局部内腔形状或内、外形都需表达的不对称机件以及实心机件上的小孔和槽。

（4）阶梯剖视图（现行国家标准无此分类）：主要用于表达机件上各种不同形状和位置的孔、槽等结构。

（5）旋转剖视图（现行国家标准无此分类）：主要用于表达具有旋转中心的机件上的倾斜部分的内部结构。

（6）斜剖视图（现行国家标准无此分类）：主要用于表达机件上的倾斜部分的内部结构。

4. 剖视图的画法

（1）全剖视图：用平行于某一基本投影面的剖切平面完全剖开机件的方法。

（2）半剖视图：以中心对称线为界，一半画成视图，另一半画成剖视图的方法。

（3）局部剖视图：用剖切平面局部地剖开机件的方法。外形和剖视以波浪线分界。

（4）阶梯剖视图（现行国家标准无此分类）：用几个相互平行的剖切平面剖开机件的方法。

（5）旋转剖视图（现行国家标准无此分类）：用两相交的剖切平面（交线垂直于某一基本投影面）剖开机件的方法。

（6）斜剖视图（现行国家标准无此分类）：用不平行于任何基本投影面的剖切平面剖开机件的方法。

（7）复合剖视图（现行国家标准无此分类）：用组合的剖切平面剖开机件的方法。

相关知识

6个基本视图基本解决了机件外形的表达问题，但当机件的内部结构比较复杂时，视图中的细虚线较多，这些细虚线以及它们与实线之间往往重叠交错，影响了图形的清晰度，既不便于画图、看图，也不便于标注尺寸，如图4-13所示。为了解决这些问题，国家标准GB/T 17452—1998《技术制图 图样画法 剖视图和断面图》和GB/T 4458.6—2002《机械制图 图样画法 剖视图和断面图》规定了剖视图的基本表示方法。

一、剖视图的基本知识

（一）剖视图

如图4-14（a）所示，假想用剖切面（常用平面或柱面）剖开物体，将处在观察者和剖切面之间的部分移去，而将剩余部分向投影面投射所得的图形，称为剖视图，简称剖视，如图4-14（b）所示。物体剖开以后，原来不可见的孔、槽都变成可见的了，比没有剖开的视图层次分明、清晰易懂。

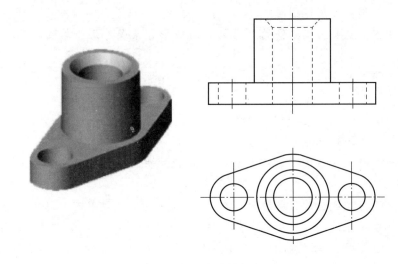

图 4-13 底座的视图

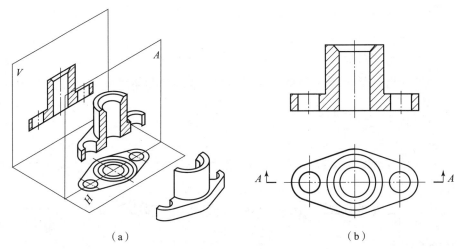

（a） （b）

图 4-14 剖视图的形成

（二）剖视图的画法

1. 剖切面及剖切位置的选取

剖切面的选取，要使机件被剖切面切到的实体部分形状的投影反映实形，因此剖切面一般都选为特殊位置平面。剖切时应保证机件剖切后所表达的结构完整，因此剖切位置一般应通过机件的对称平面、轴线或中心线。图 4-14 中的剖切平面通过底座的孔和缺口的对称面而平行正面。这样剖切后，在剖视图上就能清楚地反映出台阶孔的直径和缺口的深度。

2. 剖面符号

在剖视图中，剖切平面与机件接触的部分称为剖面。在剖面上应画上剖面符号。不同的材料有不同的剖面符号，机械制图常用剖面符号的规定见表 4-1。在绘制机械图样时，用得最多的是金属材料的剖面符号。

表 4–1 机械制图常用剖面符号（摘自 GB/T 4457.5—2013）

材料名称	剖面符号	材料名称	剖面符号
金属材料（已有规定剖面符号者除外）		型砂、填砂、粉末冶金、砂轮、陶瓷刀片、硬质合金刀片	
转子、电枢、变压器和电抗器等的叠钢片		玻璃及供观察用的其他透明材料	
非金属材料（已有规定剖面符号者除外）		木材 纵断面	
液体		木材 横断面	

按国家标准规定，绘制金属零件图样时，其剖面符号用细实线画出，且与剖面区域的主要轮廓或对称线成45°的平行线（一般与水平方向倾斜45°）。在同一张图纸上同一零件的剖面线方向、间隔应相同。当图形中的主要轮廓线与水平线成45°时，该图形的剖面线应画成与水平线成30°或60°的平行线，其方向与间隔应与该机件的其他视图的剖面线相同。如图 4–15 所示。

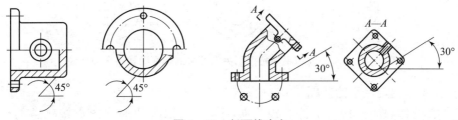

图 4–15　剖面线方向

3. 剖视的标注

剖视图的标注内容有剖切线、投射方向和剖视图名称等，即用剖切线来标明剖切面的剖切位置；用箭头或粗短划表示投射方向；用大写字母标出剖视图的名称。具体要求如下。

（1）在剖视图的上方用大写拉丁字母标出剖视图的名称"×－×"，在相应的视图上用指示剖切面起、迄和转折位置的剖切符号（线宽 1～1.5b，长 5～10 mm 的粗实线）表示剖切平面的剖切位置，用箭头表示投射方向。在剖切平面的起、迄及转折处注上同样的字母。

（2）当剖视图按投影关系配置，中间又没有其他图形隔开时，可以省略箭头。图 4–16 中主视图中剖切符号起迄处的 $B-B$ 箭头可省略不画。

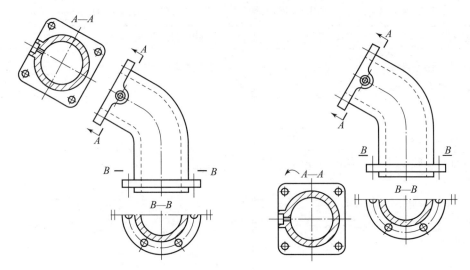

图 4-16　按投影关系配置剖视图省略箭头标注

（3）当单一剖切平面通过机件的对称平面或基本对称平面，且剖视图按投影关系配置，中间又没有其他图形隔开时，可省略全部标注。如图 4-17 所示视图中的主视图。

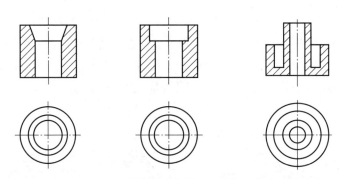

图 4-17　单一剖切平面按投影关系配置的剖视图省略全部标注

（三）画剖视图应注意的问题

（1）剖开是假想的，其实机件并没有被剖开，所以其他的视图仍按完整的机件投影画出。

（2）在剖视图中应将剖切平面与投影面之间机件部分的可见轮廓线全部画出，不能遗漏，如图 4-18 中的正确画法。

（3）剖视图中已经在其他视图中表达清楚的结构，其虚线可以省略。当机件的结构没有表示清楚时，在剖视图中仍需画出虚线。如图 4-16 和图 4-19 所示。

为帮助读者更加深刻地认识剖视图，应记住以下口诀："零件内部要看见，可用剖视来体现；假想剖开再投影，碰到虚线变实线。切平面怎样选，一般平行投影面；剖视原来是假想，画图仍当整体看。"

二、剖视图的种类

国家标准规定，剖视图按剖切范围分为全剖视图、半剖视图和局部剖视图。

图 4-18 剖视图中的漏线示例

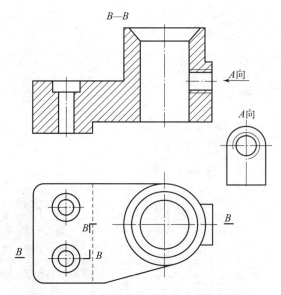

图 4-19 未表达清楚的结构仍需画出虚线

（一）全剖视图

用剖切面完全地剖开物体所得的剖视图，称为全剖视图。如图 4-20 所示的主视图，是为了表达机件中间的通孔和两边的槽，选用一个平行于正面，且通过机件前、后对称平面的剖切平面，将机件完全剖开后所得到的全剖视图。

全剖视图适用范围：全剖视图适用于机件外形比较简单，而内部结构比较复杂，图形又不对称的场合。

当单一剖切平面通过机件的对称平面或基本对称平面，且剖视图按投影关系配置，中间又没有其他图形隔开时，可省略标注，如图 4-20 所示。请读者自行分析图 4-21～图 4-23 所示全剖视图，并形成自觉运用全剖视图的思想。

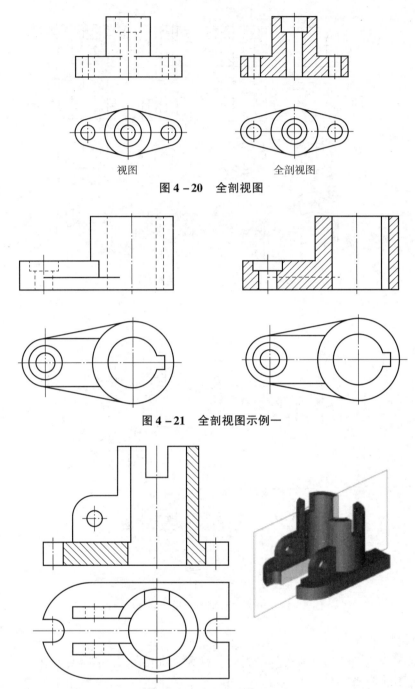

视图　　　　　　　　　　　全剖视图

图4-20　全剖视图

图4-21　全剖视图示例一

图4-22　全剖视图示例二

（二）半剖视图

当物体具有对称平面时，向垂直于对称平面的投影面上投射所得的图形，可以对称中心线为界，一半画成剖视图，另一半画成视图，这种组合的图形称为半剖视图。如图4-24（a）所示的主视图画成了半剖视图，看图时，根据机件形状对称的特点，既可从半剖视图联系其他视图，想象出机件的内部形状，又可从半个外形视图想出机件的外部形状，很容易地想象出机件的整体结构形状和相对位置。半剖视图组合过程如图4-24（b）所示。

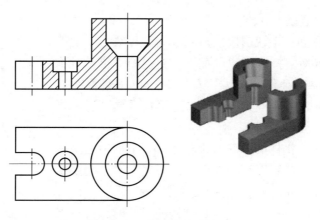

图 4-23 全剖视图示例三

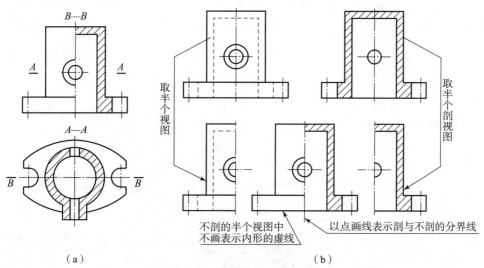

(a) (b)

图 4-24 半剖视图及其组合过程

半剖视图适用范围：半剖视图主要用于内、外形状都需要表达的对称机件。但当机件的形状接近对称，且不对称部分已另有图形表达清楚时，也可画成半剖视图，如图 4-25 所示。

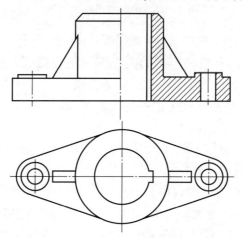

图 4-25 不完全对称结构半剖视图

画半剖视图应注意以下几点。

（1）一半剖视图和一半视图应以点画线为分界线，半剖视图中剖视部分的位置通常按以下原则配置：主视图中位于对称线右侧；俯视图中位于对称线下方；左视图中位于对称线右侧。有时为了表达某些特殊或具体形状，也可按具体情况、要求配置。

（2）半剖视图中，机件的内部形状已经在半个剖视图中表达清楚，因此在半个外形图中不必画虚线，那些在半个剖视图中未表达清楚的结构，可在半个视图中作局部剖视图。

（3）在半剖视图中，标注机件对称结构的尺寸时，可只保留一条尺寸界线和部分尺寸线，但尺寸线应略超过对称中心线，并在尺寸线的一端画出箭头，如图4-26所示。

图4-27所示为管道接头，为表示其内部结构，采用半剖视图方法。

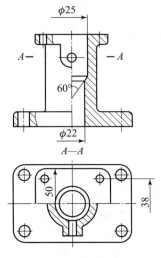

图4-26 半剖视图中的尺寸标注

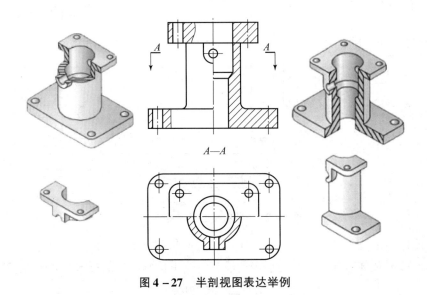

图4-27 半剖视图表达举例

（三）局部剖视图

假想用剖切面局部地剖开机件所得的剖视图，称为局部剖视图。局部剖视图主要用于表达机件的局部内部结构，如图4-28所示；或不宜采用全剖视图或半剖视图的地方（如轴、连杆、螺钉等实心零件上的某些孔或槽等），如图4-29所示的轴和连杆等机件。

局部剖视图适用范围：物体上只有局部的内部结构形状需要表达，而不必画成全剖视图；物体具有对称面，但对称面处有轮廓线；不对称物体的内、外形状都需要表达。

由于局部剖视图具有同时表达机件内、外结构形状的优点，且不受机件是否对称的条件限制，有哪些地方剖切、剖切范围的大小，均可根据表达的需要而定，因此应用广泛。在一个视图中，选用局部剖的数量不宜过多，否则会显得零乱以至于影响图形清晰性。

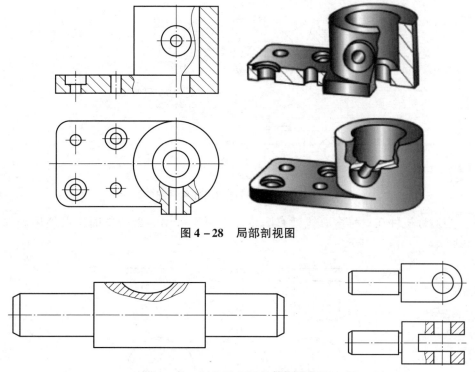

图 4–28 局部剖视图

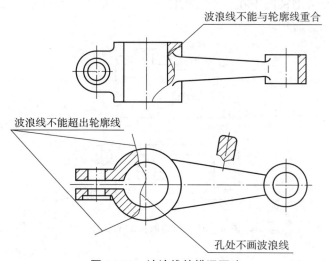

图 4–29 轴和连杆零件局部剖视图

画局部剖视图时应注意以下几点：

(1) 局部剖视图中被剖部分与未剖部分的分界线用波浪线表示。波浪线的画法应注意：波浪线表示机件断裂痕迹，波浪线只能在机件的实体部分画出，如遇通孔及槽时波浪线不能穿空而过；波浪线不能超出视图轮廓线，也不能与图上的其他图线重合或在图线的延长线上，如图 4–30 所示。

图 4–30 波浪线的错误画法

(2) 当被剖的局部结构为回转体时，允许将该结构的中心线作为局部剖视图与视图的分界线，如图 4–31 所示。

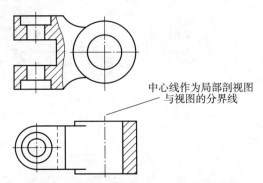

图4-31 局部为回转体时局部剖视图的画法

(3) 当对称机件在对称中心线处有图线而不便于采用半剖视图时,可使用局部剖视图表示,如图4-32(b)所示。

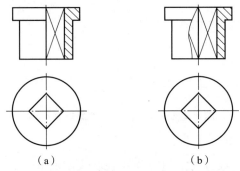

图4-32 对称中心线处有轮廓线时剖视图画法
(a) 错误;(b) 正确

(4) 当用单一的剖切平面剖切,且剖切位置明显时,局部剖视图的标注可省略。当剖切平面的位置不明显或剖视图不在基本视图位置时,应标注剖切符号、投射方向和局部剖视图的名称,如图4-33所示。

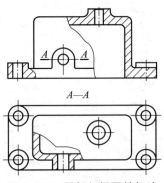

图4-33 局部剖视图的标注

三、剖切面的种类

根据机件的结构特点,国家标准规定可以选择单一剖切面、几个平行的剖切面和几个相交的剖切面剖开机件，无论选用哪一种都可以画成全剖视图、半剖视图或局部剖视图。

（一）单一剖切面

单一剖切面可以是平行于基本投影面的剖切平面，也可以是不平行于基本投影面的剖切平面。不平行于基本投影面的剖切平面剖切所得剖视图一般与倾斜部分保持投影关系，可以配置在其他位置，还可以把视图旋转放正，但必须按规定标注。单一剖切面还可以是圆柱面。

1. 平行于基本投影面的单一剖切平面

平行于基本投影面的单一剖切平面是最常用的，采用单一剖切平面可获得全剖视图、半剖视图或局部剖视图，请读者结合前面图例自行分析。

2. 不平行于基本投影面的单一剖切平面

不平行于任何基本投影面的单一剖切平面即单一斜剖切平面（习惯称斜剖），所得视图为斜剖视图，采用单一斜剖切平面可获得半剖视图和全剖视图，如图 4–34 所示，$A-A$ 剖视图是采用单一斜剖切平面获得的半剖视图；如图 4–35 所示，图中的 $B-B$ 剖视图是采用单一斜剖切平面获得的全剖视图。

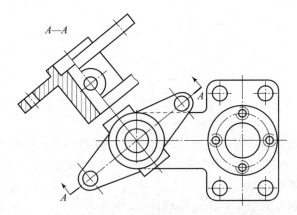

图 4–34　单一斜剖切平面剖开机件所得半剖视图

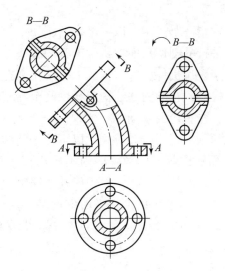

图 4–35　单一斜剖切平面剖切获得的全剖视图

3. 单一圆柱剖切面

采用单一圆柱剖切面剖切时,机件的剖视图通常用展开画法。在具体绘图时,通常仅画出剖面展开图,或采用简化画法,将剖切面后面物体的有关结构形状省略不画。如图4-36(a)所示,A-A展开视图是采用单一圆柱剖切面获得的全剖视图;如图4-36(b)所示,B-B展开视图是采用单一圆柱剖切面获得的局部剖视图。

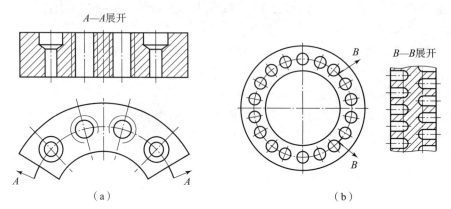

图4-36 单一圆柱剖切面剖切获得的局部剖视图

画斜剖视时应注意以下几点。

(1) 斜剖视最好配置在与基本视图的相应部分保持直接投影关系的地方,标出剖切位置和字母,并用箭头表示投影方向,还要在该斜视图上方用相同的字母标明图的名称。

(2) 为使视图布局合理,可将斜剖视保持原来的倾斜程度,平移到图纸上适当的地方;为了画图方便,在不引起误解时,还可把图形旋转到水平位置,表示该剖视图名称的大写字母应靠近旋转符号的箭头端。

(3) 当斜剖视的剖面线与主要轮廓线平行时,剖面线可改为与水平线成30°或60°,原图形中的剖面线仍与水平线成45°,但同一机件中剖面线的倾斜方向应大致相同。

(二) 几个平行的剖切平面

几个平行的剖切平面通常指两个或两个以上平行的剖切平面,各剖切平面的转折处必须是直角。用两个或多个互相平行的剖切平面把机件剖开的方法,称为阶梯剖,所画出的剖视图称为阶梯剖视图。它适宜于表达机件内部结构的中心线排列在两个或多个互相平行的平面内的情况。如图4-37所示机件,它的内部结构形状用两个互相平行的剖切平面,分别通过不同圆柱孔的轴线进行剖切,在获得的全剖视(主视图)中表达清楚。

采用几个平行的剖切平面画剖视图时,应注意以下几个问题。

(1) 要正确选择剖切平面的位置,在剖视图内不应出现不完整要素。如图4-38(a)中全剖视的主视图中出现不完整的孔,若在图形中出现不完整的要素,则应适当调配剖切平面的位置,如图4-38(b)所示调整后的剖切平面位置。

(2) 当机件上的两个要素在图形上具有公共对称中心线或轴线时,可以各画一半,此时应以对称中心线或轴线为界,如图4-39中用B-B剖切平面获得的B-B半剖视图(俯视图)。

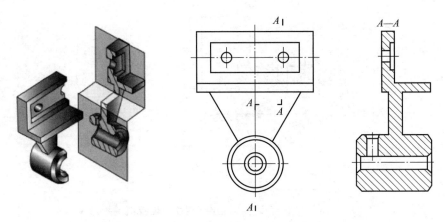

图 4-37 几个平行的剖切平面剖切

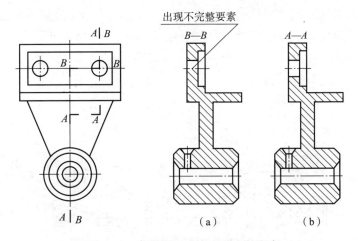

图 4-38 阶梯剖不应出现不完整要素
(a) 错误；(b) 正确

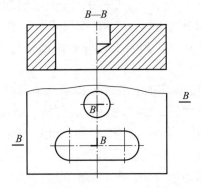

图 4-39 具有公共对称中心线时阶梯剖视图画法

（3）采用几个平行的剖切平面剖开机件所绘制的剖视图规定要表示在同一个图形上，所以不能在剖视图中画出各剖切平面交线的投影，如图 4-40 所示。

· 145 ·

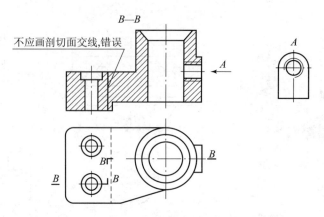

图 4-40 剖视图中不能画出各剖切平面交线的投影

(三) 几个相交的剖切面（交线垂直于某一投影面）

用几个相交的剖切面剖开机件的方法称为旋转剖。几个相交的剖切面必须保证其交线垂直于某一投影面，通常是基本投影面。如图 4-41 所示，$A-A$ 是两个相交的剖切平面，其中一个平行于水平面（H 面），另一个与水平面相倾斜，但其交线垂直于正立面（V 面）。交线即是机件整体上具有的回转轴。

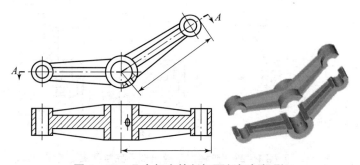

图 4-41 几个相交的剖切面剖切与投影

采用几个相交的剖切面的方法绘制剖视图时，先假想按剖切位置剖开机件，然后将被剖切面剖开的结构及有关部分（指与所要表达的被剖切结构有直接联系且密切相关的部分，或不一起旋转难以表达的部分）旋转到与选定的投影面平行再进行投影。在剖切平面后的其他结构应按原来的位置投影。

采用几个相交的剖切面画剖视图时，应注意以下几个问题。

(1) 采用几个相交的剖切面的这种"先剖切后旋转"的方法绘制的剖视图往往有些部分图形会伸长。如果连续采用几个相交的剖切面，此时剖视图还要展开绘制，并应标注"×-×展开"，如图 4-42 所示。

(2) 采用几个相交的剖切面的方法绘制剖视图时，在剖切平面后的其他结构（指处在剖切平面后与所表达的结构关系不甚密切的结构，或一起旋转容易引起误解的结构）一般仍按原来的位置投影。

(3) 采用几个相交的剖切面剖开机件时，往往难以避免出现不完整要素。所以，当剖切后产生不完整要素时，应将此部分按不剖绘制，如图 4-43 中臂板的画法。

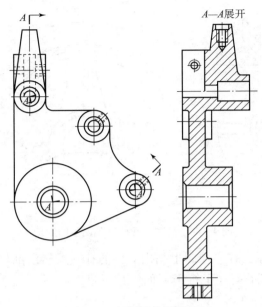

图 4-42 剖视图按展开绘制

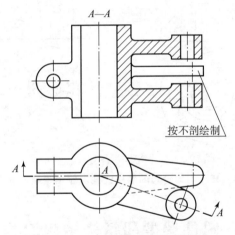

图 4-43 不完整要素按不剖绘制

四、剖视图中的规定画法

(一) 肋板和轮辐在剖视图中的画法

制图标准规定：对于机件的肋板、轮辐及薄壁等结构，如按纵向剖切（剖切平面通过肋板和轮辐的对称平面或对称线），剖面区域都不画剖面线，而用粗实线将它与其邻接部分分开（该粗实线并非外表面的交线而是理论轮廓线）。当剖切平面将肋板和轮辐横向剖切时，要在相应的剖视图的剖面区域上画上剖面符号，如图 4-44 所示。

(二) 回转体上均匀分布的肋板、孔、轮辐等结构的画法

在剖视图中，当剖切平面不通过零件回转体上均匀分布的肋板、孔、轮辐等结构时，可将这些结构旋转到剖切平面的位置，再按剖开后的对称形状画出，如图 4-45 所示。

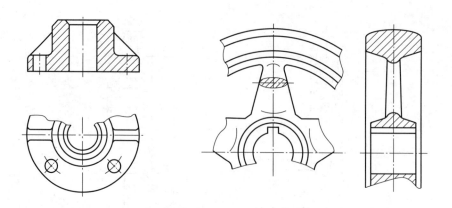

图 4-44　肋板、轮辐剖视图中的画法

如图 4-45（a）所示，在主视图上画出对称的孔，虽然没剖切到 4 个均布的孔，但仍将小孔沿定位圆旋转到正平面（平行于 V 面）位置进行投射，且小孔采用简化画法，即画一个孔的投影，另一个只画中心线。

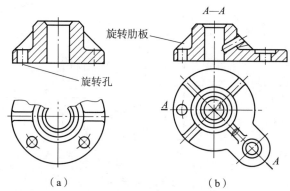

（a）　　　　　　　　（b）

图 4-45　均匀分布的肋板、孔、轮辐等结构的画法

任务 3　机件典型和特殊结构的表达方法

任务引入

按要求完成《机械制图基础训练与任务书》中"任务 3：机件典型和特殊结构的表达方法——任务实施"机件典型和特殊结构表达任务。

任务目标

（1）掌握断面图概念、分类、规定画法及断面图标注等基础知识，培养表达机件上肋板、轮辐、键槽等典型结构的应用能力。

（2）掌握局部放大图概念、应用场合及画法注意事项，培养表达机件上细小局部结构的应用能力。

(3) 掌握机件上重复性、对称、网纹、较小平面、较长、较小斜度等特殊结构的表达方法，培养表达机件上特殊结构的应用能力。

(4) 根据《机械制图基础训练与任务书》中"任务3：机件典型和特殊结构的表达方法——任务实施"的要求，完成机件典型和特殊结构表达任务。

知识点导学

1. 断面图

假想用剖切平面将机件某处切断，仅画出其断面的图形。断面图分为移出断面图和重合断面图两种。移出断面图的轮廓线为粗实线，而重合断面图的轮廓线为细实线。当图形不在剖切面延长线位置或图形不对称时必须进行标注。

2. 局部放大图

将机件的部分结构，用大于原图形采用的比例画出的图形。局部放大图可画成视图、剖视图、断面图，它与被放大部分的表达方式无关。局部放大图应尽量配置在被放大部位的附近。画局部放大图，一般要用细实线圈出被放大的部位。当机件上仅一个放大部分时，在局部放大图的上方只需注明所采用的比例。当有几个被放大的部分时，须用罗马数字依次标明被放大部位，在局部放大图的上方标注出相应的罗马数字和采用的比例。

(1) 局部放大图的比例是指放大图与机件的对应要素之间的线性尺寸比，与被放大部位的原图所采用的比例无关。

(2) 局部放大图采用剖视图和断面图时，其图形按比例放大，断面区域中的剖面线的间距必须与原图保持一致。

3. 简化画法

(1) 重复性结构画法：对于多个形状、大小均相同且规律分布的孔、槽、齿等结构可只画其中一两个，其余仅用点画线或细线标出位置即可，但需注明数目。

(2) 对称结构画法：对称机件的视图可只画1/2或1/4，并在对称中心线的两端画出两条与其相垂直的平行细实线。

(3) 网纹结构画法：机件上的滚花部分、网状物或编织物，一般在轮廓线附近用粗实线局部画出的方法表示，并在零件图上或技术要求中注明这些结构的具体要求。

(4) 较小平面的画法：当回转体零件上的平面在图形中不能充分表达时，可用两条相交的细实线表示这些平面。

(5) 较长结构画法：较长机件沿长度方向的形状一致或按一定规律变化时，可断开后缩短绘制，其断裂边界用波浪线表示，但标注尺寸时应注意标注实长。

相关知识

一、断面图

(一) 断面图的概念

假想用剖切面将物体的某处切断，仅画出该剖切面与物体接触部分的图形，称为断面图，简称断面，如图4-46所示。断面图常用来表达机件上的肋板、轮辐、键槽、小孔、杆料和型材等的断面形状。

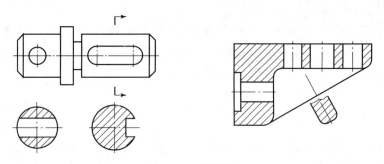

图 4-46 断面图

断面图与剖视图的主要区别在于：断面图仅画出机件与剖切平面接触部分（即剖断面）的图形，而剖视图则需画出剖切面后方所有可见轮廓线的投影。如图 4-47 所示。

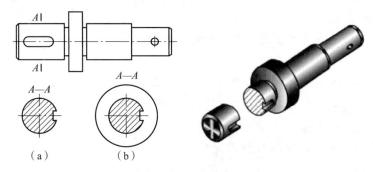

图 4-47 断面图与剖视图的区别
（a）断面图；（b）视图

（二）断面图的种类

根据断面图配置的位置不同可分为移出断面图和重合断面图两种。

1. 移出断面图

画在视图轮廓线外面的断面图，称为移出断面图。

（1）移出断面图画法。

移出断面图的图形画在视图之外，轮廓线用粗实线绘制。剖视图中的单一剖切面、几个平行的剖切平面和几个相交的剖切面同样适用于断面图。

（2）移出断面的配置原则。

①移出断面图可配置在剖切符号或剖切线的延长线上，如图 4-46 所示，也可画在其他适当的位置。

②由两个或多个相交的剖切平面剖切所得到的移出断面图一般中间应断开，如图 4-48 所示。

③剖面图形对称时，移出断面图可配置在视图的中断处，如图 4-49 所示。

④必要时移出断面图可配置在其他适当位置。在不致引起误解时，允许将图形旋转配置，此时应在断面图上方标注出旋转符号，标注的规定与旋转剖标注的规定相同，如图 4-50 所示。

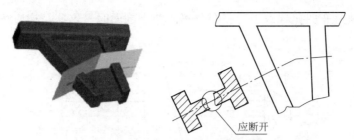

图4-48 两个相交剖切平面剖切所得到的移出断面图

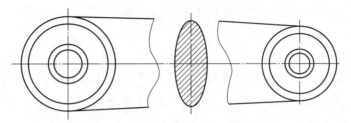

图4-49 移出断面图配置在视图的中断处

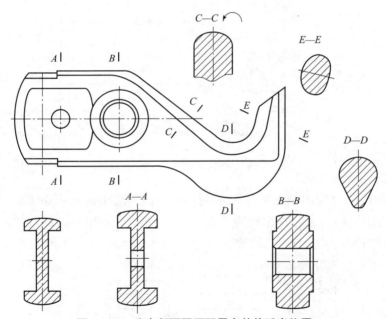

图4-50 移出断面图可配置在其他适当位置

(3) 移出断面图的画法规定。

①当剖切面通过回转面形成的孔或凹坑的轴线时，这些结构应按剖视图绘制，如图4-51所示。

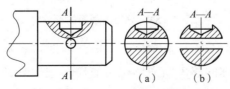

图4-51 剖切面通过回转面形成的孔或凹坑的轴线时移出断面图的画法
(a) 正确；(b) 错误

②当剖切面通过非圆孔导致出现完全分离的两个剖面时,这些结构应按剖视图绘制,如图4-52所示。

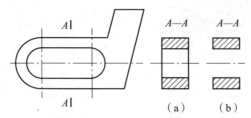

图4-52 导致出现完全分离的两个剖面时移出断面图的画法
(a) 正确;(b) 错误

2. 重合断面图

重合断面图的图形应画在视图轮廓线之内,断面图轮廓线用细实线绘制。当视图中轮廓线与重合断面图的图形重叠时,视图中轮廓线仍应连续画出,不可间断,如图4-53所示。

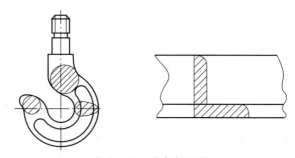

图4-53 重合断面图

(三) 断面图的标注

1. 移出断面图的标注

(1) 移出断面图一般用剖切符号表示剖切位置,用箭头表示投影方向,并注上字母。在断面图的上方用同样的字母标出相应的名称"×-×",如图4-54中的"$B-B$"断面图。经过旋转后的断面图应加注"旋转"符号,如图4-50中的$C-C$旋转配置的断面图。

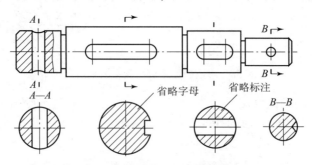

图4-54 移出断面图的标注

(2) 配置在剖切符号延长线上的不对称移出断面图可省略字母,如图4-54所示的"省略字母"断面图;而对称的移出断面图也可省略标注,如图4-54中"省略标注"断面图。

(3) 配置在剖切符号延长线上的对称移出断面图(如图4-54所示的$A-A$断面图)以

及按投影关系配置的不对称移出断面图（如图 4 – 51 和图 4 – 52 所示的"正确"断面图）均可省略箭头。

2. 重合断面图的标注

（1）重合断面图形不对称时，可画出剖切符号和指明投影方向的箭头，在不致引起误解时也可不标注，如图 4 – 55（a）所示。新标准规定重合断面图形不对称时，可不标注，如图 4 – 53 右图所示。

（2）重合断面图形对称时，剖切符号、箭头和字母均可省略，如图 4 – 55（b）所示。

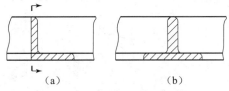

图 4 – 55　重合断面图的标注

二、局部放大画法和简化画法

视图基本上解决了机件的外部结构形状表达，剖视图基本上解决了机件的内部结构表达，但对机件上一些特殊结构，为了使视图表达清楚和画图简便，国家标准还规定机件的图样可采用局部放大画法、简化画法等表达法。

（一）局部放大画法

当机件的某些局部结构较小，在原定比例的图形中不易表达清楚或不便标注尺寸时，可将此局部结构用大于原图形所采用的比例单独画出，原视图中该部分结构可简化表示。这种将机件的部分结构用大于原图形采用的比例画出的图形，称为局部放大图，如图 4 – 56 所示。

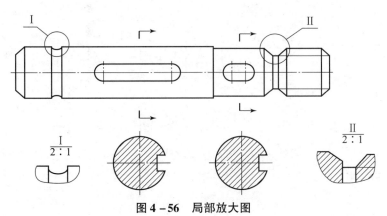

图 4 – 56　局部放大图

局部放大图可画成视图、剖视图、断面图，它与被放大部分的表达方式无关。局部放大图应尽量配置在被放大部位的附近。画局部放大图要注意两点：

（1）局部放大图的比例是指放大图与机件的对应要素之间的线性尺寸比，与被放大部位的原图所采用的比例无关。

（2）局部放大图采用剖视图和断面图时，其图形按比例放大，断面区域中的剖面线的间距必须仍与原图保持一致。

画局部放大图时一般要用细实线圆圈出被放大的部位。当机件上仅一个放大部分时,在局部放大图的上方只需注明所采用的比例,如图4-57所示。

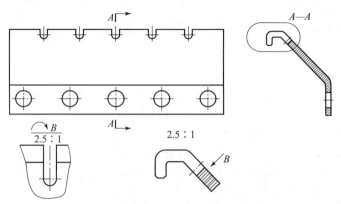

图4-57 局部放大图只注明所采用的比例

有几个被放大的部分时,须用罗马数字依次标明被放大部位,在局部放大图的上方标注出相应的罗马数字和采用的比例,如图4-56所示。

(二)简化画法

机件除了视图、剖视图、断面图和局部放大图等表达方法以外,对机件上的一些特殊结构还可以采用一些简化画法。

1. 重复性结构画法

(1)若干相同结构的简化画法。当机件具有若干相同结构(齿、槽等),并按一定规律分布时,只需画出几个完整的结构,其余用细实线连接结构的顶部或底部,但需注明该结构的总数,如图4-58所示。

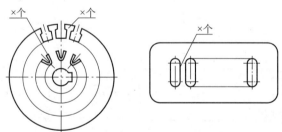

图4-58 重复性齿、槽结构简化画法

(2)若干相同直径孔的简化画法。若干直径相同且成规律分布的孔(圆孔、螺孔、沉孔等)可仅画一个或几个,其余用点画线表示中心位置,注明孔的总数,如图4-59所示。

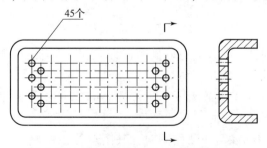

图4-59 成规律分布的孔结构简化画法

2. 对称结构画法

为了节省绘图时间和图幅，在不致引起误解时，对称机件的视图可只画1/2或1/4，并在对称中心线的两端画出两条与其相垂直的平行细实线，如图4-60所示。

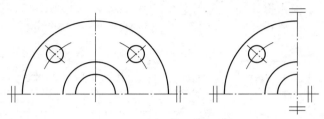

图4-60 对称结构的简化画法

3. 网纹结构画法

根据现行国家标准（GB/T 4458.1—2002《机械制图 图样画法 视图》）规定，机件上的滚花、沟槽等网状结构用粗实线完全或部分地表示出来，并在零件图上或技术要求中注明这些结构的具体要求，如图4-61所示。

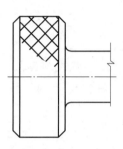

图4-61 网纹结构的简化画法

4. 较小平面的画法

当回转体零件上的平面在图形中不能充分表达时，可用两条相交的细实线表示这些平面。这种表示法常用于较小的平面。表示外部平面和内部平面的符号是相同的，如图4-62所示。

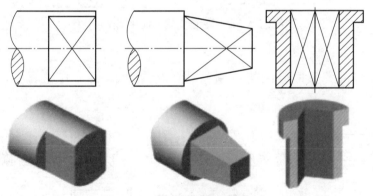

图4-62 较小平面的简化画法

5. 断裂画法

当较长机件（轴、杆、型材、连杆等）沿长度方向的形状一致或按一定规律变化时，可断开后缩短绘制，其断裂边界用波浪线表示，但标注尺寸时应注意标注实长，如图4-63所示。

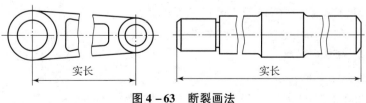

图4-63 断裂画法

6. 较小结构及斜度画法

当机件上较小的结构及斜度等已在一个图形中表达清楚时，在其他图形中应当简化或省略，如图4-64所示。在图4-64（a）中，斜度不大时左视图可按小端画出；图4-64（b）中俯视图所示为较小结构相贯线简化为用直线代替了曲线，主视图中锥孔的投影，按照投影规律应有四条曲线，这里简化为只画出大、小端两条曲线的近似投影。

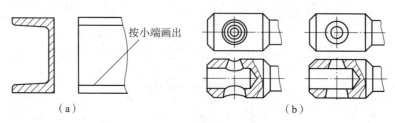

图4-64 较小结构及斜度的简化画法

7. 表面交线画法

在不至于引起误解时，非圆曲线的过渡线及相贯线允许简化为圆弧或直线，如图4-65所示。

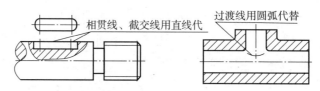

图4-65 表面交线的简化画法

8. 小结构孔、槽等画法

在零件上个别的孔、槽等结构可用简化的局部视图表示其轮廓实形，如图4-66所示。

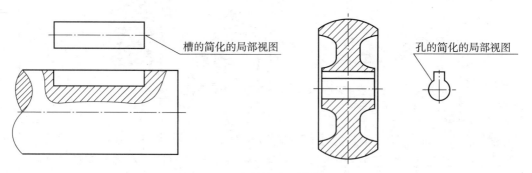

图4-66 小结构孔、槽等画法

9. 倾斜角度小于或等于30°斜面上的圆或圆弧画法

与投影面倾斜角度小于或等于30°的斜面上的圆或圆弧，其投影可以用圆或圆弧代替，如图4-67所示的俯视图画法。

10. 圆柱形法兰上孔的画法

圆柱形法兰和类似零件上均匀分布的孔，可按如图4-68所示方法简化绘制。

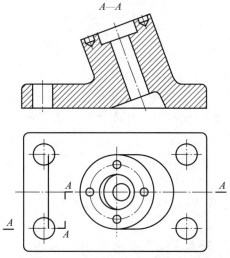

图 4-67 倾斜角度小于或等于 30°斜面上的圆或圆弧画法

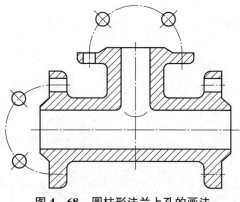

图 4-68 圆柱形法兰上孔的画法

※任务4　第三角投影认知

✓ 任务引入

按要求完成《机械制图基础训练与任务书》中"任务4：第三角投影认知——任务实施"各项任务。

✓ 任务目标

（1）了解第三角投影法的概念、第三角画法与第一角画法的区别、第三角投影图的形成等基本知识，培养第三角投影视图基本认知能力。

（2）掌握第三角画法基本视图的形成及其配置、第一角和第三角画法的识别符号等基本知识，培养第三角投影视图基本应用能力。

（3）根据《机械制图基础训练与任务书》中"任务4：第三角投影认知——任务实施"

要求，完成各项任务。

✓ 知识点导学

1. 第一、三角投影体系比较

第一角画法是将物体置于第Ⅰ分角内，保持着"人－物－投影面"的关系进行投影，第三角画法是将物体置于第Ⅲ分角内，保持着"人－投影面－物"的关系进行投影；机件在第一分角中得到的三视图是主视图、俯视图和左视图；而在第三分角中得到的三视图是前视图（由前向后投影）、顶视图（由上向下投影）和右视图（由右向左投影）。

2. 第三角画法基本视图的形成及其配置

（1）两种画法都保持"长对正，高平齐，宽相等"的投影规律。

（2）"上下、左右"的方位关系判断方法一样；"前后"的方位关系判断不同，第一角画法，以"主视图"为准，"远离主视是前方"；第三角画法，以"前视图"为准，"远离主视是后方"——可见两种画法的前后方位关系刚好相反。

（3）两种画法的相互转化规律：主视图（或前视图）不动，将主视图（或前视图）周围上和下、左和右的视图对调位置（包括后视图），即可将一种画法转化成（或称翻译成）另一种画法。

3. 第一、三角投影符号识别

在标题栏中专设格栏内用规定的识别符号表示，采用第一角画法，无须画出标志符号，当采用第三角画法时，则必须画出识别符号。

✓ 相关知识

在工程图样中，世界各国都采用多面正投影法表达机件的结构形状。国际标准规定，在表示机件结构时，第一角画法和第三角画法等效使用，国家标准GB/T 17451—1998《技术制图 投影法》中规定："技术图样应采用正投影法绘制，并优先采用第一角画法。必要时才允许使用第三角画法"。但国际上有些国家（如美国、日本等）仍优先采用第三角画法，为了进行国际间的技术交流和协作，我们应该了解第三角画法。

一、第一、三角投影体系的比较

空间3个互相垂直的平面将空间分为8个分角，分别称为第Ⅰ角、第Ⅱ角、第Ⅲ角……，如图4-69（a）所示。

第一角画法是将物体置于第Ⅰ分角内，保持着"人－物－投影面"的关系进行投影，如图4-69（b）所示。

第三角画法是将物体置于第Ⅲ分角内，保持着"人－投影面－物"的关系进行投影，如图4-69（c）所示。从图中可以看出，这种画法是把投影面假想成透明的来处理。顶视图是从机件的上方往下看所得的视图，把所得的视图就画在机件上方的投影面（水平面）上。前视图是从机件的前方往后看所得的视图，把所得的视图就画在机件前方的投影面（正平面）上，依此类推。

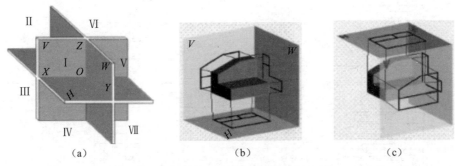

图 4-69 第一、三角投影体系的比较

习惯上，机件在第一分角中得到的三视图是主视图、俯视图和左视图；而在第三分角中得到的三视图是前视图（由前向后投影）、顶视图（由上向下投影）和右视图（由右向左投影），第一角投影三视图的配置和第三角投影三视图的配置比较如图 4-70 所示。

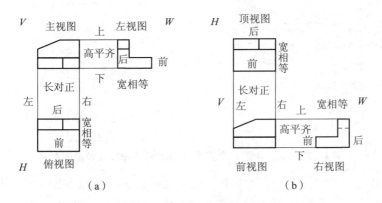

图 4-70 第一、三角投影三视图的配置比较
(a) 第一角投影三视图的配置；(b) 第三角投影三视图的配置

二、第三角画法基本视图的形成及其配置

第三角画法的六个基本投影面的展开方式是 V 面不动，将其他的面旋转摊平在 V 面所在的投影面上。其各视图配置的位置是：前视图不动，顶视图放在前视图的正上方，左视图放在前视图的正左方，右视图放在前视图的正右方，底视图放在前视图的正下方，后视图放在左视图的正左方。

第一角画法与第三角画法的投影面展开方式及视图配置如图 4-71 和图 4-72 所示。在同一张图纸内，视图按图 4-72 所示配置时，一律不标注视图名称。

仔细比较两种画法便可看出，虽然两组基本视图配置位置有所不同，但各组视图都表达了机件各个方向的结构和形状，每组视图间都存在着长、宽、高 3 个方向尺寸的内在联系和机件上各结构的上下、左右、前后的方位关系。这里将两种画法的投影规律总结如下。

（1）两种画法都保持"长对正，高平齐，宽相等"的投影规律。

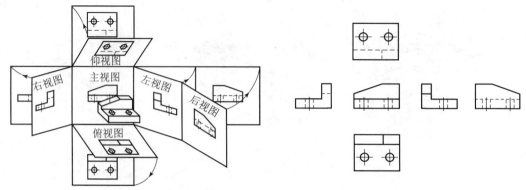

图 4-71　第一角的 6 个基本投影面的展开方式和视图配置

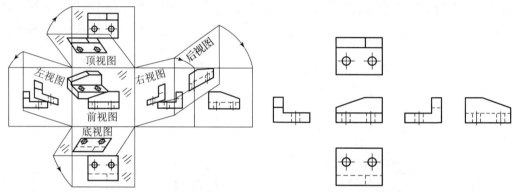

图 4-72　第三角的 6 个基本投影面的展开方式和视图配置

(2) 两种画法的方位关系是："上下""左右"的方位关系判断方法一样，比较简单，容易判断。不同的是"前后"的方位关系判断。第一角画法，以"主视图"为准，除后视图以外的其他基本视图，远离主视图的一方为机件的前方，反之为机件的后方，简称"远离主视是前方"；第三角画法，以"前视图"为准，除后视图以外的其他基本视图，远离前视图的一方为机件的后方，反之为机件的前方，简称"远离主视是后方"。可见两种画法的前后方位关系刚好相反。

(3) 根据前面两条规律可得出两种画法的相互转化规律：主视图（或前视图）不动，将主视图（或前视图）周围上和下、左和右的视图对调位置（不包括后视图），即可将一种画法转化成（或称翻译成）另一种画法。

三、第一、三角投影的识别符号

国际标准中规定，可以采用第一角投影，也可采用第三角投影。为了区别这两种投影，规定在标题栏的专设格栏内用规定的识别符号表示。两种投影的识别符号如图 4-73 所示。由于我国采用第一角画法，所以无须画出标志符号，而当采用第三角画法时，则必须画出识别符号。

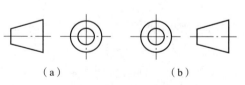

图 4-73　两种画法的识别符号
(a) 第一角画法的识别符号；
(b) 第三角画法的识别符号

项目五　标准件与常用件视图绘制

任务1　螺纹和螺纹连接画法

任务引入

根据《机械制图基础训练与任务书》中"任务1：螺纹和螺纹紧固件视图画法——任务实施"要求，采用"规定画法"正确表示螺栓连接画法。要求：采用A4图纸幅面和1∶1比例绘制图形，绘制标题栏，标注必要的尺寸，给出各螺栓连接件标准代号，标题栏按"简化标题栏"格式绘制。

任务目标

（1）掌握螺纹的形成、要素名称及其代号、螺纹的分类及其画法、标注等基本知识，培养螺纹认知、画法及标注等基础能力。

（2）掌握螺纹紧固件类型及其画法、螺纹紧固件标记及标准参数的查表方法，培养螺纹紧固件及其装配画法基础应用能力。

（3）根据《机械制图基础训练与任务书》中"任务1：螺纹和螺纹紧固件视图画法——任务实施"要求，按"规定画法"完成螺栓连接画法。

知识点导学

1. 螺纹的形成与加工方法

（1）形成原理：螺纹是根据螺旋线原理形成的。

（2）加工方法：车床（含数控车床）加工螺纹是常见的加工螺纹的方法。除此之外，外螺纹加工方法还有碾压板加工、板牙加工，内螺纹加工方法有丝锥加工。

2. 螺纹的结构要素及其名称

螺纹的牙型、公称直径、导程、线数和旋向等五个要素通常被称为螺纹的五要素。

（1）牙型：常见的牙型有三角形、梯形、锯齿形和矩形等。

①普通螺纹：常用的连接螺纹，牙型为三角形，牙型角为60°。普通螺纹的螺纹特征代号为M，普通螺纹又分为粗牙螺纹和细牙螺纹，一般连接用粗牙螺纹，薄壁零件的连接用细牙螺纹。

②英制管螺纹：主要用于连接管子，牙型为三角形，牙型角为55°。管螺纹有非螺纹密封的管螺纹和螺纹密封的管螺纹两类。非螺纹密封的管螺纹的特征代号为G，螺纹密封的管

螺纹根据不同应用场合可分为：与圆锥外螺纹旋合的圆柱内螺纹的特征代号为 R_p，此时圆锥外螺纹特征代号为 R1；与圆锥外螺纹旋合的圆锥内螺纹的特征代号为 R_c，此时圆锥外螺纹的特征代号为 R2。

③梯形螺纹：常用的传动螺纹，牙型为等腰梯形，牙型角为30°，梯形螺纹特征代号为 T_r。

④锯齿形螺纹：一种受单向力的传动螺纹，牙型为不等腰梯形，一侧边牙型角为30°，另一边牙型角为3°，螺纹特征代号为 B。

(2) 螺纹直径：大径（d、D）、小径（d_1、D_1）和中径（d_2、D_2）。

①大径：内、外螺纹的大径分别用 D、d 表示。

②小径：内、外螺纹的小径分别用 D_1、d_1 表示。

③中径：内、外螺纹的中径分别用 D_2、d_2 表示。

普通螺纹和梯形螺纹的大径又称公称直径。螺纹的顶径即外螺纹的大径或内螺纹的小径，螺纹的底径即外螺纹的小径或内螺纹的大径。

(3) 螺纹线数：螺纹分为单线螺纹和多线螺纹。连接螺纹大多为单线。螺纹的线数用 n 表示。

(4) 螺纹螺距和导程。

螺距：相邻两牙在中径线上对应两点间的轴向距离称为螺距，螺距用字母 P 表示。

导程：同一螺旋线上相邻两牙在中径线上对应两点间的轴向距离称为导程，导程用字母 P_h 表示。

线数 n、螺距 P 和导程 P_h 之间的关系为：$P_h = P \times n$。

(5) 螺纹旋向：螺纹有右旋和左旋两种。

螺纹牙型、公称直径、螺距三项都符合标准的称为标准螺纹；牙型符合标准，公称直径或螺距不符合标准的称为特殊螺纹；牙型不符合标准的称为非标准螺纹。

3. 螺纹分类

(1) 紧固用螺纹：简称紧固螺纹，如普通螺纹。

(2) 传动用螺纹：简称传动螺纹，如梯形螺纹、锯齿形螺纹和矩形螺纹等。

(3) 管用螺纹：简称管螺纹，如55°密封管螺纹、55°非密封管螺纹等。

(4) 专门用途螺纹：简称专用螺纹，如气瓶专用螺纹等。

4. 螺纹的规定画法

(1) 外螺纹的规定画法。

外螺纹画法规定：在平行于轴线的视图上，其大径画成粗实线，小径画成细实线，螺纹的倒角或倒圆也应画出；螺纹的终止线画成粗实线，螺纹长度计算到螺纹终止线处。在投影为圆的视图上，表示大径的圆画成粗实线，表示小径的细实线圆只画出约3/4圈，倒角圆省略不画。

(2) 内螺纹的规定画法。

内螺纹画法规定：投影为非圆的视图通常剖视表示，大径画成细实线，小径及螺纹终止线画成粗实线，剖面线画到粗实线为止；在投影为圆的视图中，表示小径的圆画成粗实线，表示大径的细实线圆只画约3/4圈。规定倒角圆可省略不画。

(3) 螺纹旋合画法。

内外螺纹旋合后，用剖视图表示螺纹连接时，旋合部分按外螺纹的画法绘制，未旋合部分按各自原有的画法绘制。

5. 普通螺纹公差带（仅作认知要求，相关基础知识将在后续"任务"讲述）

（1）普通螺纹的公差等级：外螺纹中径有3、4、5、6、7、8、9共7个公差等级，外螺纹大径有4、6、8共3个公差等级；内螺纹中径有4、5、6、7、8共5个公差等级，内螺纹小径有4、5、6、7、8共5个公差等级。

（2）普通螺纹的基本偏差：内螺纹规定了两种基本偏差G、H，基本偏差为下偏差EI；外螺纹规定了8种基本偏差a、b、c、d、e、f、g、h，基本偏差为上偏差es。

6. 普通螺纹公差带的选用

螺纹的公差精度分为精密、中等和粗糙三级，精密精度用精密螺纹，中等精度用于一般用途螺纹，粗糙精度用于制造螺纹有困难的场合。

7. 普通螺纹的标注

普通螺纹的完整标记由螺纹特征代号、公差带代号和旋合长度代号三部分组成。普通螺纹用尺寸标注形式注在内、外螺纹的大径上。左旋螺纹应在螺纹标记的最后标注代号"LH"，与前面用"－"号分开。

8. 梯形螺纹的标注

梯形螺纹的完整标记由螺纹特征代号、尺寸代号、公差带代号及旋合长度代号四部分组成，分单线梯形螺纹和多线梯形螺纹两种格式。

9. 55°管螺纹的标注

55°管螺纹为英制螺纹，分为55°非密封管螺纹和55°密封管螺纹两种类型，55°非密封管螺纹的圆柱管螺纹的标记由螺纹特征代号、尺寸代号和公差等级代号组成；55°密封管螺纹的管螺纹的标记由螺纹特征代号和尺寸代号组成。

10. 螺纹紧固件

螺纹紧固件包括螺栓、双头螺柱、螺钉、螺母、垫圈等。螺栓、双头螺柱、螺钉的规格尺寸是公称直径和公称长度；螺母和垫圈的规格尺寸是公称直径。螺纹紧固件是根据设计要求选用，其尺寸均可由标准中查得；螺纹紧固件在装配图中的画法亦应按国家标准规定画出。

11. 螺纹紧固件画法

螺纹紧固件画法通常有两种画法：查表法和比例法。

12. 螺纹紧固件连接画法

螺纹紧固件连接形式有：螺栓连接、双头螺柱连接和螺钉连接。

（1）螺栓连接用于连接两个不太厚且容易钻出通孔的零件。

（2）双头螺柱连接一般用于被连接件之一比较厚或不允许加工成通孔，不便使用螺栓连接，或者拆卸频繁，不宜使用螺钉连接的场合。

（3）螺钉连接用于受力不大，不经常拆卸的场合，螺钉按其用途分为连接螺钉和紧定螺钉。

相关知识

在各种机器设备中，广泛使用螺钉、螺栓、螺母、键、销、滚动轴承、弹簧、齿轮等零、部件。将结构和尺寸全部标准化的零、部件称为标准件，例如螺栓、螺钉、双头螺柱、螺母、垫圈、键、销、滚动轴承等；将结构和尺寸部分标准化的零件称为常用件，如齿轮、弹簧等。为了减少设计和绘图工作量、便于组织专业化生产，国家有关标准对上述标准件和常用件的画法、代号、标记、尺寸公差、几何公差、表面粗糙度等内容进行了规定，这些零件的形状和结构不必按真实投影画出，结构尺寸、尺寸公差、几何公差和表面粗糙度等要求可从有关标准中查阅。

一、螺纹

（一）螺纹的形成及加工方法

如图 5-1（a）所示，螺纹是一种常见结构，它是在圆柱（或圆锥）表面上沿着如图 5-1（b）所示螺旋线所形成的具有相同轴向断面的连续凸起和沟槽。

图 5-1　螺纹及其形成原理
（a）螺纹；（b）螺旋线的形成

在圆柱（或圆锥）外表面上加工的螺纹称为外螺纹，如图 5-2（a）所示；在圆柱（或圆锥）内表面上加工的螺纹称为内螺纹，如图 5-2（b）所示。

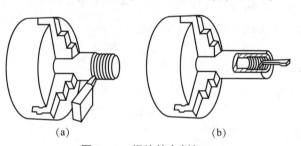

图 5-2　螺纹的车削加工
（a）车削外螺纹；（b）车削内螺纹

螺纹的加工方法很多，如图 5-2（a）所示的在车床上车削外螺纹，工件被夹在车床的卡盘中并绕其轴线做匀速旋转，车刀沿工件轴线方向做轴向移动，在工件表面上便车出螺纹。如图 5-2（b）所示的在车床上车削（直径稍大的）内螺纹，其过程是先用钻头钻孔、用镗孔刀镗孔，再用内螺纹刀车内螺纹。在现代加工技术中，在数控机床上加工螺纹也是一种常见的方法。

除了在车床上加工螺纹外，常见的外螺纹加工方法还有碾压板加工、板牙加工等，常见的内螺纹加工方法还有丝锥加工等，如图 5-3 所示。

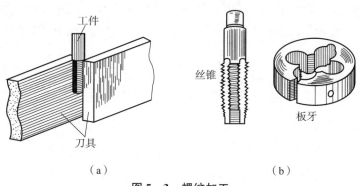

(a)　　　　　　　　　　　　　(b)

图 5-3　螺纹加工

(a) 碾压板加工螺纹；(b) 丝锥或板牙加工螺纹

(二) 螺纹的结构要素及其名称

螺纹的尺寸和结构是由牙型、公称直径、线数、导程（或螺距）、旋向五个要素确定的，当内、外螺纹相互旋合时，这些要素必须相同才能装配在一起。

1. 螺纹牙型

螺纹牙型是指在通过螺纹轴线的断面上螺纹的轮廓形状。常见的牙型有三角形、锯齿形、梯形和矩形等，如图 5-4 所示。不同种类的螺纹牙型有不同的用途。

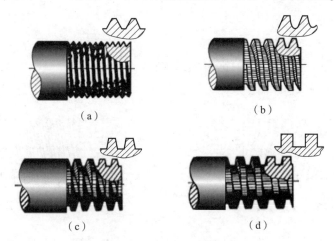

(a)　　　　　　　　　　　　(b)

(c)　　　　　　　　　　　　(d)

图 5-4　常见的螺纹牙型

(a) 三角形螺纹；(b) 锯齿形螺纹；(c) 梯形螺纹；(d) 矩形螺纹

(1) 普通螺纹（M）。

普通螺纹是常用的连接螺纹，牙型为三角形，牙型角为 60°，如图 5-5 (a) 所示。普通螺纹的螺纹特征代号为 M。普通螺纹又分为粗牙螺纹和细牙螺纹两种，它们的代号相同。一般连接都用粗牙螺纹。当螺纹的大径相同时，细牙螺纹的螺距和牙型高度比粗牙小，因此细牙螺纹适用于薄壁零件的连接。

(2) 55°管螺纹（G、R_p、R_1、R_c、R_2）。

55°管螺纹主要用于连接管子、阀门、管接头等，牙型为三角形，牙型角为 55°，如图 5-5 (b) 所示。管螺纹有非螺纹密封的管螺纹和螺纹密封的管螺纹两类，其中非螺纹密封的管螺纹的特征代号为 G，而螺纹密封的管螺纹根据不同应用场合可分为以下两种。

①圆柱内螺纹与圆锥外螺纹：圆柱内螺纹的特征代号为 R_p，与圆柱内螺纹旋合圆锥外螺纹的特征代号为 R_1，此时表示螺纹副的特征代号为 R_p/R_1（圆柱内螺纹/圆锥外螺纹）。

②圆锥内螺纹与圆锥外螺纹：圆锥内螺纹的特征代号为 R_c，与圆锥内螺纹旋合圆锥外螺纹的特征代号为 R_2，此时表示螺纹副的特征代号为 R_c/R_2（圆锥内螺纹/圆锥外螺纹）。

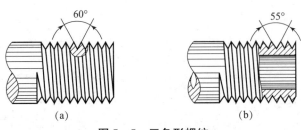

图 5-5 三角形螺纹
(a) 普通螺纹；(b) 55°管螺纹

(3) 梯形螺纹（T_r）。

梯形螺纹为常用的传动螺纹，牙型为等腰梯形，牙型角为 30°，如图 5-6 所示。梯形螺纹特征代号为 T_r。

(4) 锯齿形螺纹（B）。

锯齿形螺纹是一种受单向力的传动螺纹，牙型为不等腰梯形，一侧边牙型角为 30°，另一边牙型角为 3°，如图 5-7 所示。锯齿形螺纹特征代号为 B。

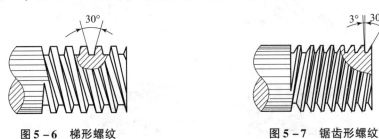

图 5-6 梯形螺纹　　　　　图 5-7 锯齿形螺纹

2. 螺纹直径

螺纹直径又分为大径（d、D）、小径（d_1、D_1）和中径（d_2、D_2）（外螺纹用小写字母表示，内螺纹用大写字母表示）。

(1) 大径：与外螺纹的牙顶或内螺纹牙底相重合的假想圆柱面的直径称为大径。内、外螺纹的大径分别用 D、d 表示。

(2) 小径：与外螺纹牙底与内螺纹牙顶相重合的假想圆柱的直径称为螺纹小径。内、外螺纹的小径分别用 D_1、d_1 表示。

(3) 中径：它是一个假想圆柱的直径，即在大径和小径之间，其母线通过牙型上的沟槽和凸起宽度相等的假想圆柱面的直径称为中径。内、外螺纹的中径分别用 D_2、d_2 表示。

普通螺纹和梯形螺纹的大径又称公称直径。螺纹的顶径是与外螺纹或内螺纹牙顶相切的假想圆柱或圆锥的直径，即外螺纹的大径或内螺纹的小径；螺纹的底径是与外螺纹或内螺纹牙底相切的假想圆柱或圆锥的直径，即外螺纹的小径或内螺纹的大径。如图 5-8 所示。

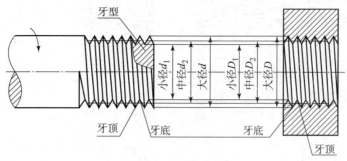

图5-8 螺纹直径

3. 螺纹线数

螺纹有单线和多线之分。沿一根螺旋线形成的螺纹称单线螺纹,沿两根以上螺旋线形成的螺纹称多线螺纹。连接螺纹大多为单线螺纹。螺纹的线数用 n 表示,如图5-9所示。

4. 螺纹螺距和导程

相邻两牙在中径线上对应两点间的轴向距离称为螺距,用字母 P 表示;同一螺旋线上的相邻两牙在中径线上对应两点间的轴向距离称为导程,用字母 P_h 表示,如图5-9所示。

线数 n、螺距 P 和导程 P_h 之间的关系为:$P_h = P \times n$。

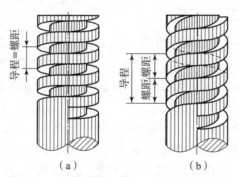

图5-9 螺纹线数、螺距、导程及其关系
(a) 单线;(b) 多线

5. 螺纹旋向

螺纹有右旋和左旋两种。内外螺纹旋合时,顺时针旋入的为右旋,逆时针旋入的为左旋。螺纹旋向判定方法:沿旋进方向观察时,顺时针旋转时旋入的螺纹为右旋螺纹,逆时针旋转时旋入的螺纹为左旋螺纹,如图5-10所示。

内、外螺纹是配合使用的,两个相互配合的螺纹沿螺纹轴线方向相互旋合部分的长度称为螺纹旋合长度。

螺纹牙型的结构、尺寸都属于标准系列。凡螺纹牙型、公称直径、螺距三项都符合标准的称为标准螺纹;牙型符合标准,公称直径或螺距不符合标准的称为特殊螺纹;牙型不符合标准的称为非标准螺纹。

(三) 螺纹分类

螺纹按用途可分为四类。

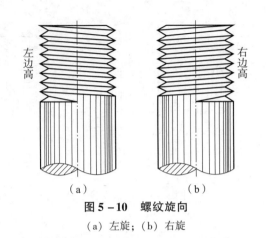

图 5-10 螺纹旋向

(a) 左旋；(b) 右旋

(1) 紧固用螺纹，简称紧固螺纹，又称连接螺纹，用来连接零件，如普通螺纹。

(2) 传动用螺纹，简称传动螺纹，用来传递动力和运动，如梯形螺纹、锯齿形螺纹和矩形螺纹等。

(3) 管用螺纹，简称管螺纹，如 55°密封管螺纹、55°非密封管螺纹等。

(4) 专门用途螺纹，简称专用螺纹，如气瓶专用螺纹等。

二、螺纹的规定画法

绘制螺纹的真实投影是十分烦琐的事情，并且在实际生产中也没有必要这样做。为了便于绘图，国家标准（GB/T 4459.1—1995《机械制图 螺纹及螺纹紧固件表示法》）对螺纹的画法作了具体规定。按此画法作图并加以正确标注就能清楚地表示螺纹的类型、规格和尺寸。

（一）外螺纹的规定画法

外螺纹画法规定：一般用两个视图表示。在平行于轴线的视图上，其大径画成粗实线，小径画成细实线（小径近似地画成大径的 0.85 倍），螺纹的倒角或倒圆也应画出，螺纹的终止线画成粗实线，螺纹长度计算到螺纹终止线处；在投影为圆的视图上，表示大径的圆画成粗实线，表示小径的细实线圆只画出约 3/4 圈（空出约 1/4 圈的位置不作具体规定），倒角圆省略不画。如图 5-11 所示，外螺纹剖开表示时，终止线只画一小段粗实线到小径处，剖面线应画到粗实线。

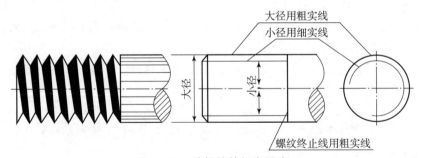

图 5-11 外螺纹的规定画法

（二）内螺纹的规定画法

内螺纹画法规定：一般用两个视图表示。其投影为非圆的视图通常采用剖视表示，大径画成细实线，小径及螺纹终止线画成粗实线，剖面线画到粗实线为止；在投影为圆的视图中，表示小径的圆画成粗实线，表示大径的细实线圆只画约 3/4 圈，规定倒角圆可省略不画，如图 5-12 所示。

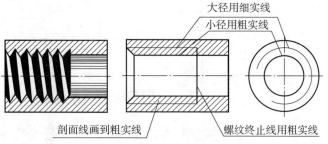

图 5-12 内螺纹画法

若绘制不穿通的螺孔（又称盲孔），一般应将钻孔深度与螺孔的深度分别画出，钻孔深度应比螺孔深度大 $0.2D \sim 0.5D$（D 为螺纹大径），钻孔头部的锥顶角应画成 120°，如图 5-13 所示。

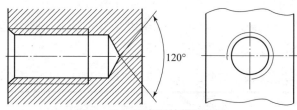

图 5-13 不穿通的螺孔画法

未剖视（不可见）螺纹采用视图表达时均用细虚线绘制，如图 5-14 所示。

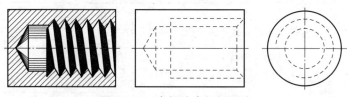

图 5-14 内螺纹未剖视画法

（三）螺纹旋合画法

内外螺纹旋合后，用剖视图表示螺纹连接时，旋合部分按外螺纹的画法绘制，未旋合部分按各自原有的画法绘制。画图时必须注意：表示内、外螺纹大径的细实线和粗实线，以及表示内、外螺纹小径的粗实线和细实线应分别对齐；按规定，在剖切平面通过螺纹轴线的剖视图中，实心螺杆按不剖绘制，如图 5-15 所示。

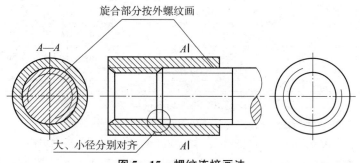

图 5-15 螺纹连接画法

· 169 ·

螺孔与螺孔相贯或螺孔与光孔相贯时,其画法如图 5-16 所示。

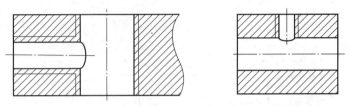

图 5-16 螺孔与螺孔相贯或螺孔与光孔相贯画法

三、普通螺纹公差（认知相关基础知识将在后续"任务"讲述）

(一) 普通螺纹的公差带

普通螺纹的公差带位置由基本偏差决定,大小由公差等级决定。普通螺纹国家标准（GB/T 197—2018《普通螺纹 公差》）规定了螺纹的大、中、小径的公差带。

1. 普通螺纹的公差等级

普通螺纹的公差等级见表 5-1,其中,6 级是基本级;3 级公差值最小,精度最高;9 级精度最低。各级公差值见表 5-2 和表 5-3。

表 5-1 螺纹顶径和中径的公差等级（摘自 GB/T 197—2018《普通螺纹 公差》）

螺纹直径	公差等级	螺纹直径	公差等级
外螺纹中径 d_2	3、4、5、6、7、8、9	内螺纹中径 D_2	4、5、6、7、8
外螺纹大径 d	4、6、8	内螺纹小径 D_1	4、5、6、7、8

表 5-2 内螺纹推荐公差带（摘自 GB/T 197—2018《普通螺纹 公差》）

公差精度	公差带位置 G			公差带位置 H		
	S	N	L	S	N	L
精密	—	—	—	4H	5H	6H
中等	(5G)	6G	(7G)	5H	**6H**	7H
粗糙	—	(7G)	8G	—	7H	8H

表 5-3 外螺纹推荐公差带（摘自 GB/T 197—2018《普通螺纹 公差》）

公差精度	公差带位置 e			公差带位置 f			公差带位置 g			公差带位置 h		
	S	N	L	S	N	L	S	N	L	S	N	L
精密	—	—	—	—	—	—	(4g)	(5g4g)	(3h4h)	4h	(5h4h)	
中等	—	6e	(7e6e)	—	6f	—	(5g6g)	**6g**	(7g6g)	(5h6h)	6h	(7h6h)
粗糙	—	(8e)	(9e8e)	—	—	—	—	8g	(9g8g)	—	—	—

2. 普通螺纹的基本偏差

普通螺纹的公差带是以基本牙型为零线布置的,螺纹的基本牙型是计算螺纹偏差的基准。国家标准中对内螺纹只规定了两种基本偏差 G、H,基本偏差为下偏差 EI。对外螺纹规定了 8 种基本偏差 a、b、c、d、e、f、g、h，基本偏差为上偏差 es。H 和 h 的基本偏差为 0，G 的基本偏差值为正值，a、b、c、d、e、f、g 的基本偏差值为负值。

按普通螺纹的公差等级和基本偏差可以组成很多公差带，普通螺纹的公差带代号由表示公差等级的数字和基本偏差字母组成，如 6h、5G 等，与一般的尺寸公差带符号不同，其公差等级符号在前、基本偏差代号在后。

（二）普通螺纹公差带的选用

在生产中为了减少刃具、量具的规格和种类，国家标准中规定了既能满足当前需要而数量又有限的常用公差带，见表 5-2 和表 5-3。表中规定了优先、其次和尽可能不用的选用顺序。除了特殊需要之外，一般不应该选择标准规定以外的公差带。螺纹的公差精度分为精密、中等和粗糙三级，精密精度用精密螺纹，中等精度用于一般用途螺纹，粗糙精度用于制造螺纹有困难场合，例如在热轧棒料上和深盲孔内加工螺纹。

表中公差带优先选用顺序为：粗字体公差带、一般字体公差带、括号内公差带，其中粗字体公差带用于大量生产的紧固螺纹。

四、螺纹的标记及标注

在图样中，为了表示螺纹的五要素及其允许的尺寸变动范围等要求，必须对螺纹进行标注。国家标准规定标准螺纹用规定的标记标注，并标注在螺纹的公称直径上，以区别不同种类的螺纹。

（一）普通螺纹的标注（GB/T 197—2018）

普通螺纹的完整标记由螺纹特征代号、公差带代号和旋合长度代号组成。普通螺纹用尺寸标注形式注在内、外螺纹的大径上，其标注的具体项目和格式如下：

| 螺纹特征代号 | 公称直径 | × | 导程(螺距) | － | 公差带代号 | － | 旋合长度代号 | － | 旋向 |

普通螺纹的螺纹代号用字母"M"表示。

普通粗牙螺纹不必标注螺距，普通细牙螺纹必须标注螺距。

对于多线螺纹，其螺距一项应为"P_h 导程（P 螺距）"，公称直径、导程和螺距数值的单位为 mm。为更加清晰地标记多线螺纹，可以在螺距后增加括号，用英语说明螺纹的线数，双线为 two starts、三线为 three starts 等。

右旋螺纹不必标注，左旋螺纹应在螺纹标记的最后标注代号"LH"，且与前面用"－"号分开。

公差带代号包括中径公差带代号和顶径公差带代号，中径公差带代号和顶径公差带代号由表示公差等级的数字和字母组成。大写字母代表内螺纹，小写字母代表外螺纹。顶径是指外螺纹的大径和内螺纹的小径，若两组公差带相同，则只写一组。表示内、外螺纹旋合时，内螺纹公差带在前、外螺纹公差带在后，中间用"/"分开。在特定情况下，中等公差精度螺纹不标注公差带代号（内螺纹：5H，公称直径小于和等于 1.4 mm 时；6H，公称直径大于和等于 1.6 mm 时。外螺纹：6h，公称直径小于和等于 1.4 mm 时；5h，公称直径大于和等于 1.6 mm 时。）

普通螺纹的旋合长度分为短、中、长 3 组，其代号分别是 S、N、L。若是中等旋合长度，则其旋合代号 N 可省略。

螺纹标记举例：

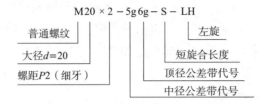

（二）梯形螺纹的标注（GB/T 5796.4—2005）

梯形螺纹的完整标记由螺纹特征代号、尺寸代号、公差带代号及旋合长度代号四部分组成。具体的标记格式分下列两种情况。

单线梯形螺纹代号：

|特征代号|公称直径|×|螺距|旋向|－|中径公差带代号|－|旋合长度代号|

多线梯形螺纹代号：

|特征代号|公称直径|×|导程（P 螺距）|旋向|－|中径公差带代号|－|旋合长度代号|

例如：

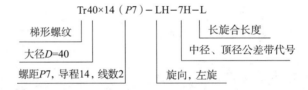

梯形螺纹代号注写时应注意：

（1）梯形螺纹的牙型代号为"Tr"。左旋螺纹的旋向代号为"LH"，若为左旋螺纹，则必须标注旋向；若为右旋，则省略不标旋向。

（2）梯形螺纹的旋合长度分为中（N）和长（L）两组。当旋合长度为中等（N）时，省略代号"N"标记。

（三）55°管螺纹的标注

55°管螺纹为英制螺纹，分为55°非密封管螺纹和55°密封管螺纹两种类型，其中55°非密封管螺纹特指牙型角为55°、螺纹副本身不具有密封性的圆柱管螺纹；55°密封管螺纹特指牙型角为55°、螺纹副本身具有密封性的圆柱内螺纹、圆锥外螺纹（GB/T 7306.1—2000）和螺纹副本身具有密封性的圆锥内螺纹、圆锥外螺纹（GB/T 7306.2—2000）。

1. 55°非密封的圆柱管螺纹（GB/T 7307—2001）

55°非密封管螺纹的圆柱管螺纹的标记由螺纹特征代号、尺寸代号和公差等级代号组成。标记方法如下：

|螺纹特征代号|尺寸代号|公差等级代号|

55°非密封的内、外圆柱管螺纹特征代号为"G"，尺寸代号格式为国家标准中规定的分数和整数，单位为英寸，该数不是表示螺纹的大径，而是指加工有管螺纹的管孔直径。圆柱管螺纹采用引线标注，用引线将螺纹标记内容指在管螺纹大径上。55°非螺纹密封的外管螺纹公差等级代号分为 A、B 两个等级，标注在尺寸代号后面，对内螺纹不标记公差等级代号。例如，尺寸代号为 2 的右旋圆柱内螺纹的标记为 G2，尺寸代号为 3 的 A 级右旋圆柱外

螺纹的标记为 G3A。

当螺纹为左旋时，应在外螺纹的公差等级代号或内螺纹的尺寸代号之后加注"LH"。例如，尺寸代号为 3 的 A 级左旋圆柱外螺纹的标记为 G3A LH。

2. 55°密封管螺纹（GB/T 7306.1—2000、GB/T 7306.2—2000）

55°密封管螺纹的管螺纹标记由螺纹特征代号和尺寸代号组成。标记方法如下：

$$\boxed{螺纹特征代号}\boxed{尺寸代号}$$

圆柱内螺纹特征代号为 R_p；与圆柱内螺纹相配合后圆锥外螺纹特征代号为 R_1；表示螺纹副时，螺纹的特征代号为 R_p/R_1，前面为内螺纹的特征代号，后面为外螺纹的特征代号，中间用斜线分开。

圆锥内螺纹特征代号为 R_c；与圆锥内螺纹相配合后圆锥外螺纹特征代号为 R_2；表示螺纹副时，螺纹的特征代号为 R_c/R_2，前面为内螺纹的特征代号，后面为外螺纹的特征代号，中间用斜线分开。

尺寸代号格式为国家标准中规定的分数和整数，单位为英寸，标注时采用引线标注，用引线将螺纹标记内容指在管螺纹大径上。例如，尺寸代号为 3 的右旋圆锥外螺纹（与圆柱内螺纹相配合）的标记为 $R_1$3，尺寸代号为 3 的右旋圆锥外螺纹（与圆锥内螺纹相配合）的标记为 $R_2$3。

当螺纹为左旋时，应在尺寸代号之后加注"LH"。例如，尺寸代号为 3/4 的左旋圆柱内螺纹的标记为 R_p3/4 LH，尺寸代号为 3/4 的左旋圆锥内螺纹的标记为 R_c3/4 LH。

（四）常用螺纹标注示例

常用螺纹的种类、牙型代号与标注见表 5-4。

表 5-4 常用螺纹的种类、牙型代号与标注

螺纹分类		标注示例	特征代号	标注的含义
连接螺纹	普通螺纹 粗牙普通螺纹	M20-5g6g-40-LH	M	普通粗牙螺纹，公称直径为 20 mm，中径公差带代号为 5g，顶径公差带代号为 6g，旋合长度 40 mm，LH 表示左旋
	细牙普通螺纹	M36×2-6g	M	普通细牙螺纹，公称直径为 36 mm，螺距为 2 mm，中径、顶径公差带代号为 6g，右旋（省略标注），中等旋合长度（省略标注）
	细牙普通螺纹	M36×2-6H	M	普通细牙螺纹，公称直径为 36 mm，螺距为 2 mm，中径顶径公差带代号为 6H，中等旋合长度（省略标注）右旋（省略标注）

续表

螺纹分类		标注示例	特征代号	标注的含义
连接螺纹	普通螺纹	内外螺纹旋合标注 (M36×2-6H/6g)	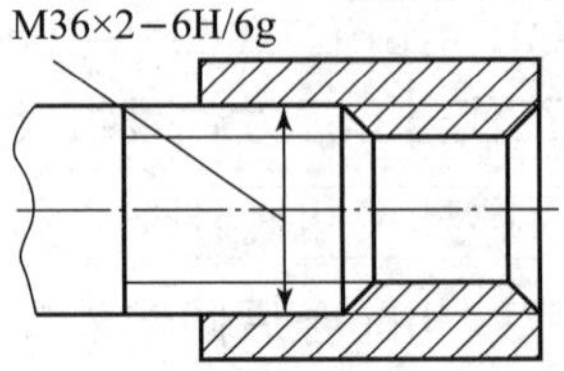 M	内、外螺纹均为普通细牙螺纹，公称直径为 36 mm，螺距 2 mm，内、外螺纹配合公差带代号为 6H/6g
		非螺纹密封的管螺纹 (G1/A, G1)	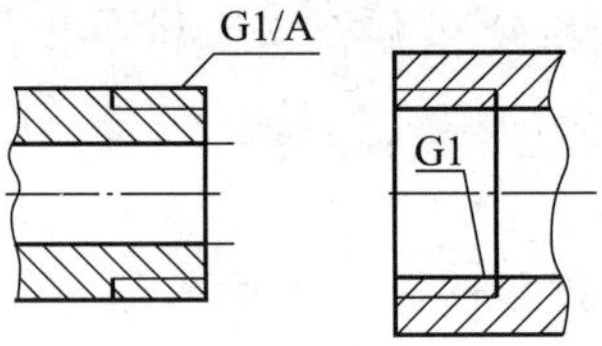 G	非螺纹密封的管螺纹，管口通径尺寸代号为 1，外螺纹公差等级为 A
		用螺纹密封的管螺纹 ($R_2 3/4$, $R_c 3/4$)	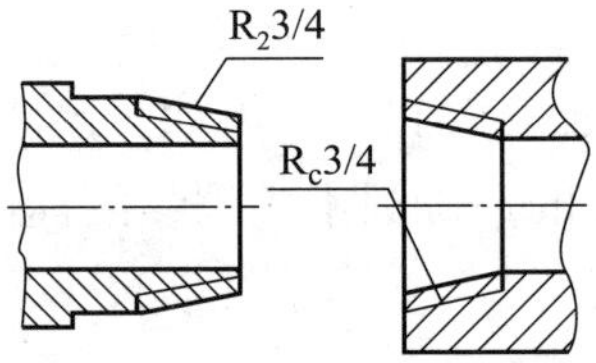 R_2 R_c	用螺纹密封的管螺纹，管口通径尺寸代号为 3/4，内外螺纹均为圆锥螺纹
传动螺纹		梯形螺纹 ($T_r 40×14(P7)-6e$)	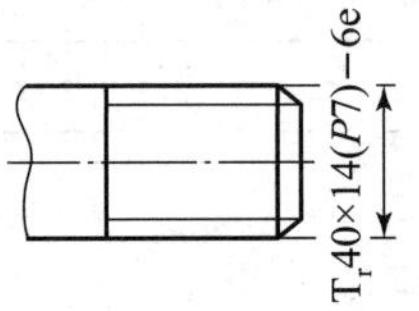 T_r	梯形螺纹，公称直径为 40 mm，导程为 14 mm，螺距为 7 mm，线数 2，右旋（省略标注），中径公差带代号为 6e，中等旋合长度（省略标注）
		锯齿形螺纹 (B40×7LH-7A)	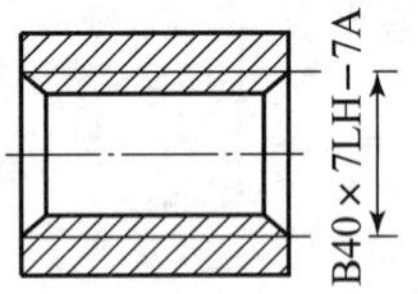 B	锯齿形螺纹，公称直径为 40 mm，单线螺纹螺距为 7 mm，左旋，中径公差带代号为 7A，中等旋合长度（省略标注）

五、螺纹紧固件及其连接画法

（一）常用螺纹紧固件的种类和标记

通过螺纹起连接作用的零件称为螺纹紧固件，也称螺纹连接件，常用的有螺栓、螺柱（也称双头螺柱）、螺钉、垫圈、螺母等，如图 5-17 所示。

螺纹紧固件的结构形式很多，它们的结构、尺寸都已标准化，使用时可从相应的标准中查出所需的结构尺寸。常用螺纹紧固件的视图和规定标记示例见表 5-5。

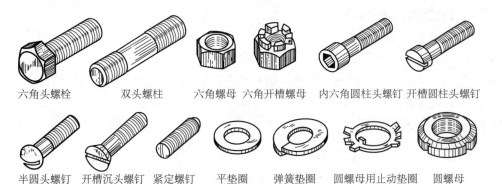

图 5-17 常用的螺纹紧固件

表 5-5 常用的螺纹紧固件的标记示例

名称及国标号	图例	标记及说明
六角头螺栓 A级和B级 GB/T 5782—2000		螺栓 GB/T 5782 M10×60 表示A级六角头螺栓,螺纹规格为M10,公称长度 $l=60$ mm
双头螺柱 ($b_m = d$) GB/T 897—1988		螺栓 GB/T 897 M10×50 表示B型双头螺柱,两端均为粗牙普通螺纹,规格是M10,公称长度 $l=50$ mm
开槽沉头螺钉 GB/T 68—2016		螺钉 GB/T 68 M10×60 表示开槽沉头螺钉,螺纹规格为M10,公称长度 $l=60$ mm
开槽长圆柱端 紧定螺钉 GB/T 75—2018		螺钉 GB/T 75 M5×25 表示长圆柱端紧定螺钉,螺纹规格为M5,公称长度 $l=25$ mm
1型六角螺母 A级和B级 GB/T 6170—2015		螺母 GB/T 6170 M12 表示A级1型六角螺母,螺纹规格为M12
平垫圈 A级 GB/T 97.1—2002		垫圈 GB/T 97.1 12-140 HV 表示A级平垫圈,公称尺寸(螺纹规格)为12 mm,性能等级为140 HV级
标准型弹簧垫圈 GB/T 93—1987		垫圈 GB/T 93 20 20表示标准弹簧垫圈的规格(螺纹大径是20 mm)

(二)螺纹紧固件及其连接画法

1. 螺纹紧固件画法

螺纹紧固件画法通常有两种画法:查表法和比例法。

通过查表获得螺纹紧固件各个参数,按照参数进行画图的方法,称为查表法。

将螺纹紧固件各部分尺寸用与公称直径(d、D)的不同比例画出的方法,称为比例法。采用比例法绘制螺纹紧固件,如图5-18所示。

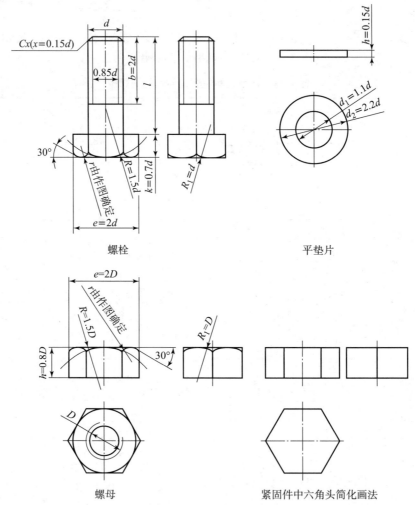

图 5-18 螺纹紧固件画法

2. 螺纹紧固件连接画法

常见的螺纹紧固件连接形式有螺栓连接、双头螺柱连接和螺钉连接。螺纹连接件是标准件,一般不画零件图,只画装配图。

连接图的画法应符合装配图画法中的基本规定。

两零件的接触表面只画一条粗实线;凡不接触表面,无论间隙大小,在图上均应画出间隙,间隙过小时应按夸大画法画出。

相邻两个零件的剖面线方向应相反,或方向一致但间隔有明显不同。同一零件在各个剖视图中的剖面线方向与间隔应一致。

当剖切平面通过螺纹连接件的轴线时，如螺栓、螺钉、螺柱、螺母、垫圈、销、键、球及轴等零件均按未剖绘制。若有特殊要求，则可采用局部剖视。弹簧垫圈的斜槽可用与螺杆轴线成30°角的两条平行线表示，如图5-21所示。

采用简化画法表示时，螺纹紧固件的工艺结构（倒角、退刀槽、缩颈、凸肩等）均可省略不画，不穿通螺孔的钻孔深度也可不表示，仅按有效螺纹部分的深度画出。

1) 螺栓连接的画法

螺栓连接用于连接两个不太厚并容易钻出通孔的零件。螺栓连接就是将螺栓的杆身穿过两个被连接件的通孔，套上垫圈，再用螺母拧紧，使两个零件连接在一起的一种连接方式。紧固件的画法提倡采用比例法绘制，即以螺栓上螺纹公称直径（大径 d）为基准，其余各部分的结构尺寸均按与公称直径成一定比例关系绘制，倒角省略不画，如图5-19所示。螺栓连接的简化画法如图5-20所示。

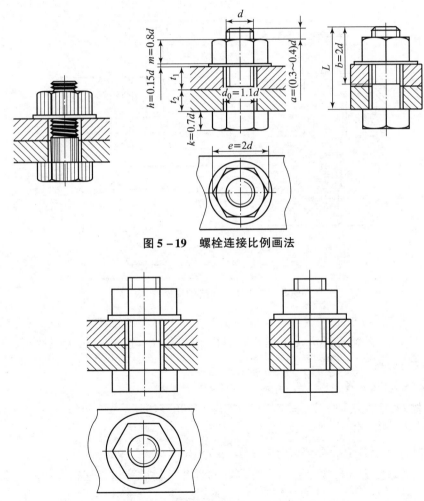

图5-19 螺栓连接比例画法

图5-20 螺栓连接简化画法

画图时首先根据螺栓连接件的厚度和螺栓的大径，从有关标准中查出螺栓、螺母、垫圈的相关尺寸，螺栓的有效长度 L 应按下式估算：

有效长度 $L \approx$ 被连接件的厚度 (t_1+t_2) + 垫圈厚度$(h=0.15d)$ + 螺母厚度$(m \approx 0.8d)$ + 螺

栓伸出螺母的长度$[a=(0.3~0.4)d]$

根据上式估算出螺栓长度，再从相应的螺栓标准所规定的长度系列中选取接近的标准长度。

为了保证成组多个螺栓装配方便，不因上、下板孔间距误差造成装配困难，被连接零件上的孔径一般比螺纹大径大些，画图时按 $1.1d$ 画出。同时，螺栓上的螺纹终止线应低于通孔的顶面，以显示拧紧螺母时有足够的螺纹长度。

2）螺柱连接的画法

双头螺柱连接一般用于被连接件之一比较厚或不允许加工成通孔，不便使用螺栓连接，或者拆卸频繁，不宜使用螺钉连接的场合。螺柱连接的比例画法如图 5 - 21 所示。

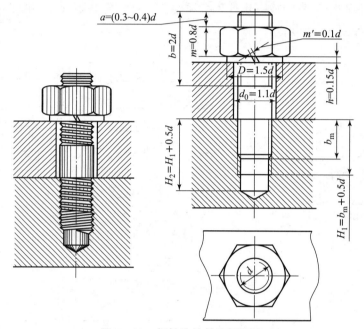

图 5 - 21　螺柱连接的比例画法

连接前，上方零件加工成通孔（一般为 $1.1d$），下方零件先加工一直径约为 $0.85d$ 的光孔，孔深为 $H_1 + d$，然后在孔内加工螺纹，螺孔深度为 $H_1 + 0.5d$，H_1 为螺柱旋入端的长度，由被旋入零件的材料决定。

(1) 当材料为钢或青铜时，$H_1 = d$（GB/T 897—1988）。

(2) 当材料为铸铁时，$H_1 = 1.25d$（GB/T 898—1988）或 $H_1 = 1.5d$（GB/T 899—1988）。

(3) 当材料为铝合金等轻金属时，$H_1 = 2d$（GB/T 900—1988）。

连接时，将螺柱旋入端完全旋入下方零件的螺孔，然后穿过被连接零件的通孔，套上垫圈，再拧紧螺母。

双头螺柱的有效长度 L 应按下式估算：

螺柱长度 $L \approx$ 被连接件的厚度（t_1）+ 垫圈厚度（$h \approx 0.15d$）+ 螺母厚度（$m \approx 0.8d$）+ 螺柱伸出螺母的长度 $(0.3~0.4)d$

根据上式计算出螺柱长度后，再从螺柱标准中选取接近的标准值。

画图时应注意：
（1）螺柱旋入端的螺纹终止线应与结合面平齐，以示拧紧。
（2）结合面以上部位的画法与螺栓连接一样。
（3）弹簧垫圈常采用比例画法：$D=1.5d$，厚度 $s=0.15d$，槽宽 $m'=0.1d$，垫圈开槽方向与水平成左斜 $60°$。

3）螺钉连接的画法

螺钉连接用于受力不大，不经常拆卸的场合。螺钉按其用途分为连接螺钉和紧定螺钉。

连接螺钉用来连接受力不大，又不需要经常拆卸的零件连接中，其画法如图 5-22 所示。

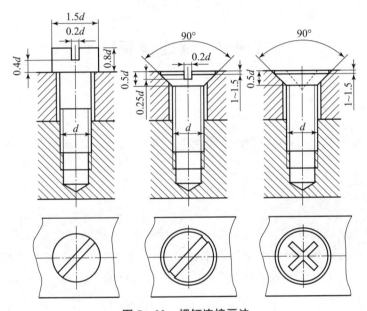

图 5-22 螺钉连接画法

螺钉连接的有效长度 L 应按下式计算：
$$螺钉长度 L \approx 被连接件的厚度（t_1）+ 螺钉旋入端的长度（H_1）$$
根据上式计算出螺钉长度后，再从螺钉标准中选取接近的标准值。

画螺钉连接装配图时注意以下两点。

（1）在螺钉连接中的螺纹终止线应高于两个被连接零件的接合面，表示螺钉有拧紧的余地，保证连接紧固，或者在螺杆的全长上都有螺纹。

（2）具有沟槽的螺钉头部，在主视图中应被放正，在俯视图中规定画成 45° 倾斜，不和主视图保持投影关系。当槽口的宽度小于 2 mm 时，槽口投影可涂黑。

紧定螺钉连接用于防止两个相配合零件之间产生相对运动，在机器和仪器中应用较广泛。

紧定螺钉也是经常使用的一种螺钉，常用类型有内六角锥端、平端、圆柱端、开槽锥端等。

紧定螺钉连接的画法如图 5-23 所示。

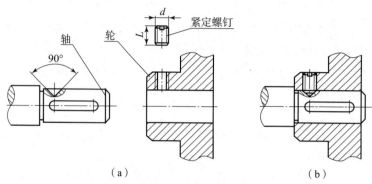

图5-23 紧定螺钉连接的画法
(a) 连接前；(b) 连接后

任务2 键连接画法

☑ 任务引入

按要求完成《机械制图基础训练与任务书》中"任务2：键连接画法——任务实施"键连接装配画法。

☑ 任务目标

（1）掌握键及键连接分类、普通平键连接画法、半圆键的连接画法和钩头楔键连接画法、轴和轮毂上键槽的画法和尺寸标注、平键连接的几何尺寸、平键和键槽配合尺寸公差、键槽几何公差与表面粗糙度等基本知识，培养键及键连接选用、键连接画法及标注等基础应用能力。

（2）掌握花键连接的特点、矩形花键的主要参数和定心方式、矩形花键的画法与标注、矩形花键的连接尺寸公差、矩形花键连接的几何公差和表面粗糙度，培养花键连接选用、花键连接装配画法及其标注等基础应用能力。

（3）根据《机械制图基础训练与任务书》中"任务2：键连接画法——任务实施"要求，完成普通平键连接装配画法。

☑ 知识点导学

1. 键及键连接分类

键连接包括平键连接和花键连接，键可分为平键、半圆键、切向键、楔键和花键等几种，其中平键又可分为普通平键和导向平键两种，楔键又可分为普通楔键和钩头楔键两种，花键分为矩形花键和渐开线花键两种。

2. 普通平键连接

普通平键连接是一种可拆连接，普通平键应用最广，按形式不同可分为A型、B型和C型。普通平键的标记格式和内容为：标准代号　键　型式代号　宽度×长度。

(1) 普通平键与半圆键的连接画法：键的两个侧面与轴和轮毂接触，键的底面与轴接触，均画一条线；键的顶面为非工作面，与轮毂有间隙，应画成两条线。

(2) 钩头楔键的连接画法：钩头楔键的顶面和底面分别与轮毂和轴连接，均应画成一条线，而两个侧面有间隙，应画出两条线。

(3) 轴和轮毂上键槽的画法和尺寸标注：键和键槽的尺寸按国家标准规定参数绘制。

3. 平键连接的尺寸公差与配合（仅作认知相求，相关基础知识将在后续任务讲述）

(1) 平键连接的几何尺寸：按规定格式查表标注。

(2) 平键连接配合公差：键与键槽宽度的配合采用基轴制，根据国家标准规定，键的宽度规定 1 种公差带 h9，对轴和轮毂键槽的宽度各规定 3 种公差带，以满足各种用途的需要；平键高度 h 的公差带一般采用 h11；平键长度 L 的公差带采用 h14，轴键槽长度上的公差带采用 H14。

4. 键槽几何公差与表面粗糙度（仅作认知相求，相关基础知识将在后续任务讲述）

分别规定轴键槽宽度的中心平面对轴的基准轴线和轮毂键槽宽度的中心平面对孔的基准轴线的对称度公差，对称度公差等级可为 7～9 级，公差值可从相应国家标准中选取。键和键槽的表面粗糙度参数 Ra 的上限值：配合表面取为 1.6～6.3 μm，非配合表面取为 12.5 μm。

5. 花键连接

根据花键的键的形状，花键可分为矩形花键、渐开线花键和三角形花键，其中矩形花键被广泛应用。

6. 矩形花键的主要参数和定心方式

(1) 主要参数：矩形花键的主要参数为大径 D、小径 d、键宽和键槽宽 B，键数规定为偶数，有 3 种，即 6、8、10。

(2) 定心方式：矩形花键的定心方式有 3 种，即按大径 D 定心、按小径 d 定心和按键宽 B 定心。

7. 矩形花键的画法与标注

(1) 矩形外花键的画法：在平行和垂直于花键轴线的投影面的视图中，外花键的大径 D 用粗实线绘制，小径 d 用细实线绘制。工作长度 L 的终止线和尾部末端用细实线绘制。尾部一般用倾斜于轴线 30°的细实线绘制。

(2) 矩形内花键的画法：在内花键的剖视图中，大径 D、小径 d 均用粗实线绘制。在垂直于轴线的剖视图中，可画出部分齿形；未画齿处，大径用细实线圆表示，小径用粗实线圆表示；也可画出全部齿形。

(3) 矩形花键的标注：内花键的大径 D、小径 d、键宽 B 可采用一般尺寸的注法，也可采用由大径处引线，并写出花键代号的注法。

(4) 矩形花键连接画法与标注：花键连接用剖视图表示，其连接部分按外花键的画法画出并进行标注。

8. 矩形花键连接尺寸公差与配合（仅作认知要求，相关基础知识将在后续任务讲述）

矩形花键连接的公差与配合分为两种情况：一种为一般用途矩形花键，另一种为精密传动用矩形花键，其公差按国家标准规定选用。

9. 矩形花键连接的几何公差和表面粗糙度（仅作认知要求，相关基础知识将在后续任

务讲述)

（1）几何公差：几何公差若是规定位置度公差，则应注意键宽的位置度公差与小径定心表面的尺寸公差关系均应符合最大实体要求；若是规定对称度公差，则应注意键宽的对称度公差与小径定心表面的尺寸公差关系遵守独立原则。

（2）表面粗糙度：内花键的小径表面不大于 0.8 μm，键侧面不大于 3.2 μm，大径表面不大于 6.3 μm。外花键的小径表面不大于 0.8 μm，键侧面不大于 0.8 μm，大径表面不大于 3.2 μm。

相关知识

键连接包括平键连接和花键连接，键连接是一种被广泛用作轴和轴上传动件（如齿轮、带轮、链轮、联轴器等）之间的可拆连接，用以传递转矩，有时也用作轴上传动件的导向，如变速箱中变速齿轮花键孔与花键轴的连接。键可分为平键、半圆键、切向键、楔键和花键等几种，其中平键又可分为普通平键和导向平键两种，楔键又可分为普通楔键和钩头楔键两种，花键分为矩形花键和渐开线花键两种。花键连接与单键连接相比较，前者的强度高，承载能力强。渐开线花键连接与矩形花键连接相比较，前者的强度更高、承载能力更强，并且具有精度高、齿面接触良好、能自动定心、加工方便等优点。

一、普通平键连接

普通平键连接是一种可拆连接，普通平键主要用于轴和轴上的零件（如带轮、齿轮等）之间的连接，起着传递扭矩的作用。将键嵌入轴上的键槽中，再将带有键槽的齿轮装在轴上，当轴转动时，因为键的存在，齿轮就与轴同步转动，达到传递动力的目的，如图 5-24 所示。

图 5-24 平键连接

键为标准件，键的种类很多，常用的有普通平键、半圆键和钩头楔键，其中普通平键应用最广，按型式不同可分为 A 型、B 型和 C 型，如图 5-25 所示。

普通平键的标记格式和内容为：

标准代号　键　型式代号　键宽×键高×长度

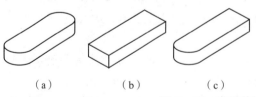
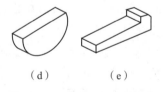

图 5-25 常用单键

(a) 普通平键 A 型；(b) 普通平键 B 型；(c) 普通平键 C 型；(d) 半圆键；(e) 钩头楔键

A 型可省略型式代号，而 B 型和 C 型均要注出型号。例如：宽度 $b=18$ mm、高度 $h=11$ mm、长度 $L=100$ mm 的圆头普通平键（A 型），其标记是：GB/T 1096　键 $18\times11\times100$。

宽度 $b=18$ mm、高度 $h=11$ mm、长度 $L=100$ mm 的普通 B 型平键的标记为：GB/T 1096　键 B $18\times11\times100$。

（一）普通平键与半圆键的连接画法

普通平键和半圆键都是以两侧面为工作面，起传递转矩的作用。在键连接画法中，键的两个侧面与轴和轮毂接触，键的底面与轴接触，均画一条线；键的顶面为非工作面，与轮毂有间隙，应画成两条线，见表5–6。

表5–6 普通平键与半圆键的型式、标记和连接画法

名称及标准	型式、尺寸与标记	连接画法
普通平键A型 GB/T 1096—2003	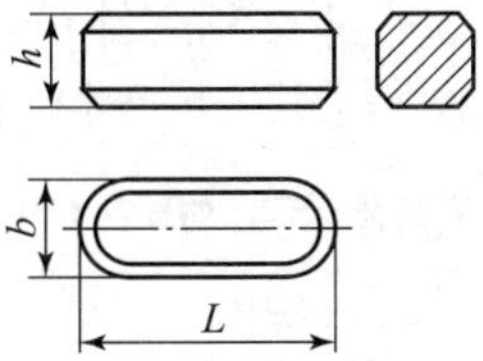 GB/T 1096 键 $b \times h \times L$	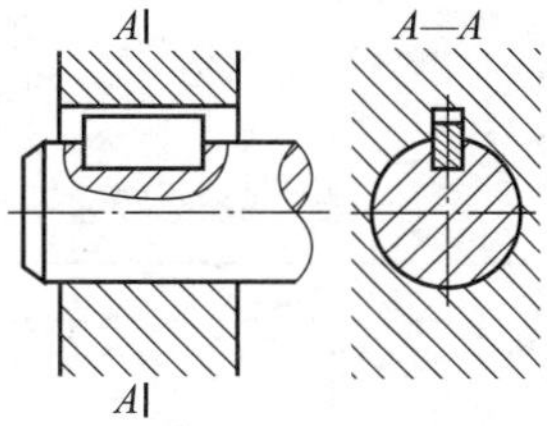
半圆键 GB/T 1099.1—2003	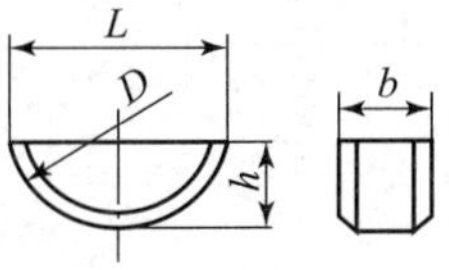 GB/T 1099.1 键 $b \times h \times D$	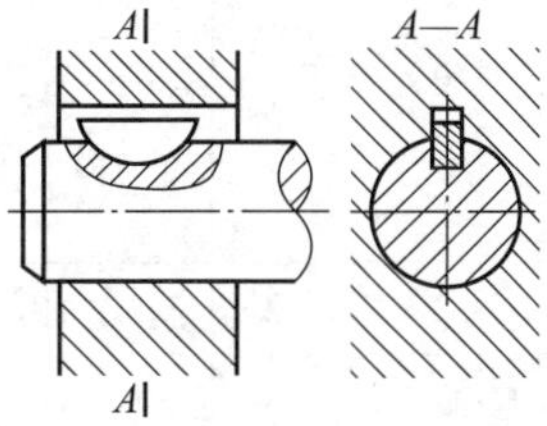

（二）钩头楔键的连接画法

钩头楔键顶面为1∶100的斜面，用于静连接，利用键的顶面与底面使轴上零件固定，装配时打入键槽，靠顶面和底面与轮和轴键槽底面的挤压摩擦力同时传递转矩和承受轴向力。在连接画法中，钩头楔键的顶面和底面分别与轮毂和轴连接，均应画成一条线，而两个侧面有间隙，应画出两条线，见表5–7。

表5–7 钩头楔键的型式、标记和连接画法

名称及标准	型式、尺寸与标记	连接画法
钩头楔键 GB/T 1565—2003	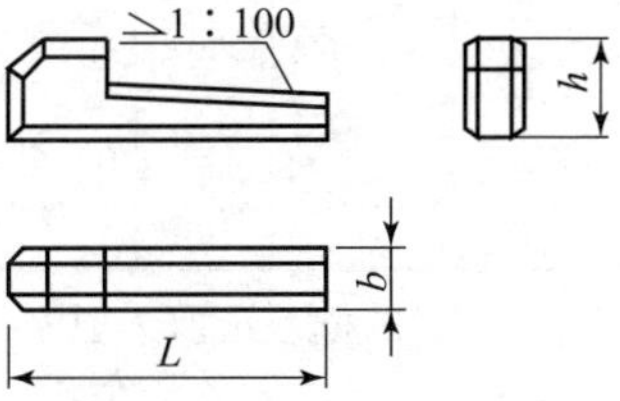 GB/T 1565 键 $b \times L$	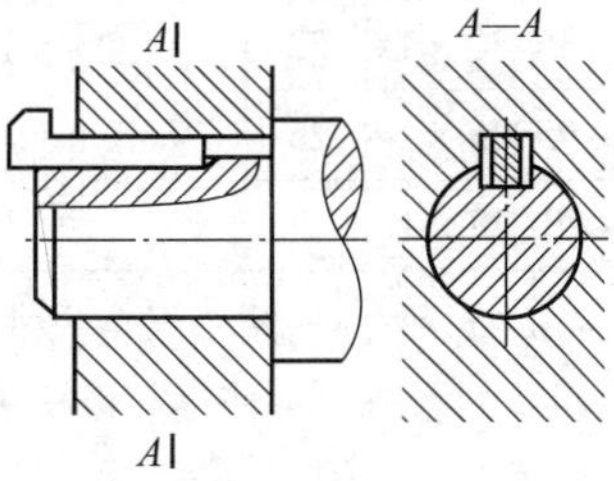

(三) 轴和轮毂上键槽的画法与尺寸标注

轴和轮毂上键槽的画法与尺寸标注如图 5-26 所示。键和键槽的尺寸可以从表 5-8 的国家标准中查出。

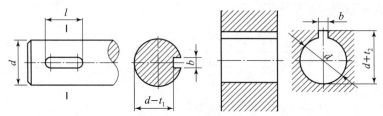

图 5-26 轴和轮毂上键槽的画法与尺寸标注

表 5-8 普通平键的键槽剖面尺寸及极限公差（摘自 GB/T 1095—2003） mm

轴	键	键槽										
		宽度 b					深度				半径 r	
公称直径 d	公称尺寸 $b \times h$	公称尺寸 b	偏差				轴 t_1		毂 t_2			
			松连接		正常连接		紧密连接	公称尺寸	极限偏差	公称尺寸	极限偏差	min	max
			轴 H9	毂 D10	轴 N9	毂 JS9	轴和毂 P9						
≤6~8	2×2	2	+0.025 0	+0.060 +0.020	−0.004 −0.029	±0.012 5	−0.006 −0.031	1.2	+0.10 0	1.0	+0.10 0	0.08	0.16
>8~10	3×3	3						1.8		1.4			
>10~12	4×4	4	+0.030 0	+0.078 +0.030	0 −0.030	±0.015	−0.012 −0.042	2.5		1.8		0.16	0.25
>12~17	5×5	5						3.0		2.3			
>17~22	6×6	6						4.0		2.8			
>22~30	8×7	8	+0.036 0	+0.098 +0.040	0 −0.036	±0.018	−0.015 −0.051	4.0		3.3			
>30~38	10×8	10						5.0		3.3			
>38~44	12×8	12	+0.043 0	+0.120 +0.050	0 −0.043	±0.021 5	−0.018 −0.061	5.0	+0.20 0	3.3	+0.20	0.25	0.40
>44~50	14×9	14						5.5		3.8			
>50~58	16×10	16						6.0		4.3			
>58~65	18×11	18						7.0		4.4			
>65~75	20×12	20	+0.052 0	+0.149 +0.065	0 −0.052	±0.026	−0.022 −0.074	7.5		4.9		0.40	0.60
>75~85	22×14	22						9.0		5.4			
>85~95	25×14	25						9.0		5.4			
>95~110	28×16	28						10.0		6.4			

注：$d-t_1$ 和 $d+t_2$ 两个组合尺寸的偏差按相应的 t_1 和 t_2 的偏差选取，但 $d-t_1$ 偏差值应取负号。为了限制几何误差的影响，不使键与键槽装配困难和工作面受力不均等，在国家标准中，对轴槽和轮毂槽的轴线的对称度公差作了规定。根据键槽宽 b，一般按 GB/T 1184—1996《形状和位置公差 未注公差值》中对称度 7~9 级选取。

二、平键连接的尺寸公差与配合

(一) 平键连接的几何尺寸

平键连接由键、轴键槽和轮毂键槽三部分组成,通过键的侧面与轴键槽及轮毂键槽的侧面相互接触来传递转矩,如图5-27所示。在平键连接中,键和轴键槽、轮毂键槽的宽度 b 是配合尺寸,应规定较严的公差;而键的高度 h 和长度 L 以及轴键槽的深度 t_1 皆是非配合尺寸,应给予较松的公差。

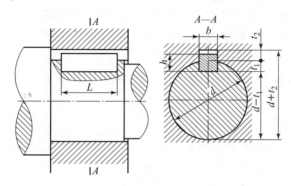

图 5-27 平键连接的几何尺寸

(二) 平键连接配合公差认知

1. 平键和键槽配合尺寸公差(相关基础知识将在后续任务书讲述)

平键连接中,键由型钢制成,是标准件,因此键与键槽宽度的配合采用基轴制。国家标准规定按轴径确定键和键槽尺寸,公差可从国家标准(GB/T 1801—2003《产品几何技术规范(GPS)极限与配合 公差带和配合的选择》)中选取。根据国家标准规定,键的宽度规定一种公差带 h9,对轴和轮毂键槽的宽度各规定 3 种公差带,以满足各种用途的需要。平键宽度和键槽宽度配合公差及其应用见表 5-9。

表 5-9 平键宽度和键槽宽度配合公差及其应用

配合种类	尺寸 b 的公差			配合性质及应用
	键	轴槽	轮毂槽	
较松连接	h9	H9	D10	键在轴上及轮毂中均能滑动。主要用于导向平键,轮毂可在轴上做轴向移动
一般连接	h9	N9	JS9	键在轴上及轮毂中均固定,用于载荷不大的场合
较紧连接	h9	P9	P9	键在轴上及轮毂中均固定,而比上两种配合更紧。主要用于载荷较大、载荷具有冲击性以及双向传递扭矩的场合

2. 平键和键槽非配合尺寸公差(相关基础知识将在后续任务中讲述)

平键高度 h 的公差带一般采用 h11。截面尺寸为 2 mm×2 mm~6 mm×6 mm 的 B 型平键,由于其宽度和高度不易区分,故这种平键高度的公差带亦采用 h9。平键长度 L 的公差带采用 h14。轴键槽长度上的公差带采用 H14，轴键槽深度 t_1 和轮毂键槽深度 t_2 的极限偏差由国家标准专门规定。为了便于测量，在图样上对轴键槽深度和轮毂键槽深度分别标注"$d-t_1$"和"$d+t_2$"（此处 d 为轴的公称尺寸，等于孔的公称尺寸）。

（三）键槽几何公差与表面粗糙度认知

1. 键槽的几何公差（相关基础知识将在后续任务中讲述）

键与键槽配合的松紧程度不仅取决于它们的配合尺寸公差，还与它们配合表面的几何误差有关，因此应分别规定轴键槽宽度的中心平面对轴的基准轴线和轮毂键槽宽度的中心平面对孔的基准轴线的对称度公差。该对称度公差与键槽宽度的尺寸公差及孔、轴尺寸公差的关系可以采用独立原则或最大实体要求。键槽对称度公差采用独立原则时，应使用普通计量器具测量；键槽对称度公差采用最大实体要求时，应使用位置量规检验。对称度公差等级可为 7~9 级，公差值可从相应国家标准 GB/T 1184—1996《形状和位置公差 未注公差值》中选取。

2. 键槽的表面粗糙度

键和键槽的表面粗糙度参数 Ra 的上限值一般按如下范围选取：配合表面取 1.6~6.3 μm，非配合表面取 12.5 μm。

（四）平键键槽尺寸和公差标注认知

平键键槽尺寸和公差标注如图 5-28 所示。

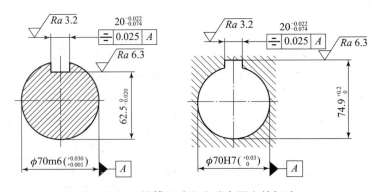

图 5-28 键槽尺寸和公差在图上的标注

三、花键连接

（一）花键连接的特点

花键连接是通过花键孔和花键轴作为连接件以传递扭矩和轴向移动的，与平键连接相比，具有定心精度高、导向性好等优点。同时，由于键数目的增加，键与轴连成一体，轴和轮毂上承受的载荷分布比较均匀，因此可以传递较大的扭矩，连接强度高，连接也更可靠。花键可用作固定连接，也可用作滑动连接，在机械结构中应用较多。根据花键的键的形状，花键可分为矩形花键、渐开线花键和三角形花键，如图 5-29 所示，其中矩形花键被广泛应用。

（二）矩形花键的主要参数和定心方式

国家标准 GB/T 1144—2001《矩形花键尺寸、公差和检验》规定矩形花键的主要参数为

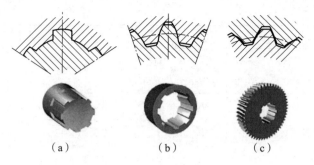

图 5-29 花键类型
(a) 矩形花键；(b) 渐开线花键；(c) 三角形花键

大径 D、小径 d、键宽和键槽宽 B，如图 5-30 所示。为了便于加工和测量，键数规定为偶数，有 3 种，即 6、8、10。按承载能力不同，矩形花键可分为中、轻两个系列。中系列的键高尺寸较大，承载能力强；轻系列的键高尺寸较小，承载能力较低。矩形花键的尺寸系列见表 5-10。

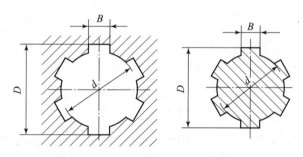

图 5-30 矩形花键的主要参数

表 5-10 矩形花键的尺寸系列

小径 d/mm	轻系列				中系列			
	规格/mm	键数 N/个	大径 D/mm	键宽 B/mm	规格/mm	键数 N/个	大径 D/mm	键宽 B/mm
11					6×11×14×3	6	14	3
13					6×13×16×3.5		16	3.5
16					6×16×20×4		20	4
18					6×18×22×5		22	5
21					6×21×25×5		25	5
23	6×23×26×6	6	26	6	6×23×28×6		28	6
26	6×26×30×6		30	6	6×26×32×6		32	6
28	6×28×32×7		32	7	6×28×34×7		34	7

续表

小径 d/mm	轻系列					中系列			
	规格/mm	键数 N/个	大径 D/mm	键宽 B/mm		规格/mm	键数 N/个	大径 D/mm	键宽 B/mm
32	8×32×36×7	8	36	7		8×32×38×7	8	38	7
36	8×36×40×7		40	7		8×36×42×7		42	7
42	8×42×46×8		46	8		8×42×48×8		48	8
46	8×46×50×9		50	9		8×46×54×9		54	9
52	8×52×58×10		58	10		8×52×60×10		60	10
56	8×56×62×10		62	10		8×56×65×10		65	10
62	8×62×68×12		68	12		8×62×72×12		72	12
72	10×72×78×12	10	78	12		10×72×82×12	10	82	12
82	10×82×88×12		88	12		10×82×92×12		92	12
92	10×92×98×14		98	14		10×92×102×14		102	14
102	10×102×108×16		108	16		10×102×112×16		112	16
112	10×112×120×18		120	18		10×112×125×18		125	18

矩形花键连接的接合面有 3 个，即大径接合面、小径接合面和键侧接合面。要保证 3 个接合面同时达到高精度的配合是很困难的，也无此必要。因此，为了保证使用性质和改善加工工艺，只要选择其中一个接合面作为主要配合面，对其尺寸规定较高的精度，使其作为主要配合尺寸，以确定内、外花键的配合性质，并起定心作用，该表面称为定心表面。矩形花键的定心方式有 3 种：按大径 D 定心、按小径 d 定心和按键宽 B 定心，如图 5-31 所示。GB/T 1144—2001 规定矩形花键连接采用小径定心。

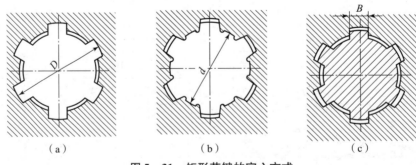

图 5-31 矩形花键的定心方式

(a) 大径 D 定心；(b) 小径 d 定心；(c) 键宽 B 定心

对于起定心作用的尺寸应要求较高的配合精度，非定心尺寸要求可低一些，但对键宽这一配合尺寸，无论是否起定心作用，都应要求较高的配合精度，因为扭矩是通过键和键槽的侧面传递的。

(三) 矩形花键的画法与标注

1. 矩形外花键的画法

如图 5-32 所示,在平行和垂直于花键轴线的投影面的视图中,外花键的大径 D 用粗实线绘制,小径 d 用细实线绘制。工作长度 L 的终止线和尾部末端用细实线绘制。尾部一般用倾斜于轴线 30°的细实线绘制,必要时可按实际情况绘制。在断面图中可剖出部分或全部齿形。在包含轴线的局部剖视图中,小径 d 用粗实线绘制,但大径和小径之间不画剖面线。

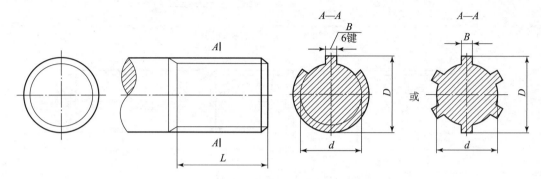

图 5-32 矩形外花键的画法

2. 矩形内花键的画法

如图 5-33 所示,在内花键的剖视图中,大径 D、小径 d 均用粗实线绘制。在垂直于轴线的视图中,可画出部分齿形,未画齿处的大径用细实线圆表示,小径用粗实线圆表示;也可画出全部齿形。

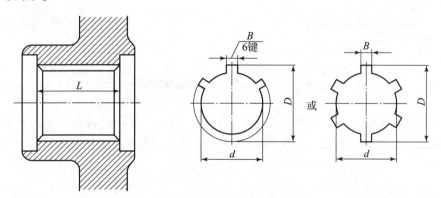

图 5-33 矩形内花键的画法

3. 矩形花键的标注

内花键的大径 D、小径 d 和键宽 B 可采用一般尺寸的注法,如图 5-33 所示;也可采用由大径处引线,并写出花键代号的注法,如图 5-34 所示。外花键的长度 L 的注法有 3 种:注写工作长度 L;注写工作长度 L 和尾部长度;注写工作长度 L 和全长,如图 5-35 所示。

4. 矩形花键连接画法与标注

花键连接用剖视图表示,其连接部分按外花键的画法画出并进行标注,标注如图 5-36 所示。

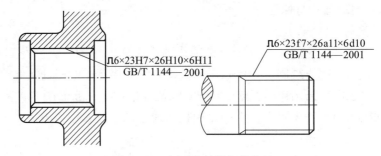

图 5-34　矩形花键的标注方法

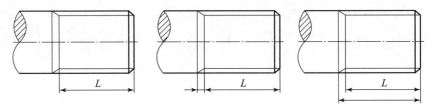

图 5-35　矩形花键长度的标注方法

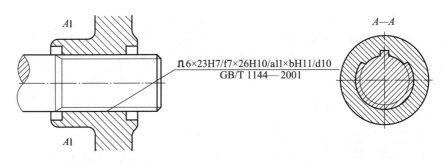

图 5-36　矩形花键连接画法与标注

（四）矩形花键连接尺寸公差（仅作认知要求，相关基础知识将在后续任务中讲述）

　　矩形花键连接的公差与配合分为两种情况：一种为一般用途矩形花键，另一种为精密传动用矩形花键。其内、外花键的尺寸公差见表 5-11。

　　矩形花键连接采用基孔制配合，是为了减少加工与检验内花键用花键拉刀和花键量规的规格和数量。一般用途内花键拉削后再进行热处理，其键（槽）宽的变形不易修正，故公差要降低要求，由 H9 降为 H11。对于精密传动用内花键，当连接要求键侧配合间隙较高时，槽宽公差带选用 H7，一般情况选用 H9。定心直径 d 的公差带，在一般情况下，内、外花键取相同的公差等级。这个规定不同于普通光滑孔、轴的配合。但在有些情况下，内花键允许与提高一级的外花键配合，公差带为 H7 的内花键可以与公差带为 f6、g6、h6 的外花键配合，公差带为 H6 的内花键可以与公差带为 f5、fg、h5 的外花键配合，这主要是考虑矩形花键常用来作为齿轮的基准孔。矩形花键按装配型式分为固定连接、紧滑动连接和滑动连接。固定连接方式用于内、外花键之间无轴向相对移动的情况，而后两种连接方式用于内、外花键之间工作时要求相对移动的情况。由于几何误差的影响，矩形花键各接合面的配合均比预定的要紧。

表 5-11 矩形花键的尺寸公差带（摘自 GB/T 1144—2001）

内花键				外花键			装配型式
d	D	B		d	D	B	
		拉削后不进行热处理	拉削后进行热处理				
一般用途							
H7	H10	H9	H11	f7	a11	d10	滑动
				g7		f9	紧滑动
				h7		h10	固定
精密传动用							
H5	H10	H7、H9		f5	a11	d8	滑动
				g5		f7	紧滑动
				h5		h8	固定
H6				f6		d8	滑动
				g6		f7	紧滑动
				h6		h8	固定

（五）矩形花键连接的几何公差和表面粗糙度（仅作认知要求，相关基础知识将在后续任务中讲述）

1. 几何公差要求

内、外花键是具有复杂表面的接合件，且键长与键宽的比值较大，因此还需有几何公差要求。为保证配合性质，内、外花键的小径定心表面的形状公差和尺寸公差的关系应遵守包容要求。几何公差若是规定位置度公差（见表 5-12），则键宽的位置度公差与小径定心表面的尺寸公差关系均应符合最大实体要求。内、外矩形花键的位置度公差要求的图样标注如图 5-37 所示。

表 5-12 矩形花键位置度公差　　　　　　　　　　　　　　　　mm

键槽宽或键宽 B		3	3.5~6	7~10	12~18
		位置度公差 t_1			
键槽宽		0.010	0.015	0.020	0.025
键宽	滑动、固定	0.010	0.015	0.020	0.025
	紧滑动	0.006	0.010	0.013	0.016

若是规定对称度公差，则键宽的对称度公差与小径定心表面的尺寸公差关系应遵守独立原则。内、外矩形花键的对称度公差的图样标注如图 5-38 所示。

2. 表面粗糙度要求

矩形花键的表面粗糙度参数一般是标注 Ra 的上限值要求。矩形花键的表面粗糙度参数及 Ra 的上限值一般这样选取：内花键的小径表面不大于 0.8 μm，键侧面不大于 3.2 μm，大径表面不大于 6.3 μm；外花键的小径表面不大于 0.8 μm，键侧面不大于 0.8 μm，大径表面不大于 3.2 μm。

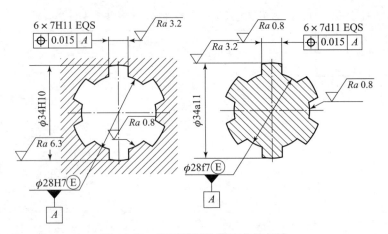

图 5-37 矩形花键位置度公差标注

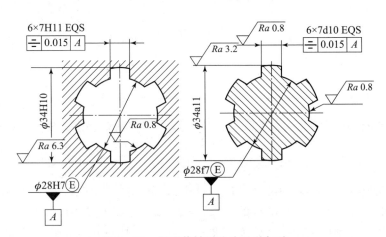

图 5-38 矩形花键对称度公差标注

任务 3　销连接画法

任务引入

在《机械制图基础训练与任务书》中，按要求完成"任务 3：销连接画法——任务实施"销连接装配画法任务。

任务目标

（1）掌握销及销连接分类、销连接画法和尺寸标注等基本知识，培养销及销连接选用、销连接画法及标注等基础应用能力。

（2）根据《机械制图基础训练与任务书》中"任务 3：销连接画法——任务实施"的要求完成圆柱、圆锥销连接装配画法。

知识点导学

1. 销的作用与分类

销主要用来固定零件之间的相对位置，起定位作用，常用的销有圆柱销、圆锥销、开口销等。

2. 销的标记

圆柱销：销　标准代号　类型代号 d m6（或 h8）$\times l$ （GB/T 119.1—2000）。

圆锥销：销　标准代号　类型代号 $d \times l$ （GB/T 117—2000）。

开口销：销　标准代号　类型代号 $d \times l$ （GB/T 91—2000）。

3. 销的连接画法

销的结构尺寸及连接画法见表 5 – 13。

相关知识

一、销的作用与分类

销主要用来固定零件之间的相对位置，起定位作用，也可用于轴与轮毂的连接，传递不大的载荷，还可作为安全装置中的过载剪断元件。常用的销有圆柱销、圆锥销、开口销等，如图 5 – 39 所示。圆柱销和圆锥销可用于连接零件和传递动力，也可在装配时定位。开口销用在螺纹连接的锁紧装置中，以防止螺母松动。销的常用材料为 35 钢、45 钢。

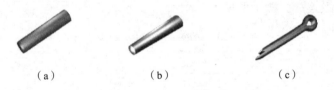

（a）　　　　　　（b）　　　　　　（c）

图 5 – 39　各种常用销

(a) 圆柱销；(b) 圆锥销；(c) 开口销

销有圆柱销和圆锥销两种基本类型，这两类销均已标准化，属于标准件。圆柱销利用微量过盈固定在销孔中，经过多次装拆后，连接的紧固性及精度降低，故只宜用于不常拆卸处。圆锥销有 1∶50 的锥度，装拆比圆柱销方便，多次装拆对连接的紧固性及定位精度影响较小，因此应用广泛。

二、销的标记及连接画法

（一）销的标记

1. 圆柱销

根据国家标准（GB/T 119.1—2000《圆柱销　不淬硬钢和奥氏体不锈钢》）规定，材料为不淬硬钢和奥氏体不锈钢的圆柱销标记如下：销　标准代号　类型代号 d m6（或 h8）$\times l$。

例如：公称直径 $d = 6$ mm，公差为 m6，公称长度 $l = 30$ mm，材料为钢，不经淬火，不经表面处理的圆柱销的标记为：销　GB/T 119.1 6 m6 $\times$ 30。

公称直径 $d=6$ mm，公差为 m6，公称长度 $l=30$ mm，材料为 Al 组奥氏体不锈钢，表面简单处理的圆柱销的标记为：销　GB/T 119.1 6 m6×30 – Al。

根据国家标准（GB/T 119.2—2000《圆柱销 淬硬钢和马氏体不锈钢》）规定，材料为 A 型（普通淬火）和 B 型（表面淬火）马氏体不锈钢的圆柱销标记为：销　标准代号　类型代号 $d×l$。

例如：公称直径 $d=6$ mm，公差为 m6，公称长度 $l=30$ mm，材料为钢，普通淬火（A 型），表面氧化处理的圆柱销标记为：销　GB/T 119.2　6×30。

公称直径 $d=6$ mm，公差为 m6，公称长度 $l=30$ mm，材料为 Cl 组马氏体不锈钢，表面简单处理的圆柱销的标记为：销　GB/T 119.2　6×30 – Cl。

2. 圆锥销

根据国家标准（GB/T 117—2000《圆锥销》）规定，A 型和 B 型的圆锥销标记为：销　标准代号　类型代号 $d×l$。

例如：公称直径 $d=6$ mm，公称长度 $l=30$ mm，材料为 35 钢，热处理硬度为 28～38HRC，表面氧化处理的 A 型圆锥销的标记为：销　GB/T 117 6×30。

3. 开口销

根据国家标准（GB/T 91—2000《开口销》）规定，开口销标记为：销　标准代号　类型代号 $d×l$。

例如：公称直径 $d=5$ mm，公称长度 $l=50$ mm，材料为 Q215 或 Q235，不经表面处理的开口销的标记为：销　GB/T 91 5×50。

（二）销的连接画法

销的结构尺寸及连接画法示例见表 5–13。

表 5–13　销的结构尺寸及连接画法

名称及标准	主要尺寸与标记	连接画法
圆柱销 GB/T 119.1—2000	销GB/T 119.1 d m6（或 h8）×l	
圆锥销 GB/T 117—2000	销GB/T 117 $d×l$	

续表

名称及标准	主要尺寸与标记	连接画法
开口销 GB/T 91—2000	（图：开口销，标注 l、d） 销 GB/T 91 $d×l$	（图：开口销连接画法）

用圆锥销连接或定位的两个零件，它们的销孔是一起加工的，以保证相互位置的准确性。因此，在零件图上除了注明锥销孔的尺寸外，还要注明其加工情况。由于用销连接的两个零件上的销孔通常需一起加工，因此，在图样中标注销孔尺寸一般要注写"配作"，如图 5-40 所示。

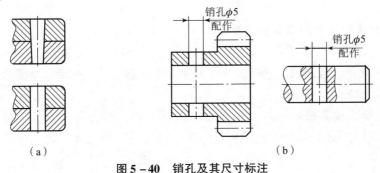

图 5-40 销孔及其尺寸标注
(a) 销孔；(b) 销孔尺寸标注

圆锥销的公称直径是小端直径，在圆锥销孔上需用引线标注尺寸，如图 5-41 所示。圆柱销和销孔、圆锥销和圆锥销孔的过盈配合主要是通过对应型号的铰刀来实现的。

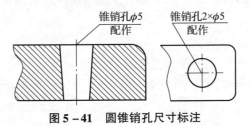

图 5-41 圆锥销孔尺寸标注

任务 4　圆柱直齿齿轮啮合画法

任务引入

根据《机械制图基础训练与任务书》中"任务 4：圆柱直齿齿轮啮合画法——任务实

施"的要求，正确绘制圆柱直齿齿轮啮合图。要求：采用 A4 图纸幅面和 1∶1 比例绘制图形，给出齿轮必要的结构参数，绘制标题栏，标题栏按"简化标题栏"格式绘制。

☑ 任务目标

（1）掌握齿轮的作用和种类、直齿圆柱齿轮各结构名称和代号、直齿圆柱齿轮基本参数及各结构尺寸的计算公式、单个圆柱齿轮及其啮合的规定画法、圆柱齿轮精度选择、齿坯精度和齿轮表面粗糙度等基础知识，培养齿轮结构参数选用、齿轮及齿轮啮合画法、齿轮精度代号标注等基础应用能力。

（2）根据《机械制图基础训练与任务书》中"任务 4：圆柱直齿齿轮啮合画法——任务实施"的要求，完成圆柱直齿齿轮啮合图绘制任务。

☑ 知识点导学

1. 齿轮的作用和种类

齿轮是传递动力、改变速度和方向的零件，常用的有圆柱齿轮、锥齿轮、蜗轮与蜗杆等。

2. 直齿圆柱齿轮各结构名称和代号

齿顶圆用 d_a 表示，齿根圆用 d_f 表示，分度圆用 d 表示，齿高用 h 表示，齿顶高用 h_a 表示，齿根高用 h_f 表示，齿距用 p 表示，齿厚用 s 表示，槽宽用 e 表示，齿宽用 b 表示。

3. 直齿圆柱齿轮基本参数

齿数用 z 表示，模数用 m 表示，节圆直径用 d' 表示，压力角用 α 表示，中心距用 a 表示。模数 m 是设计、制造齿轮的基本参数，模数越大，齿轮越大，因而齿轮的承载能力也越大。

4. 直齿圆柱齿轮各结构尺寸的计算公式（见表 5 – 15）

5. 圆柱齿轮的规定画法

（1）单个圆柱齿轮画法。

齿顶圆和齿顶线用粗实线绘制，分度圆和分度线用点画线绘制，齿根圆和齿根线用细实线绘制（或省略不画）。

（2）直齿圆柱齿轮啮合画法。

一般可以采用两个视图表达，在垂直于圆柱齿轮轴线的投影面的视图中（反映为圆的视图），啮合区内的齿顶圆均用粗实线绘制，分度圆相切，用点画线绘制，啮合区的齿顶圆也可用省略画法。在不反映圆的视图上，啮合区的齿顶线不需要画出，分度线用粗实线绘制，如图 5 – 45 所示。

6. 圆柱齿轮精度选择（仅作认知要求，相关基础知识在后续任务中讲述）

（1）圆柱齿轮精度：国家标准对单个齿轮规定了 13 个精度等级（对于径向综合总偏差和一齿径向综合总偏差，规定了 4~12 共 9 个精度等级），依次用阿拉伯数字 0、1、2、3、…、12 表示。

（2）精度选择：齿轮精度等级的选择方法主要有计算法和类比法两种，一般实际工作中多采用类比法。

(3) 齿坯精度和齿轮表面粗糙度见表 5-18～表 5-20。

(4) 齿轮精度代号标注：在技术文件需叙述齿轮精度要求时应注明 GB/T 10095.1—2008 或 GB/T 10095.2—2008。

相关知识

齿轮是广泛用于机器和部件中的传动零件，其作用是传递动力或改变转速和旋转方向。齿轮的参数中只有模数、压力角已经标准化，因此，它属于常用件。齿轮的种类很多，常用的有圆柱齿轮、锥齿轮、蜗轮与蜗杆等。通常圆柱齿轮用于平行两轴之间的传动；锥齿轮用于相交两轴之间的传动；蜗轮与蜗杆则用于交错两轴之间的传动。常见的齿轮传动如图 5-42 所示。

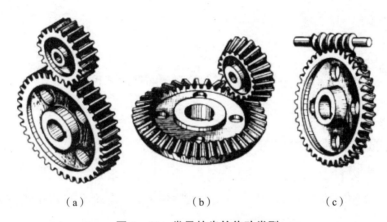

图 5-42 常见的齿轮传动类型

(a) 圆柱齿轮传动；(b) 圆锥齿轮传动；(c) 蜗轮蜗杆传动

齿轮的齿廓曲线有多种，应用最广的是渐开线。圆柱齿轮的轮齿有直齿、斜齿和人字齿等，轮齿又有标准齿与非标准齿之分，具有标准齿的齿轮称为标准齿轮。本节主要介绍渐开线齿形的标准直齿圆柱齿轮的有关知识与规定画法。

一、直齿圆柱齿轮各结构名称和代号

啮合圆柱齿轮各结构名称及其代号如图 5-43 所示。

(1) 齿顶圆。通过齿轮顶部的圆称为齿顶圆，其直径用 d_a 表示。

(2) 齿根圆。通过齿轮根部的圆称为齿根圆，其直径用 d_f 表示。

(3) 分度圆。分度圆是一个约定的假想圆，在该圆上，齿厚 s 等于齿槽宽 e（s 和 e 均指弧长）。分度圆直径用 d 表示，它是设计、制造齿轮时计算各部分尺寸的基准圆。

(4) 齿高。齿顶圆与齿根圆之间的径向距离称为齿高，用 h 表示。$h = h_a + h_f$。

(5) 齿顶高。齿顶圆与分度圆之间的径向距离称为齿顶高，用 h_a 表示。

(6) 齿根高。齿根圆与分度圆之间的径向距离称为齿根高，用 h_f 表示。

(7) 齿距。分度圆上相邻两齿廓对应点之间的弧长，用 p 表示。

(8) 齿厚。一个轮齿在分度圆上的弧长，用 s 表示。

(9) 槽宽。一个齿槽在分度圆上的弧长，用 e 表示。标准齿轮 $s = e = p/2$，$p = s + e$。

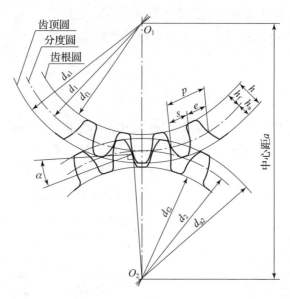

图 5-43 啮合圆柱齿轮各结构名称及其代号

(10) 齿宽。沿齿轮轴线方向量得的轮齿宽度，用 b 表示。

二、直齿圆柱齿轮基本参数

(1) 齿数。齿轮上轮齿的个数，用 z 表示。

(2) 模数。模数用 m 表示，如以 z 表示齿轮的齿数，齿轮上有多少齿，在分度圆周上就有多少齿距，因此分度圆周长 = 齿距 × 齿数，即 $\pi d = zp$，$d = \dfrac{p}{\pi} \cdot z$，如令 $\dfrac{p}{\pi} = m$，则 $d = mz$，所以模数是齿距 p 与圆周率 π 的比值，即 $m = \dfrac{p}{\pi}$，单位为 mm。因为两啮合齿轮的齿距 p 必须相等，所以它们的模数 m 也必须相等。模数 m 是设计、制造齿轮的基本参数，模数越大，齿轮越大，因而齿轮的承载能力也越大。为了便于设计和制造，模数已经标准化，我国规定的标准模数值见表 5-14。

表 5-14 标准模数（GB/T 1357—2008）

第一系列	1，1.25，1.5，2，2.5，3，4，5，6，8，10，12，16，20，25，32，40，50
第二系列	1.125，1.375，1.75，2.25，2.75，3.5，4.5，5.5，(6.5)，7，9，11，14，18，22，28，36，45

注：选用模数时应优先选用第一系列；其次选用第二系列；括号内的模数尽量不用。

(3) 节圆直径。一对啮合齿轮的齿廓在两中心连线 O_1O_2 上的啮合接触点 P 称为节点，过节点 P 的两个圆称为节圆，节圆直径用 d' 表示。齿轮的啮合传动可想象为两个节圆做无滑动纯滚动。一对安装准确的标准齿轮的节圆与分度圆重合。

(4) 压力角。在节点 P 处，两齿廓曲线的公法线（即齿廓的受力方向）与两节圆的内公切线（即节点 P 处的瞬时运动方向）所夹的锐角，称为压力角，用 α 表示，我国采用的压力角一般为 20°。

齿轮的齿数、模数及压力角是决定齿轮传动性能的参数，因此称为齿轮的基本参数。

（5）中心距。平行轴或交叉轴齿轮副的两轴线之间的最短距离称为中心距，中心距用 a 表示。

三、直齿圆柱齿轮各结构尺寸的计算公式

齿轮的基本参数 z、m、α 确定以后，齿轮各部分尺寸可按表 5 – 15 所示的公式计算。

表 5 – 15 直齿标准圆柱齿轮各部分尺寸计算公式

基本参数：模数 m，齿数 z			已知：$m = 2$ mm，$z = 29$
名称	符号	计算公式	计算举例
齿距	p	$p = m\pi$	$p = 6.28$ mm
齿顶高	h_a	$h_a = m$	$h_a = 2$ mm
齿根高	h_f	$h_f = 1.25m$	$h_f = 2.5$ mm
齿高	h	$h = 2.25m$	$h = 4.5$ mm
分度圆直径	d	$d = mz$	$d = 58$ mm
齿顶圆直径	d_a	$d_a = m(z + 2)$	$d_a = 62$ mm
齿根圆直径	d_f	$d_f = m(z - 2.5)$	$d_f = 53$ mm
中心距	a	$a = m(z_1 + z_2)/2$	

四、圆柱齿轮的规定画法

（一）单个圆柱齿轮画法

国家标准规定，齿顶圆和齿顶线用粗实线绘制，分度圆和分度线用点画线绘制（点画线应超出轮齿两端面 2～3 mm），齿根圆和齿根线用细实线绘制（或省略不画）。

在剖视图中，当剖切平面通过齿轮的轴线时，轮齿一律按不剖处理，不画剖面线；齿根线用粗实线绘制，这时不可省略。

对于斜齿或人字齿，在投影为非圆的视图中，可画成半剖视图或局部剖视图，在外形上画 3 条与齿线方向一致的细实线，如图 5 – 44 所示。

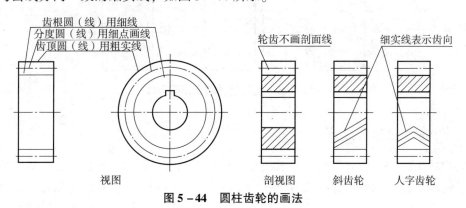

图 5 – 44 圆柱齿轮的画法

(二)圆柱齿轮啮合画法

一对齿轮的啮合图,一般可以采用两个视图表达,在垂直于圆柱齿轮轴线的投影面的视图中(反映为圆的视图),啮合区内的齿顶圆均用粗实线绘制,分度圆相切,用点画线绘制,如图 5-45(a)所示。啮合区的齿顶圆也可用省略画法,如图 5-45(b)所示。

在不反映圆的视图上,啮合区的齿顶线不需要画出,分度线用粗实线绘制,如图 5-46 所示。

采用剖视图表达时,在啮合区内将一个齿轮的齿顶线用粗实线绘制(通常是主动轮),另一个齿轮的轮齿被遮挡,其齿顶线用虚线绘制,如图 5-45(a)主视图所示。

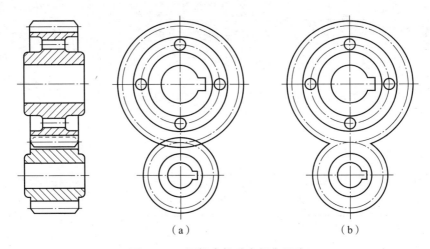

图 5-45 圆柱齿轮啮合规定画法

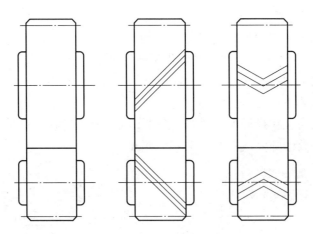

图 5-46 圆柱齿轮啮合视图画法

五、圆柱齿轮精度选择

随着现代生产和科技的发展,要求机械产品在降低自身重量的前提下,所传递的功率越来越大,转速也越来越高,有些机械对工作精度的要求越来越高,从而对齿轮传动精度提出了更高的要求。因此,研究齿轮误差对齿轮使用性能的影响,研究齿轮互换性原理、精度标准以及检测技术等,对提高齿轮加工质量有着十分重要的意义。

由于齿轮传动的类型很多,应用又极为广泛,对不同工况、不同用途的齿轮传动,其应用要求也是多方面的。归纳起来,应用要求可分为传动精度和齿侧间隙两个方面,而传动精度要求按齿轮传动的作用特点,又可以分为传递运动的准确性、传递运动的平稳性、载荷分布的均匀性和齿轮副侧隙的合理性四个方面。

圆柱齿轮精度标准的现行标准有 GB/T 10095.1—2008(《圆柱齿轮 精度制 第1部分:轮齿同侧齿面偏差的定义和允许值》)和 GB/T 10095.2—2001(《圆柱齿轮 精度制 第2部分:径向综合偏差与径向跳动的定义和允许值》)2 个国家标准和 GB/Z 18620.1—2008、GB/Z 18620.2—2008、GB/Z 18620.3—2008 和 GB/Z 18620.4—2008 4 个指导性技术文件。

(一) 精度等级 (仅作认知要求,相关基础知识将在后续任务中讲述)

国家标准对单个齿轮规定了 13 个精度等级(对于径向综合总偏差和一齿径向综合总偏差,规定了 4~12 共 9 个精度等级),依次用阿拉伯数字 0、1、2、3、…、12 表示。其中 0 级精度最高,依次递减,12 级精度最低。0~2 级精度的齿轮对制造工艺与检测水平要求极高,目前加工工艺尚未达到,是为将来发展而规定的精度等级;一般将 3~5 级精度视为高精度等级;6~8 级精度视为中等精度等级,使用最多;9~12 级精度视为低精度等级。5 级精度是确定齿轮各项允许值计算式的基础级。

(二) 精度等级的选择 (仅作认知要求,相关基础知识将在后续任务中讲述)

齿轮的精度等级选择的主要依据是齿轮传动的用途、使用条件及对它的技术要求,既要考虑传递运动的精度、齿轮的圆周速度、传递的功率、工作持续时间、振动与噪声、润滑条件、使用寿命及生产成本等的要求,同时还要考虑工艺的可能性和经济性。齿轮精度等级的选择方法主要有计算法和类比法两种,一般实际工作中,多采用类比法。部分机械的齿轮精度等级见表 5-16,齿轮精度等级与速度的应用情况见表 5-17,供选择齿轮精度等级时参考。

表 5-16 部分机械采用的齿轮的精度等级

应用范围	精度等级	应用范围	精度等级
测量齿轮	2~5	拖拉机	6~9
汽轮机减速器	3~6	一般用途的减速器	6~9
精密切削机床	3~7	轧钢设备	6~10
一般金属切削机床	5~8	起重机械	7~10
航空发动机	4~8	矿用绞车	8~10
轻型汽车	5~8	农用机械	8~11
重型汽车	6~9		

在进行类比时应注意以下问题。

(1) 了解各级精度应用的大体情况。

(2) 根据使用要求,齿轮同侧齿面各项偏差的精度等级可以相同,也可以不同。

表 5-17 齿轮精度等级与圆周速度的应用

工作条件	圆周速度/(m·s⁻¹)		应用情况	精度等级
	直齿	斜齿		
机床	>30	>50	高精度和精密的分度链的齿轮	4
	>15~30	>30~50	一般精度分度链末端齿轮、高精度和精密的中间齿轮	5
	>10~15	>15~30	Ⅴ级机床主传动的齿轮、一般精度齿轮的中间齿轮、Ⅲ级和Ⅲ级以上精度机床的进给齿轮、油泵齿轮	6
	>6~10	>8~15	Ⅳ级和Ⅳ级以上精度机床的进给齿轮	7
	<6	<8	一般精度机床齿轮	8
			没有传动要求的手动齿轮	9
动力传动		>70	用于很高速度的透平传动齿轮	4
		>30	用于很高速度的透平传动齿轮,重型机械进给机构,高速重载齿轮	5
		<30	高速传动齿轮、有高可靠性要求的工业齿轮、重型机械的功率传动齿轮、作用率很高的起重运输机械齿轮	6

(3) 径向综合总偏差 F''_i、一齿径向综合偏差 f''_i 及径向跳动 F_r 的精度等级应相同,但它们与齿轮同侧齿面偏差的精度等级可以相同,也可以不相同。

(三) 齿坯精度和齿轮表面粗糙度 (仅作认知要求,相关基础知识将在后续任务中讲述)

由于齿坯的内孔、顶圆和端面通常作为齿轮加工、测量和装配的基准,齿坯的加工精度对齿轮加工的精度、测量准确度和安装精度影响很大,在一定的条件下,用控制齿轮毛坯精度来保证和提高齿轮加工精度是一项积极措施。齿轮孔或轴颈的尺寸公差和几何公差以及齿顶圆直径的尺寸公差见表 5-18,基准面径向和端面跳动公差见表 5-19,齿轮表面粗糙度要求见表 5-20。

表 5-18 齿坯公差

齿轮精度等级		1	2	3	4	5	6	7	8	9	10	11	12
孔	尺寸公差	IT4	IT4	IT4	IT4	IT5	IT6	IT7		IT8		IT8	
	几何公差	IT1	IT2	IT3									
轴	尺寸公差	IT4	IT4	IT4	IT4		IT5		IT6		IT7		IT8
	几何公差	IT1	IT2	IT3									
齿顶圆直径公差		IT6			IT7		IT8			IT9		IT11	
基准面的径向跳动		见表 5-19											
基准面的端面跳动													

表 5-19　齿坯基准面径向和端面跳动公差　　　　　　　　　　　　　　　　　　μm

分度圆直径/mm		精度等级				
大于	到	1 和 2	3 和 4	5 和 6	7 和 8	9 到 12
—	125	2.8	7	11	18	28
125	400	3.6	9	14	22	36
400	800	5.0	12	20	32	50

表 5-20　齿轮各主要表面的表面粗糙度推荐 Ra 值　　　　　　　　　　　　　μm

模数/mm	精度等级							
	5	6	7	8	9	10	11	12
$m<6$	0.5	0.8	1.25	2.0	3.2	5.0	10	20
$6 \leqslant m \leqslant 60$	0.63	1.00	0.6	2.5	4	6.3	12.5	25
$m>25$	0.8	1.25	2.0	3.2	5.0	8.0	16	32

(四) 齿轮精度代号标注

国家标准规定：在技术文件需叙述齿轮精度要求时，应注明 GB/T 10095.1—2008 或 GB/T 10095.2—2008。关于齿轮精度等级标注建议如下。

若齿轮的检验项目同为某一精度等级，则可标注精度等级和标准号。如齿轮检验项目同为 7 级，则标注为：7 GB/T 10095.1—2008 或 7 GB/T 10095.2—2008。

若齿轮检验项目的精度等级不同，如齿廓总偏差 F_a 为 6 级，而齿距累积总偏差 F_p 和螺旋线总偏差 $F_β$ 均为 7 级时，则标注为 6 (F_a)、7 (F_p、$F_β$) GB/T 10095.1—2008。

任务 5　滚动轴承装配画法

任务引入

按要求完成"任务 5：滚动轴承装配画法——任务实施"深沟球轴承的装配画法。

任务目标

(1) 掌握滚动轴承的结构与分类、滚动轴承的通用画法、特征画法和规定画法三种画法，以及滚动轴承的代号和滚动轴承的公差等级和公差带特点等基础知识，培养常用滚动轴承类型和精度选用、滚动轴承在装配图中的画法、代号标记与识读等基础应用能力。

(2) 根据《机械制图基础训练与任务书》中"任务 5：滚动轴承装配画法——任务实施"要求，完成深沟球轴承的装配画法。

知识点导学

1. 滚动轴承的结构与分类

（1）滚动轴承的结构：滚动轴承一般由内圈、外圈、滚动体、保持架等零件组成。

（2）分类：滚动轴承按其受力方向可分成向心轴承、推力轴承和向心推力轴承。

2. 滚动轴承的画法

（1）通用画法：用矩形线框及位于线框中央正立的十字形符号表示，十字形符号不应与矩形线框接触。

（2）特征画法：在矩形线框内画出其结构要素符号的方法表示。

（3）规定画法：一般采用剖视图绘制在轴的一侧，滚动体不画剖面线，其内外圈剖面线应画成同方向、同间隔，在轴的另一侧按通用画法绘制。

3. 滚动轴承的代号

完整的代号由前置代号、基本代号和后置代号三部分组成，前置、后置代号是在基本代号左右添加的补充代号，基本代号由轴承类型代号、尺寸系列代号、内径代号构成。

（1）类型代号：用阿拉伯数字或大写拉丁字母表示，需重点掌握的类型代号有3（圆锥滚子轴承）、5（推力球轴承）、6（深沟球轴承）和7（角接触球轴承）等。

（2）尺寸系列代号：由轴承的宽（高）度系列代号（一位数字）和直径系列代号（一位数字）左右排列组成，尺寸系列代号不同的轴承其外轮廓尺寸不同，承载能力也不同。

（3）内径代号：用两位阿拉伯数字表示轴承的公称内径，当内径代号为00、01、02、03时，分别表示内径为10、12、15、17 mm；当内径代号为04～99时，代号数字乘以5，即为轴承内径。

4. 滚动轴承的公差等级和公差带特点（仅作认知要求，相关基础知识将在后续任务中讲述）

（1）公差等级：国家标准将滚动轴承公差等级按精度等级由低至高分为0、6（6x）、5、4、2级，其中向心轴承（圆锥滚子轴承除外）公差等级共分为五级：0、6、5、4和2级；圆锥滚子轴承公差等级共分五级：0、6x、5、4、2级；推力轴承公差等级共分四级：0、6、5、4级。

（2）公差带特点：国家标准规定了滚动轴承各公差等级的轴承的内径和外径的公差带均为单向制，而且统一采用公差带位于以公称直径为零线的下方，即上偏差为零、下偏差为负值的分布。

相关知识

滚动轴承是以滑动轴承为基础发展起来的，是机械制造业中应用极为广泛的一种标准部件，其工作原理是以滚动摩擦代替滑动摩擦。滚动轴承的作用是支持轴旋转及承受轴上的载荷。由于其结构紧凑、摩擦力小、机械效率高，因此应用极为广泛。

滚动轴承是一种标准组件，由专门的标准件工厂生产，需用时根据要求确定型号选购即可。在设计机器时，滚动轴承不必画出零件图，只需在装配图中按规定画法画出。

一、滚动轴承的结构与分类

(一) 滚动轴承的结构

滚动轴承的种类很多,但其结构大体相同,滚动轴承一般由内圈、外圈、滚动体、保持架等组成,如图 5-47 所示。外圈装在机体或轴承座内,一般固定不动。内圈装在轴上,与轴紧密配合且随轴转动。滚动体装在内外圈之间的滚道中,滚动体有滚珠、滚柱、滚锥等类型。保持架用来均匀分隔滚动体,防止滚动体之间相互摩擦与碰撞。

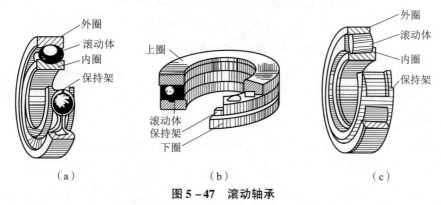

图 5-47 滚动轴承
(a) 深沟球轴承; (b) 推力球轴承; (c) 圆锥滚子轴承

(二) 滚动轴承的类型

滚动轴承按其受力方向可分成三类。

(1) 向心轴承。主要承受径向载荷,常用的向心轴承,如深沟球轴承。
(2) 推力轴承。只承受轴向载荷,常用的推力轴承,如推力球轴承。
(3) 向心推力轴承。同时承受轴向和径向载荷,常用的向心推力轴承,如圆锥滚子轴承。

二、滚动轴承的画法

国家标准(GB/T 4459.7—2017《机械制图 滚动轴承表示法》)对滚动轴承的画法作了统一规定,有通用画法、特征画法和规定画法,在同一张图样上,一般只能采用其中的一种画法。绘制滚动轴承时应遵守以下规则:通用画法、特征画法和规定画法中的各种符号、矩形线框和轮廓线均画粗实线;矩形线框或外形轮廓的大小应与滚动轴承的外形尺寸一致。

在装配图的剖视图中,当不需要确切地表示滚动轴承的外形轮廓、载荷特性和结构特征时,可采用通用画法,即用矩形线框及位于线框中央正立的十字形符号表示,十字形符号不应与矩形线框接触。

在装配图的剖视图中,若需要较形象地表示滚动轴承的结构特征,则可采用特征画法,即在矩形线框内画出其结构要素符号的方法表示。

在滚动轴承的产品图样、产品样本、产品标准、用户手册和使用说明书中,可采用规定画法绘制。规定画法一般采用剖视图绘制在轴的一侧,此时,滚动体不画剖面线,其内外圈剖面线应画成同方向、同间隔,在轴的另一侧按通用画法绘制。在装配图中,滚动轴承的保持架及倒角等可省略不画,如图 5-48 所示。

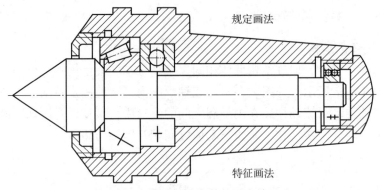

图 5-48 滚动轴承在装配图中的画法

深沟球轴承、圆锥滚子轴承和推力球轴承的通用画法、特征画法和规定画法见表 5-21。滚动轴承的外形尺寸主要有外径 D、内径 d 和宽度 B，深沟球轴承、圆锥滚子轴承的类型代号及其各外形尺寸的数值见表 5-22。

表 5-21 常用滚动轴承的画法（摘自 GB/T 4459.7—2017《机械制图 滚动轴承表示法》）

轴承名称代号	结构型式	通用画法	特征画法	规定画法
		（均指滚动轴承在所属装配图的剖视图中的画法）		
深沟球轴承（GB/T 276—2013）6000 型				
圆锥滚子轴承（GB/T 297—2015）3000 型				

· 206 ·

续表

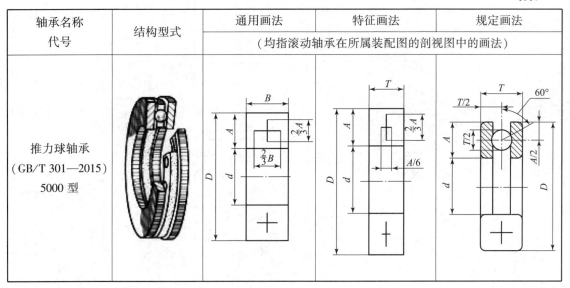

轴承名称 代号	结构型式	通用画法	特征画法	规定画法
		（均指滚动轴承在所属装配图的剖视图中的画法）		
推力球轴承 （GB/T 301—2015） 5000 型				

三、滚动轴承的代号

滚动轴承的代号能表示出滚动轴承的结构、尺寸、公差等级和技术性能等特性。完整的代号由前置代号、基本代号和后置代号组成，其排列方式如下：

前置代号	基本代号	后置代号

前置代号用字母表示，后置代号用字母或字母和数字表示。前置、后置代号是轴承在结构形状、尺寸、公差、技术要求等有改变时，在基本代号左右添加的补充代号。

基本代号由轴承类型代号、尺寸系列代号、内径代号构成，基本方式如下：

轴承类型代号	尺寸系列代号	内径代号

类型代号用阿拉伯数字或大写拉丁字母表示，如表 5-23 所示。

类型代号有的可以省略，如双列角接触球轴承的代号 "0" 均不写。区分类型的另一重要标志是标准号，每一类轴承都有一个标准编号，例如，双列角接触球轴承的标准编号为 GB/T 296—2015，调心球轴承标准编号为 GB/T 281—2013。

尺寸系列代号由轴承的宽（高）度系列代号（一位数字）和直径系列代号（一位数字）左右排列组成。它反映了同种轴承在内圈孔径相同，而宽度和外径及滚动体大小不同的轴承。尺寸系列代号不同的轴承其外轮廓尺寸不同，承载能力也不同。

尺寸系列代号有时可以省略：除圆锥滚子轴承外，其余各类轴承宽度系列代号 "0" 均可省略；双列深沟球轴承的宽度系列代号 "2" 可以省略。

内径代号表示轴承的公称内径，用两位阿拉伯数字表示。当内径代号为 00、01、02、03 时，分别表示内径为 10 mm、12 mm、15 mm、17 mm；当内径代号为 04~99 时，代号数字乘以 5，即为轴承内径。

表 5-22 深沟球轴承和圆锥滚子轴承类型代号及其外形尺寸（摘自 GB/T 276—2013《滚动轴承 深沟球轴承 外形尺寸》和 GB/T 297—2015《滚动轴承 圆锥滚子轴承 外形尺寸》）

深沟球轴承 60000型

轴承型号	尺寸/mm d	D	B	轴承型号	尺寸/mm d	D	B
	(0)2 系列				(0)3 系列		
6202	15	35	11	6302	15	42	13
6203	17	40	12	6303	17	47	14
6204	20	47	14	6304	20	52	15
6205	25	52	15	6305	25	62	17
6206	30	62	16	6306	30	72	19
6207	32	72	17	6307	35	80	21
6208	40	80	18	6308	40	90	23
6209	45	85	19	6309	45	100	25
6210	50	90	20	6310	50	110	27
6211	55	100	21	6311	55	120	29
6212	60	110	22	6312	60	130	31

标记示例 滚动轴承 6208 GB/T 276—2013

圆锥滚子轴承 30000型

轴承型号	尺寸/mm d	D	T	B	C	a	轴承型号	尺寸/mm d	D	T	B	C	a
	02 系列							03 系列					
30204	20	47	15.25	14	12	11.21	30304	20	52	16.25	15	13	11
30205	25	52	16.25	15	13	12.6	30305	25	62	18.25	17	15	13
30206	30	62	17.25	16	14	13.8	30306	35	72	20.75	19	16	15
30207	35	72	18.25	17	15	15.3	30307	35	80	22.75	21	18	17
30208	40	85	19.75	18	16	16.9	30308	40	90	25.25	23	20	19.5
30209	45	85	20.75	19	16	18.6	30309	45	100	27.75	25	22	21.5
30210	50	90	21.75	20	17	20	30310	50	110	29.25	27	23	23
30211	55	100	22.75	21	18	21	30311	55	120	31.5	29	25	25
30212	60	110	23.75	22	19	22.4	30312	60	130	33.5	31	26	26.5
30213	65	120	24.75	23	20	24	30313	65	140	36	33	28	29
30214	70	125	26.25	24	21	25.9	30314	70	150	38	35	60	30.6

标记示例 滚动轴承 30308 GB/T 297—2015

表 5-23 轴承类型代号

代号	0	1	2	3	4	5	6	7	8	N	U	QJ
轴承类型	双列角接触球轴承	调心球轴承	调心滚子轴承	推力调心滚子轴承	圆锥滚子轴承	双列深沟球轴承	推力球轴承	深沟球轴承	角接触球轴承	推力圆柱滚子轴承	圆柱滚子轴承	双列或多列用字母NN表示	外球面球轴承	四点接触球轴承

滚动轴承标记示例：

滚动轴承 6208：第一位数 6 表示类型代号，为深沟球轴承；第二位数 2 表示尺寸系列代号，宽度系列代号 0 省略，直径系列代号为 2；后两位数 08 表示内径代号，$d = 8 \times 5 = 40$（mm）。

滚动轴承 N2110：第一个字母 N 表示类型代号，为圆柱滚子轴承；第二、三两位数 21 表示尺寸系列代号，宽度系列代号为 2，直径系列代号为 1；后两位数 10 表示内径代号，内径 $d = 10 \times 5 = 50$（mm）。

四、滚动轴承的公差等级和公差带

(一) 滚动轴承的公差等级

滚动轴承的精度是指滚动轴承主要尺寸的公差值及旋转精度。根据滚动轴承的结构尺寸、公差等级和技术性能等产品特征，国家标准（GB/T 307.3—2017《滚动轴承 通用技术规则》）将滚动轴承公差等级按精度等级由低至高分为 0、6（6x）、5、4、2。不同种类的滚动轴承公差等级稍有不同，具体如下。

(1) 向心轴承（圆锥滚子轴承除外）公差等级共分为五级：0、6、5、4、2 级。
(2) 圆锥滚子轴承公差等级共分为五级：0、6x、5、4、2 级。
(3) 推力轴承公差等级共分为四级：0、6、5、4 级。

常用精度为 0 级精度，属普通精度，在机械制造业中应用最广，主要用于旋转精度要求不高的机械中。例如，卧式车床变速箱和进给箱、汽车和拖拉机的变速箱、普通电机、水泵、压缩机和涡轮机等。

除 0 级外，其余各级统称高精度轴承，主要用于高线速度或高旋转精度的场合，这类精度的轴承在各种金属切削机床中应用较多，普通机床主轴的前轴承多采用 5 级轴承，后轴承多采用 6 级轴承；用于精密机床主轴上的轴承精度应为 5 级及其以上级；而对于数控机床、加工中心等高速、高精密机床的主轴支，则需选用 4 级及以上级超精密轴承。主轴轴承作为机床的基础配套件，其性能直接影响到机床的转速、回转精度、刚性、抗颤振性能、切削性能、噪声、温升及热变形等，进而影响到加工零件的精度、表面质量等。因此，高性能的机床必须配用高性能的轴承。

(二) 滚动轴承内径、外径公差带特点（仅作认知要求，相关基础知识将在后续任务中讲述）

轴承的配合是指内圈与轴颈及外圈与外壳孔的配合。轴承的内、外圈按其尺寸比例一般认为是薄壁零件,精度要求很高,在制造、保管过程中极易产生变形(如变成椭圆形),但当轴承内圈与轴颈及外圈与外壳孔装配后,其内、外圈的圆度将受到轴颈及外壳孔形状的影响,这种变形比较容易得到纠正。因此,国家标准(GB/T 4199—2003《滚动轴承公差定义》)对轴承内径 d 与外径 D 不仅规定了直径公差,还规定了轴承套圈任一横截面内平均内径和平均外径(用 d_m 或 D_m 表示)的公差,后者相当于轴承在正确制造的轴上或外壳孔中装配后,它的内径或外径的尺寸公差,其目的是控制轴承的变形程度及轴承与轴颈和外壳孔的配合尺寸精度。为此国家标准(GB/T 307.1—2017《滚动轴承向心轴承 公差》)规定了 0、6(6x)、5、4、2 各公差等级的轴承的内径 d_m 和外径 D_m 的公差带均为单向制,而且统一采用公差带位于以公称直径为零线的下方,即上偏差为 0、下偏差为负值的分布,如图 5-49 所示。

滚动轴承是标准件,为使轴承便于互换和大量生产,轴承内圈与轴的配合采用基孔制,即以轴承内圈的尺寸为基准。内圈的公差带位置和一般的基准孔相反,公差带都位于零线以下,即上偏差为 0、下偏差为负值,如图 5-49 所示。

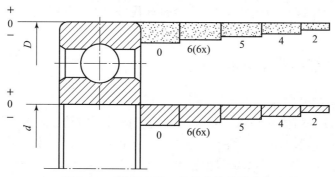

图 5-49 轴承内径、外径公差带的分布

通常情况下,轴承的内圈是随轴一起转动的,为防止内圈和轴颈之间的配合产生相对滑动而导致接合面磨损,影响轴承的工作性能,因此要求两者的配合应具有一定的过盈,但由于内圈是薄壁零件,容易弹性变形胀大,且一定时间后又要拆换,故过盈量不能太大。

如果采用过渡配合,又可能出现间隙,不能保证具有一定的过盈,因而不能满足轴承的工作需要;若采用非标准配合,则又违反了标准化和互换性原则,所以要采用有一定过盈的配合。当它与一般过渡配合的轴相配时,不但能保证获得不大的过盈,而且还不会出现间隙,从而满足了轴承内圈与轴的配合要求,同时又可按标准偏差来加工轴,因此基准孔公差带与国家标准(GB/T 1800.2—2009《产品几何技术规范(GPS)极限与配合 第 2 部分:标准公差等级和孔、轴极限偏差表》)中基孔制的各种轴公差带组成的配合,有不同程度地变紧。

滚动轴承的外径与外壳孔的配合采用基轴制,即以轴承的外径尺寸为基准。因轴承外圈安装在外壳孔中,通常不旋转,但考虑到工作时温度升高会使轴热膨胀而产生轴向延伸,因此两端轴承中应有一端采用游动支承,可使外圈与壳体孔的配合稍微松一点,使之能补偿轴的热胀伸长量;否则,轴会产生弯曲,致使内部卡死,影响正常运转。滚动轴承的外径与外壳孔两者之间的配合不要求太紧,公差带仍遵循一般基准轴的规定,仍分布在零线下方,它与基本偏差为 h 的公差带相类似,但公差值不同。滚动轴承采用这样的基准轴公差带与国家标准（GB/T 1800.2—2009《产品几何技术规范（GPS） 极限与配合 第 2 部分：标准公差等级和孔、轴极限偏差表》）中基轴制配合的孔公差带所组成的配合，基本上保持了该标准中规定的配合性质。

任务 6 圆柱螺旋压缩弹簧画法

✓ 任务引入

按要求完成《机械制图基础训练与任务书》中"任务 6：圆柱螺旋压缩弹簧画法——任务实施"弹簧画法任务。

✓ 任务目标

（1）掌握弹簧的作用和种类，圆柱螺旋压缩弹簧各结构名称、代号及尺寸关系，圆柱螺旋压缩弹簧的视图、剖视图、示意图画法及其在装配图中的画法，圆柱螺旋压缩弹簧作图步骤等基础知识；培养圆柱螺旋压缩弹簧结构参数选用和圆柱螺旋压缩弹簧在不同场合下的画法等基础应用能力。

（2）根据《机械制图基础训练与任务书》中"任务 6：圆柱螺旋压缩弹簧画法——任务实施"的要求，完成圆柱螺旋压缩弹簧画法。

✓ 知识点导学

1. 掌握弹簧的作用和种类

弹簧可用来减振、夹紧、测力和储存能量等。弹簧的种类很多，常见的有螺旋弹簧、碟形弹簧、涡卷弹簧和板簧等。

2. 圆柱螺旋压缩弹簧结构名称

圆柱螺旋压缩弹簧结构名称：簧丝直径 d、弹簧外径 D_2、弹簧内径 D_1、弹簧中径 D、节距 t、总圈数 n_1、支承圈数 n_2、有效圈数 n、自由高度 H_0、展开长度 L。

3. 圆柱螺旋压缩弹簧的画法

（1）弹簧的视图、剖视图及示意图画法规定。

（2）装配图中弹簧的画法规定。

4. 圆柱螺旋压缩弹簧作图步骤

（1）以自由高度 H_0 和弹簧中径 D 作矩形。

（2）以簧丝直径 d 画出两端支承圈数的直径相等圆和半圆。

（3）根据节距 t 画出两端簧丝剖面。

（4）按右旋方向作簧丝剖面的切线并加深，画剖面线。

✓ 相关知识

弹簧是常用件，可用来减振、夹紧、测力和储存能量等。弹簧是利用材料的弹性和结构特点,通过变形和储存的能量来工作,当外力去除后能立即恢复原状。弹簧的种类很多,常见的有螺旋弹簧、碟形弹簧、涡卷弹簧和板簧等。其中螺旋弹簧又有压缩弹簧、拉伸弹簧及扭力弹簧等,如图 5-50 所示。

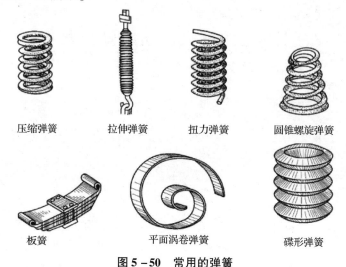

图 5-50 常用的弹簧

一、圆柱螺旋压缩弹簧各结构名称及尺寸关系

根据国家标准 GB/T 2089—2009《普通圆柱螺旋压缩弹簧尺寸及参数(两端圈并紧磨平或制扁)》和 GB/T 1805—2001《弹簧术语》有关规定,圆柱螺旋压缩弹簧各部分名称、代号(见图 5-51)及尺寸关系如下。

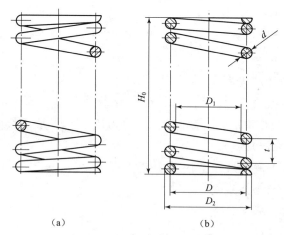

图 5-51 圆柱螺旋压缩弹簧
(a) 外形图;(b) 剖视图

(1) 簧丝直径 d:弹簧钢丝的直径,又称线径或丝径。
(2) 弹簧外径 D_2:弹簧的最大直径,$D_2 = D + d$。
(3) 弹簧内径 D_1:弹簧的最小直径,$D_1 = D - d$。
(3) 弹簧中径 D:弹簧的外径和内径的平均直径,$D = (D_1 + D_2)/2 = D_1 + d = D_2 - d$。
(4) 节距 t:除支承圈外,相邻两有效圈上对应点之间的轴向距离。

(5) 弹簧的总圈数 n_1、支承圈数 n_2、有效圈数 n：为了保证圆柱螺旋压缩弹簧在工作时受力均匀、平稳，在制造时，弹簧两端需并紧、磨平，并紧、磨平的各圈仅起支承作用，故称为支承圈；支承圈有 1.5 圈、2 圈及 2.5 圈 3 种，大多数支承圈是 2.5 圈，即弹簧两端各有 1.25 圈；保持相等节距的圈数，称为有效圈数；有效圈数与支承圈数之和，称为总圈数，即 $n_1 = n + n_2$。

(6) 自由高度 H_0：弹簧在不受外力作用时的总高度，$H_0 = nt + (n_2 - 0.5)d$。

(7) 展开长度 L：制造弹簧时，簧丝的坯料长度，$L = n_1 \sqrt{(\pi D)^2 + t^2}$。

二、圆柱螺旋压缩弹簧的画法

(一) 弹簧的视图、剖视图及示意图画法

国家标准（GB/T 4459.4—2003《机械制图 弹簧表示法》）对圆柱螺旋压缩弹簧的画法作了如下规定。

(1) 螺旋弹簧在平行于轴线的投影面的视图中，常用直线代替螺旋线。

(2) 不论是左旋弹簧还是右旋弹簧，均画成右旋，但左旋弹簧要注出"左"字。

(3) 有效圈数在四圈以上的弹簧允许每端只画出 1~2 圈（支承圈除外），中间各圈可省略不画，但应用细点画线画出簧丝中心线。

(4) 不论弹簧支承圈的圈数是多少，均按 2.5 圈形式绘制。

圆柱螺旋压缩弹簧的视图、剖视图及示意图画法如图 5-52 所示。

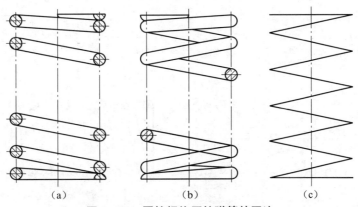

图 5-52 圆柱螺旋压缩弹簧的画法
(a) 剖视图；(b) 视图；(c) 示意图

(二) 装配图中弹簧的画法

(1) 在装配图中画螺旋弹簧时，被弹簧挡住的结构一般不画出，可见部分应从弹簧的外轮廓线或从弹簧钢丝剖面的中心线画起，如图 5-53 (a) 所示。

(2) 在装配图中，弹簧被剖切时，如弹簧钢丝（简称簧丝）剖面的直径，在图形上等于或小于 2 mm 时，剖面可以涂黑表示，也可用示意画法，如图 5-53 (b) 和图 5-53 (c) 所示。

三、圆柱螺旋压缩弹簧作图步骤

圆柱螺旋压缩弹簧详细作图步骤如图 5-54 所示。

(1) 以自由高度 H_0 和弹簧中径 D 作矩形 $ABCD$，如图 5-54 (a) 所示。

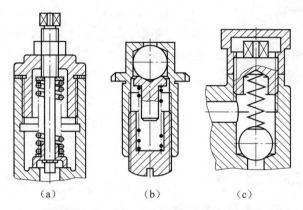

图 5–53 装配图中弹簧的规定画法
(a) 不画挡住部分的零件轮廓；(b) 簧丝端面涂黑；(c) 簧丝示意画法

（2）画出两端支承圈数部分簧丝直径相等的圆和半圆，d 为簧丝直径，如图 5–54（b）所示。

（3）根据节距 t 画出两端簧丝剖面，如图 5–54（c）所示。

（4）按右旋方向作簧丝剖面的切线，校核，加深并画剖面线，如图 5–54（d）所示。

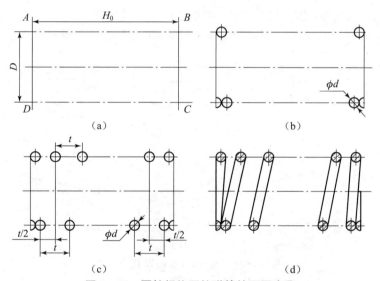

图 5–54 圆柱螺旋压缩弹簧的画图步骤

项目六　零件图绘制与识读

任务1　轴套类零件图绘制

✓ 任务引入

采用 A4 图纸幅面，按 1∶1 比例完成《机械制图基础训练与任务书》中"任务1：轴套类零件图绘制——任务实施"指定任务，并绘制标题栏，标注尺寸及尺寸公差、几何公差和表面粗糙度，标题栏按教材"学生用简化标题栏"格式绘制。

✓ 任务目标

（1）掌握零件图的作用和内容、常见的铸造工艺结构和机械加工工艺结构等基础知识，培养识读零件图的基础能力。

（2）掌握零件的视图方案选择和轴套类零件的视图绘制方法、步骤等基础知识，培养零件的视图方案选择和轴套类零件图绘制能力。

（3）根据《机械制图基础训练与任务书》中"任务1：轴套类零件图绘制——任务实施"要求，完成齿轮轴零件图抄画或轴零件视图表达（根据立体图）。

✓ 知识点导学

1. 零件图的作用和内容

（1）零件图是指导生产机器零件的重要技术文件，是制造和检验零件的依据，也是进行技术交流的重要资料。

（2）零件图的内容：一组图形、全部尺寸、技术要求和标题栏。

2. 零件常见的工艺结构

（1）铸造工艺结构主要包括铸造圆角、起模斜度、铸件壁厚等工艺结构。

（2）机械加工工艺结构主要是指倒圆、倒角、退刀槽、砂轮越程槽、凸台或凹坑、钻孔结构等。

3. 零件的视图选择

（1）选择主视图首先应定出零件放置的位置，再按最能反映形状结构特征的原则确定主视图观察方位，同时也要考虑其工作或加工时的位置。

（2）其他视图则应根据零件的复杂情况，恰当地运用剖视、断面、局部视图或局部放大图等多种表达方法，以能完整、清晰地表达零件形状的原则来选定。

4. 零件图表达方法和零件图绘制步骤

（1）零件图表达方法：结构特点分析、选择主视图、选择其他视图等。

（2）零件图绘制步骤：结构分析、选择表达方案、绘制图形、标注尺寸、注写技术要求、填写标题栏等。绘制图形顺序：绘图准备、布置视图并画视图的基准线、画主体结构底稿线、画局部细节结构底稿线、校核底稿、修改错误图线、擦除多余辅助线和底稿线、图线加深、画出剖面线等。

 相关知识

一、零件图的作用与内容

零件是组成机器或部件的基本单位，零件图是用来表示零件结构形状、大小及技术要求的图样，是直接指导制造和检验零件的重要技术文件。在机器或部件中，除标准件外，其余零件一般均应绘制零件图。

（一）零件图的作用

机器或部件是由零件组装而成的，只有生产出全部合格的零件才能装配出性能符合设计要求的机器或部件。零件图是指导生产机器零件的重要技术文件，它反映了设计者的意图，表达了对零件的结构、表面的质量要求和制造工艺的合理性要求等，是制造和检验零件的依据，也是进行技术交流的重要资料。

（二）零件图的内容

根据零件图在工程技术中的作用，一张完整的零件图应包括以下四方面的内容。

1. 一组图形

用一组图形，综合运用视图、剖视图、断面图、规定画法、简化画法、局部放大图及常见零件结构规定画法等机件的各种表达方法，完整、清晰地表达零件的结构和形状。如图6-1所示，减速器输出轴用一个基本视图、一个移出断面图表达了该零件的结构。

2. 全部尺寸

零件图应正确、完整、清晰、合理地标注出表达零件各部分大小和各部分之间相对位置的关系，供制造零件和检验零件所需的全部尺寸。这些尺寸主要包括定形尺寸、定位尺寸、总体尺寸等。

3. 技术要求

按照国家标准要求，用规定的代（符）号、数字、字母或文字表示或说明零件在加工、检验过程中应达到的质量要求，如表面粗糙度、尺寸公差、几何公差、材料、热处理等要求。另外不便用代（符）号标注在图中的技术要求，可用文字注写在标题栏的上方或左方。如图6-1所示，在图形右上角注写了除已在视图上标注的表面粗糙度要求以外的相关要求，在标题栏的上方用文字注写了"技术要求"相关内容等。

4. 标题栏

标题栏位于图纸的右下角，用于填写零件名称、材料、比例、图号、单位名称及制图、审核、批准等有关人员的签字，如图1-5所示的标题栏为简化标题栏，仅供学生在校学习使用。在实际工程中应用的标题栏通常是国家标准标题栏，如图1-4所示。国家标准标题

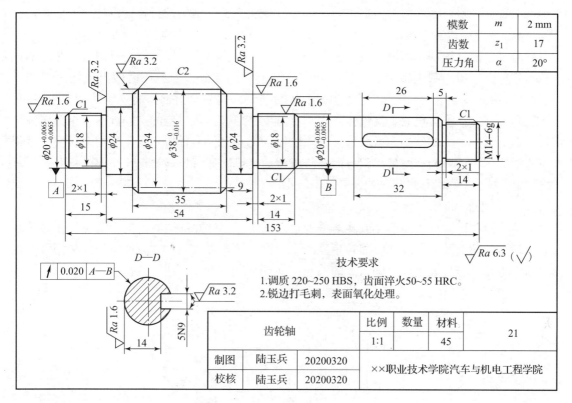

图 6-1 齿轮轴零件图

栏由更改区、签字区、其他区、名称及代号区组成，一般填写零件的名称、材料标记、阶段标记、重量、比例、图样代号、单位名称以及设计、制图、审核、工艺、标准化、更改、批准等人员的签名和日期等内容。每张图纸都应有标题栏，标题栏的方向一般为看图的方向。

零件的种类很多，结构形状也千变万化。根据它们的结构和用途，可以把零件划分为三大类，即标准件、常用件和专用件。

(1) 标准件。在各种机器或部件中，有些零件都会用到，如螺纹紧固件（螺栓、螺钉、螺母、垫圈等）、连接件（键、销）和滚动轴承等，它们的结构和尺寸均已标准化，它们的制造则是由专业化的标准件工厂大批量生产，这类零件称为标准件。

(2) 常用件。另一些零件，如齿轮、弹簧等，它们的部分结构、参数也已标准化，它们的制造可通过专用机床和标准刀具、量具，实行专业化批量生产，这类零件称为常用件。

(3) 专用件。机器或部件的大部分零件，它们的结构和形状尺寸是根据它们在机器中的作用决定的，难以用标准来规范它们的形状、大小和技术要求，这类零件称为专用件。专用件都要画出它们的零件图，以供制造。本任务所涉及的零件主要是专用件。

二、零件上常见的工艺结构

零件的结构形状是根据它在机器中的作用来决定的。零件通常是先制造出毛坯件，再经过机械加工获得的。零件设计中，除了要满足工作时强度和功能上的要求外，还要考虑在零件加工、测量、装配过程所提出的一系列工艺要求，使零件具有合理的工艺结构。因此在绘制零件图时，必须对零件上的铸造工艺结构和机械加工工艺结构进行合理设计、准确表达。

（一）零件铸造工艺结构

砂型铸造的过程是，木模工按图样做出木模，有铸孔的零件还要做出供制造泥芯用的泥芯箱，然后由造型工制成型箱和泥芯。砂型分为上下两部分，上型还需做出浇注用的浇口（金属液体进入口）和冒口（空气和金属液体溢出口）。型箱做好后，将木模从型箱中取出，放入泥芯，合箱，将熔化的金属液体浇入具有与零件结构形状对应的空腔内，直至金属液体从冒口溢出为止。待铸件冷却后取出，清除砂粒，切除铸件上冒口和浇口处的金属块，就得到了铸件毛坯，经检验合格后，就可以进行机械加工了。如有特殊要求，还要进行时效处理（消除内应力）才能进行机械加工。

1. 铸造圆角

铸造圆角是指铸件表面连接或转弯处的过渡圆角。零件在铸造时，为了避免浇注时铁水将型砂转角处冲毁及铸件冷却收缩转角处产生裂纹、缩孔等缺陷，并方便将铸件从型砂中取出，通常将铸件转角处设计成圆角。如图6-2所示。

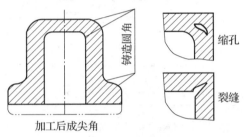

图6-2 铸造圆角

铸造圆角半径一般取3~5 mm，或取壁厚的0.2~0.4倍，也可从有关手册中查得。同一铸件的圆角半径大小应尽量相等。一般情况下，铸造圆角在零件图中应画出，并标注圆角半径。当铸造圆角半径较小时，铸造圆角也可不画，各圆角半径相等或接近时，可在技术要求中统一注写，如"全部铸造圆角 $R5$"或"铸造圆角 $R3 \sim R5$"。

铸件经机械加工后，铸造圆角被切除，零件图上两表面相交处便不再有圆角；只有两个表面都未经机械加工，零件图上相交处才画出圆角，如图6-3所示。

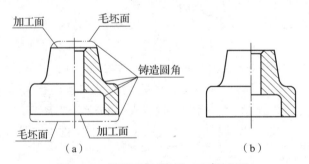

图6-3 铸造圆角机械加工时被切除
(a) 机械加工前；(b) 机械加工后

2. 过渡线

由于铸件表面相交处铸造圆角的存在，使得其表面交线变得不太明显。但为了便于看图以及区分不同零件表面，图中交线仍要画出，这样的交线称为过渡线。过渡线用细实线按两相交表面无圆角时画出,过渡线的画法与没有圆角情况下的交线画法基本相同,常见形式的过渡线画法如图6-4所示。

(1) 两曲面相交处过渡线的画法。两不等径圆柱相贯时,过渡线不与圆角轮廓接触,如图6-4(a)所示。两等径圆柱相贯时,过渡线应在切点处断开,如图6-4(b)所示。

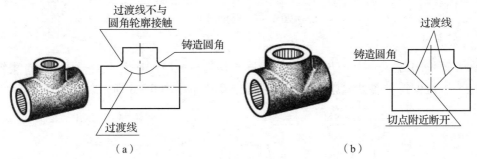

图6-4 两曲面相交过渡线的画法

(2) 平面与平面相交或平面与曲面相交时,应在转角处断开,并加画小圆弧,其弯向应与铸造圆角的弯向一致,如图6-5所示。

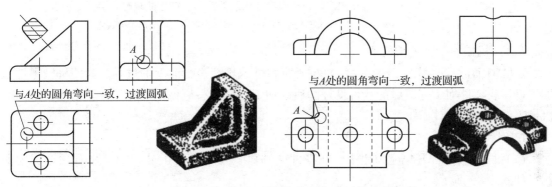

图6-5 平面与曲面、平面与平面相交过渡线的画法

3. 起模斜度

铸件在铸造前的砂型造型过程中,为了便于将木模(或金属模)从砂型中取出,铸件的内外壁沿拔模方向应设计成具有一定的斜度,称为起模斜度,又称拔模斜度。起模过程如图6-6所示。

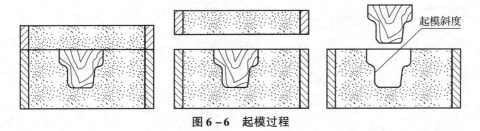

图6-6 起模过程

通常,起模方向尺寸在25~500 mm的铸件,其起模斜度为1:20~1:10(3°~6°)。起模斜度的大小也可从有关手册中查得。因而铸件上也有相应的斜度,如图6-7(a)所示。如图6-7(b)所示,这种斜度在图上可以不标注,也可不画出,必要时可在技术要求中注明。

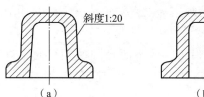

图 6-7 起模斜度

4. 铸件壁厚

为保证铸件的铸造质量,防止铸件因壁厚不均匀造成冷却速度不同,从而易产生缩孔或裂纹等缺陷,应使铸件各处壁厚大致均匀或逐渐变化,如图 6-8 所示。

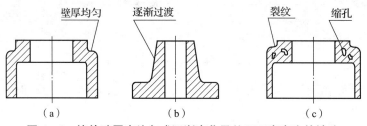

图 6-8 铸件壁厚应均匀或逐渐变化及处理不当产生的缺陷
(a) 壁厚均匀;(b) 壁厚不同应逐渐过渡;(c) 壁厚处理不当可能产生的缺陷

(二) 机械加工工艺结构

机械加工是一种用加工机械对工件的外形尺寸或性能进行改变的过程。为使机械零件在加工过程或零件加工完成后能获得良好的后续加工可行性、机械性能和装配工艺性,常需在机械零件图样上设计出工艺结构。

1. 倒圆与倒角

(1) 倒圆。为了避免应力集中,在零件的轴肩、孔肩等转折处常加工出圆角,称为倒圆,如图 6-9 所示。

(2) 倒角。为去除零件机械加工时产生的毛刺、锐边,使操作安全和便于装配,常在轴或孔的端部加工出 30°、45° 或 60° 的锥台,称为倒角。其中,45° 倒角可用 "C" 表示,在 C 后加上宽度数字,如 "$C1.5$" 标注如图 6-10 所示。若角度不是 45°,则应分开标注角度和宽度。倒角宽度数值可根据轴径或孔径查有关标准确定。

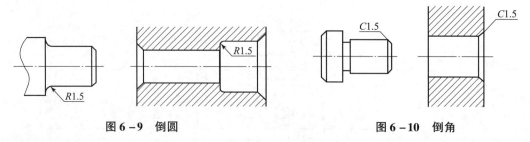

图 6-9 倒圆　　　　　　图 6-10 倒角

2. 退刀槽和砂轮越程槽

在车削或磨削工件时,为了便于退出刀具,保证零件表面加工质量,常在零件台肩处预先加工出退刀槽或砂轮越程槽。退刀槽或砂轮越程槽的尺寸一般可按 "槽宽×直径" 或 "槽宽×槽深" 的形式标注。如图 6-11 所示。

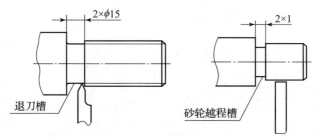

图 6-11　退刀槽和砂轮越程槽及其尺寸标注

3. 凸台或凹坑

为了保证装配时两零件表面间接触良好，减少加工面面积，降低加工费用，常在铸件表面设置凸台或凹坑结构。如图 6-12 所示。

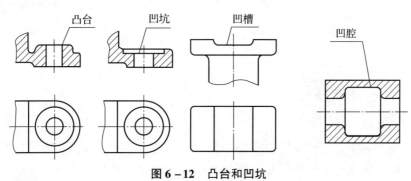

图 6-12　凸台和凹坑

4. 钻孔结构

（1）钻孔结构合理性。用钻头钻出的不通孔或阶梯孔，由于钻头顶角的作用，在底部或阶梯孔过渡处产生一个圆锥面，画图时锥角画成 120°。如图 6-13 所示。

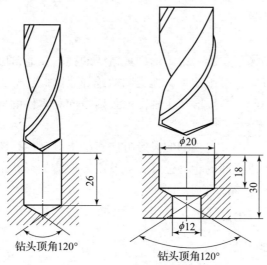

图 6-13　钻孔结构合理性

（2）工艺合理性。用钻头钻孔时，应保证使钻头的轴线垂直于被钻孔零件的表面，否则钻孔的轴线容易偏斜，甚至把钻头折断。如果被钻孔的表面是斜面或曲面，应预先设置与钻孔方向垂直的凸台或凹坑,并避免钻头单边受力产生折断。如图6-14(a)所示的设计较合理,如图6-14(b)所示的设计不合理。

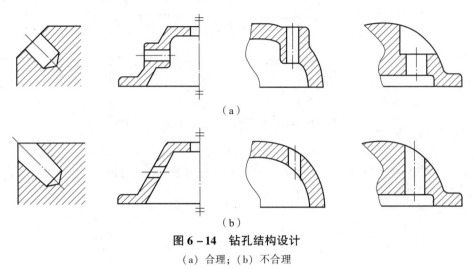

图6-14 钻孔结构设计
(a) 合理;(b) 不合理

三、零件的视图选择

零件的种类多样,结构千差万别。通常根据结构和用途相似及加工制造方面的特点,可将零件分为轴套类、轮盘类、叉架类、箱体类等四类典型零件。零件的视图是零件图中的重要内容之一,必须把零件的内外结构、形状和位置都表达得完整、正确、清晰,并符合设计和制造要求,且便于画图和看图。要达到上述要求,关键是合理地选择表达方案,即认真考虑主视图的选择及其他视图的数量、画法的选择。选择视图时,要结合零件的工作位置和加工位置,选择最能反映零件形状特征的视图作为主视图,包括运用各种表达方法,如剖视、断面等,并选好其他视图。选择视图的原则是:在完整、清晰地表达零件内外形状和结构的前提下,尽量减少视图数量。

(一) 主视图的选择

主视图是表达零件结构形状的一组图形中最重要的视图,通常画图和看图都从主视图开始。主视图选择是否合理,直接影响到其他视图的选择。因此,应先选好主视图。

选择零件图的主视图时,一般应从主视图的投射方向和零件的摆放位置两方面来考虑。

1. 选择主视图的投射方向

主视图是零件图中的核心,主视图的投影方向直接影响其他视图的投影方向,所以,主视图要将组成零件的各形体之间的相互位置,以及主要形体的形状结构表达清楚。选择主视图的投射方向,应考虑形体特征原则,即所选择的投射方向所得到的主视图应最能反映零件的形状特征。如图6-15所示,如按B方向投影不能反映该轴的形体特征,而按A方向投射反映的形状特征最明显。

2. 选择主视图的位置

当零件主视图的投射方向确定以后,还需确定主视图的位置。所谓主视图的位置,即是零件的摆放位置。依据不同类型零件的结构,一般分别从以下原则来考虑。

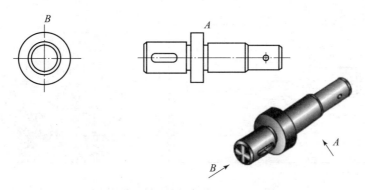

图 6-15　按形状特征原则选择主视图

（1）工作位置。工作位置原则是指零件安装在机器或部件中的安装位置或工作时的位置。

所选择的主视图的位置，应尽可能与零件在机器或部件中的工作位置相一致，有利于了解该零件的工作情况并和装配图进行直接对照。对于叉架类、箱体类零件，因为常需经过多种工序加工，且各工序的加工位置往往不同，又难以区分主次，故一般可按零件安装在机器或部件中的安装位置或工作时的位置来选择主视图。如图 6-16 所示的吊车上的吊钩和汽车前面的前拖钩均是以工作位置选择的主视图。

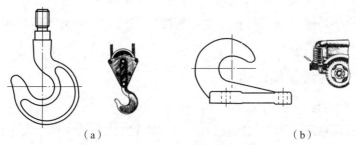

(a)　　　　　　　　　　　　(b)

图 6-16　以工作位置选择的主视图
(a) 吊钩；(b) 前拖钩

（2）加工位置原则。工作位置不易确定或按工作位置画图不方便的零件，主视图一般按零件在机械加工中所处的位置作为主视图的位置，加工位置是指零件在机床上加工时的装夹位置。

主视图方位与零件主要加工工序中的加工位置相一致，便于看图、加工和检测尺寸。因此，对于主要是在车床上完成机械加工的轴套类、轮盘类等零件，一般要按加工位置即将其轴线水平放置来安放主视图。如图 6-17 所示，轴的主视图选择方位是符合该零件在车床上的加工位置的。

（二）其他视图的选择

对于简单的轴、套类零件，一般只用一个视图，再标注尺寸，就能把其结构形状表达清楚。但是对于一些较复杂的零件，只靠一个主视图是很难把整个零件的结构形状表达完全。因此，一般在选择好主视图后，还应选择适当数量的其他视图（如向视图、局部视图、局部放大图、斜视图、断面图等）与之配合，才能将零件的结构形状完整清晰地表达出来。一般应优先考虑选用左视图、俯视图，然后再考虑选用其他视图。

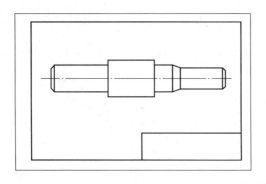 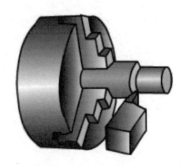

图 6-17　以加工位置选择的主视图

视图的数量要恰当。一个零件需要多少视图才能表达清楚，只能根据零件的具体情况分析确定。考虑的一般原则是：在保证充分表达零件形状、结构的前提下，尽可能使零件的视图（包括剖视图和断面图）数目为最少。应使每一个视图都有其表达的重点内容，具有独立存在的意义。零件应选用哪些视图，完全是根据零件的具体结构形状来确定的。如果视图的数目不足，则不能将零件的结构形状完全表达清楚。这样不仅会使看图困难，而且在制造时容易造成错误，使产品报废，带来损失。反之，如果零件的视图过多，则不仅会增加一些不必要的绘图工作量，而且还会使看图烦琐。

在绘制零件图时尽量不用或少用虚线。零件不可见部分的投影在视图中用虚线绘制，结构复杂，虚线交错势必造成画图与看图的不清晰，为此就必须恰当地运用剖视图、局部视图、向视图、断面图等表达方法。

四、轴套类零件的视图表达

轴套类零件属于同轴回转体类零件，包括各种用途的轴和套，结构形状通常比较简单，一般由大小不同的同轴回转体（如圆柱、圆锥）组成，具有轴向尺寸大于径向尺寸的特点。轴套类零件轴有直轴和曲轴、光轴和阶梯轴、实心轴和空心轴之分。阶梯轴上直径不等所形成的台阶称为轴肩，可供安装在轴上的零件轴向定位用，如图 6-18 所示。

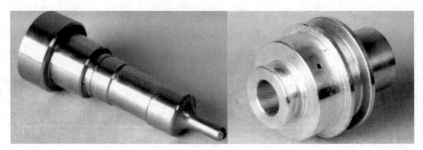

图 6-18　轴套类零件

（一）结构特点分析

轴主要用来支承传动零件（如齿轮、皮带轮、飞轮等）和传递动力。套一般装在轴上或机体孔中，用于支承、定位、导向等。此类零件上常有轴肩、倒角、倒圆、退刀槽、砂轮越程槽、键槽、螺纹、销孔、中心孔等结构。这些结构由设计要求和工艺要求决定，大多已标准化。

(二) 视图选择

1. 主视图

轴套类零件主要在车床上加工，所以，主视图按加工位置选择。根据轴套类零件的结构特点，一般只用一个基本视图表示。零件上的一些细节结构，通常采用断面、局部剖视、局部放大等表达方法表示。画图时，将零件的轴线水平放置，便于加工时读图看尺寸；通常将轴的大头朝左、小头朝右；轴上键槽、孔可朝前或朝上，表示其形状和位置明显。

形状简单且较长的零件可采用折断画法；实心轴上个别部分的内部结构形状，可用局部剖视图兼顾表达。空心套可用剖视图（全剖、半剖或局部剖）表达。轴端中心孔不作剖视，用规定标准代号表示。

2. 其他视图

轴套类零件的主要结构形状是同轴回转体，在主视图上注出相应的直径符号"φ"，即可表示清楚形体特征，故一般不必再用其他基本视图（结构复杂的轴例外）。对于零件上的键槽、孔等，可作出移出断面。砂轮越程槽、退刀槽、中心孔等可用局部放大图表达，这样既清晰又便于标注尺寸。

【例 6-1】 轴套类零件视图的表达与绘制

图 6-19 所示为一减速器主动轴（齿轮轴）的实体模型，其视图表达如图 6-1 所示，下面以此零件为例来说明零件图的绘图方法和步骤。

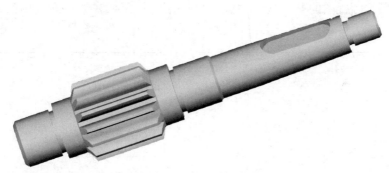

图 6-19 齿轮轴效果图形

（1）结构分析。

为了把被测零件准确完整地表达出来，应先对零件进行认真地分析，了解零件的类型、在机器中的作用、所使用的材料及大致的加工方法。

齿轮轴零件是减速器中重要零件之一。齿轮轴通过两端安装的轴承固定在减速器箱体内部，它的主要作用是来自外部（电动机）的旋转运动通过轴上的齿轮结构运动传递给另一齿数较多的齿轮，从而实现降速的目的。由于齿轮轴是动力的输入端，其转动速度较高，为防止转动时带起的润滑油（液态）甩进两端轴承从而带走轴承内部的润滑脂（固态），需在两端安装挡油环。在安装齿轮轴及其配合件时，为防止产生轴向窜动和调整轴上各零件间距离，通常加装有调整环、定距环等零件。

齿轮轴属于轴套类零件，齿轮轴上有轴肩、倒角、倒圆、退刀槽、砂轮越程槽、键槽、螺纹等结构。这些结构主要是由齿轮轴的功能要求和工艺要求决定的。

(2) 选择表达方案。

齿轮轴零件主要在车床上加工,所以,主视图按加工位置选择。根据齿轮轴零件的结构特点,一般只用一个基本视图表示。零件上的键槽结构,可采用断面图表达方法表示。画图时,将零件的轴线水平放置,为便于加工时读图看尺寸,通常将轴的大头朝左、小头朝右;轴上键槽、孔可朝前或朝上,表示其形状和位置明显。

齿轮轴零件的主要结构形状是同轴回转体,在主视图上注出相应的直径符号"ϕ",即可表示清楚形体特征,故一般不必再用其他基本视图。对于零件上的砂轮越程槽、退刀槽等结构,由于其结构简单,故可不用局部放大图重新表达。

值得强调的是,对于结构复杂的零件,其表达方案并非是唯一的,在不能很快地确定其表达方案时可先多考虑几种方案,选择最佳方案。

(3) 绘制图形。

零件的表达方案确定后,便可绘制零件图。绘制零件图总体顺序为:先用形体分析法,再用线面分析法;先画底稿线,后加粗描深;先画基准线,后画轮廓线;先画整体结构,后画局部细节结构;先画外部结构,后画内部结构。

①绘图准备。根据零件大小、视图数量、现有图纸大小,确定适当的比例(通常情况下采用原值比例)。根据绘图比例,选择 A4 图纸,画出边框线、图框线和标题栏(标题栏也可先只留位置)。

②布置视图,画视图的基准线。注意留出标注尺寸和画其他补充视图的地方,结果如图 6-20 所示。

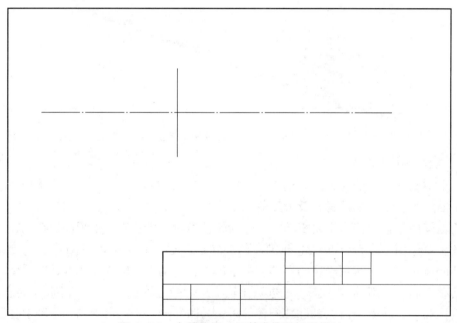

图 6-20 布置视图(画基准线和标题栏)

③用细线详细画出齿轮轴各段整体结构形状底稿,结果如图 6-21 所示。

④用细线详细画出齿轮轴各细节结构形状,完成全部图形底稿,结果如图 6-22 所示。

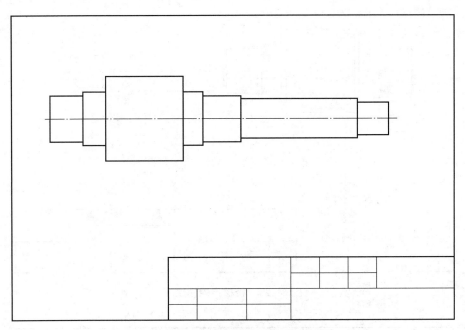

图 6-21 画齿轮轴各段整体结构形状底稿

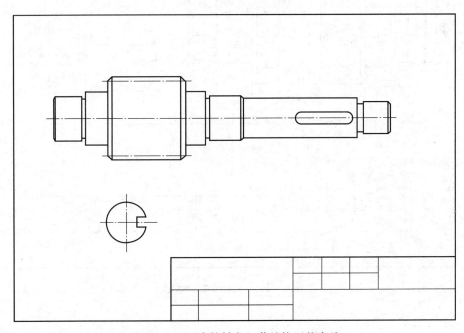

图 6-22 画齿轮轴各细节结构形状底稿

⑤仔细校核齿轮轴底稿，修改错误的图线，擦除多余的辅助线和底稿线，将图线加深，画出剖面线，结果如图 6-23 所示。

(4) 标注尺寸和标记。

画出所有需要标注尺寸的尺寸界线、尺寸线、箭头并注写尺寸数值，并标注断面图标记，结果如图 6-24 所示。

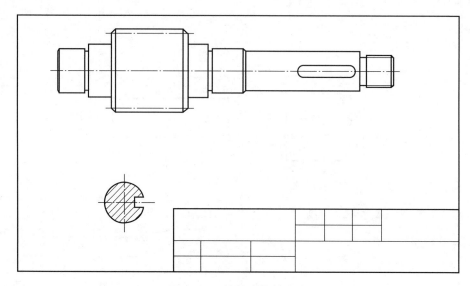

图 6-23 校核齿轮轴底稿

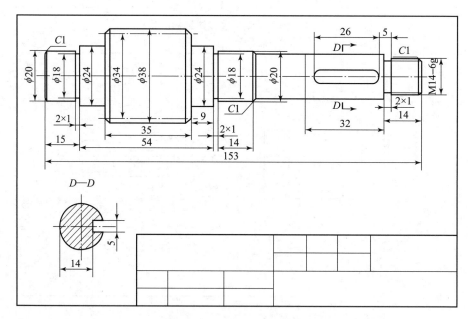

图 6-24 标注尺寸和标记

(5) 注写技术要求。

零件的技术要求主要包括尺寸公差、几何公差、表面粗糙度、材料热处理等内容。依次标注尺寸公差、几何公差、表面粗糙度、材料热处理等技术要求,其中材料与热处理注写内容为"调质 220~250 HBS,齿面淬火 50~55 HRC,锐边打毛刺 C0.2~C0.5,表面氧化处理",结果如图 6-25 所示。

(6) 填写标题栏。

填写标题栏,再次校核全图,完成齿轮轴零件图,结果如图 6-1 所示。

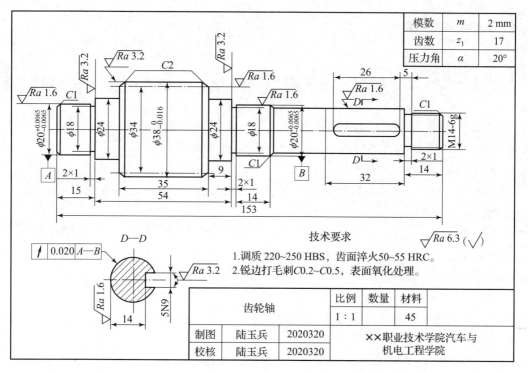

图 6-25 注写技术要求

任务 2　轮盘类零件图绘制

✓ 任务引入

采用 A4 图纸幅面，按 1∶1 比例完成《机械制图基础训练与任务书》中"任务 2：轮盘类零件图绘制——任务实施"指定任务，并绘制标题栏，标注尺寸及尺寸公差，标注几何公差和表面粗糙度，标题栏按教材"学生用简化标题栏"格式绘制。

✓ 任务目标

（1）掌握尺寸基准与基准选择、尺寸标注形式、尺寸标注原则及零件上各种常见孔的尺寸注法等基础知识，培养零件图尺寸标注应用能力。

（2）掌握公差标注的有关术语、标注公差尺寸与配合标注等基础知识，培养识读零件图尺寸公差基础能力。

（3）掌握轮盘类零件的特点、视图方案选择及轮盘类零件图绘制方法，培养绘制轮盘类零件图应用能力。

（4）根据《机械制图基础训练与任务书》中"任务 2：轮盘类零件图绘制——任务实施"要求，完成齿轮零件图抄画或三通接头零件视图表达（根据立体图）。

知识点导学

1. 尺寸基准与基准选择

（1）尺寸基准。尺寸基准是指零件装配到机器上或在加工测量时，用以确定其位置的一些点、线、面，分为设计基准和工艺基准。

（2）基准选择。在考虑选择零件的尺寸基准时，应尽量使设计基准与工艺基准重合（即为"基准重合原则"），以减少尺寸误差，保证产品质量。

2. 尺寸标注形式

零件图样上常见的尺寸标注形式有以下3种：链状式、坐标式、综合式。

3. 尺寸标注原则

重要尺寸必须直接注出，避免出现封闭的尺寸链，按加工顺序标注尺寸，用不同方法加工的尺寸尽量分开标注，标注尺寸时应考虑测量方便，同一方向的加工表面只应有一个以非加工面作基准标注的尺寸。

4. 零件上各种常见孔的尺寸注法

零件上各种常见孔的尺寸注法见表6-1。

5. 尺寸公差标注

（1）公差标注的有关术语：公称尺寸、提取组成要素的局部尺寸、极限尺寸（上极限尺寸和下极限尺寸）、极限偏差（上极限偏差和下极限偏差）、基本偏差、尺寸公差、标准公差、公差带、配合（间隙配合、过盈配合和过渡配合）等。

（2）公差尺寸与配合的标注：公差带和配合的表示方法，公差尺寸与配合的标注，即在公称尺寸后标记所要求的公差带和（或）在公称尺寸后标记所要求的公差带对应的极限偏差值。

6. 轮盘类零件的视图表达

（1）结构特点：轮盘类主体部分多系回转体，其上常有均布的孔、肋、槽和子耳板、齿等结构，透盖上常有密封槽，轮一般由轮毂、轮辐和轮缘三部分组成。

（2）视图选择。轮盘类零件一般需两个基本视图，按加工位置将其轴线水平安放选择主视图，主视图多采用剖视，同时配以左视图或右视图，以表达其他细节结构的外形，若基本视图未能表达如轮辐和肋板等其他结构形状，则可用移出断面图、重合断面图或局部视图表达。

相关知识

一、零件图的尺寸标注

零件上各部分的大小是按照图样上所标注的尺寸进行制造和检验的，零件图中的尺寸，不但要按前面的要求标注得正确、完整、清晰，而且必须标注得合理。所谓合理，是指所标注的尺寸既符合零件的设计要求，又便于加工和检验（即满足工艺要求）。本节从零件的结构分析、工艺分析出发，说明如何确定基准及选择合理的标注形式，并结合零件的结构形状标注尺寸。

（一）尺寸基准与基准选择

所谓尺寸基准，就是指零件装配到机器上或在加工测量时，用以确定其位置的一些点、线、面。它可以是零件上的对称平面、安装底平面、端面、零件的接合面、主要孔和轴的轴线等，如图6-26所示。

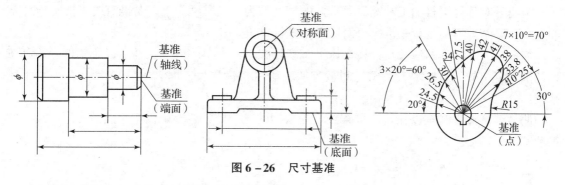

图6-26 尺寸基准

选择尺寸基准的目的，一是确定零件在机器中的位置或零件上几何元素的位置，以符合设计要求；二是在制作零件时，确定测量尺寸的起点位置，便于加工和测量，以符合工艺要求。因此，根据基准作用不同，可以把尺寸基准分为设计基准和工艺基准。

1. 设计基准

根据零件结构特点和设计要求而选定的尺寸基准，称为设计基准。零件有长、宽、高3个方向，每个方向都要有一个设计基准，该基准又称为主要基准。对于轴套类和轮盘类零件，实际设计中采用的是轴向基准和径向基准，而不用长、宽、高基准。

如图6-27所示的滑动轴承，从设计的角度来看，通常一根轴需有两个滑动轴承来支承，两个滑动轴承孔的轴线应处于同一轴线上，且一般应与基面平行，也就是要保证两个滑动轴承的轴承孔的轴线距底面等高。因此，在标注滑动轴承支承孔 $\phi 16$ 高度方向的定位尺寸时，应以滑动轴承的底面 B 为基准。为了保证底板两个螺栓过孔对于轴承孔的对称关系，

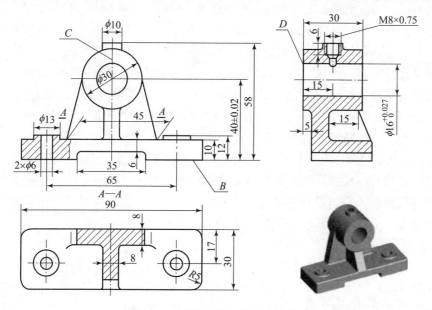

图6-27 滑动轴承的设计基准

在标注两孔长度方向的定位尺寸时，应以滑动轴承的对称平面 C 为基准。D 面是滑动轴承座宽度方向的定位面，是宽度方向的设计基准。底面 B、对称面 C 和 D 面就是该滑动轴承的设计基准。

2. 工艺基准

为便于对零件进行加工和测量所选定的基准称为工艺基准。工艺基准有时可能与设计基准重合，该基准不与设计基准重合时又称为辅助基准。

如图 6-28 所示的法兰盘，在车床上车削外圆时，车刀的最终位置是以小轴的左端面 E 为基准来定位的，这样工人加工时测量方便，所以在标注尺寸时，轴向以端面 E 为其工艺基准。

测量键槽深度时是以孔 $\phi 40$ 的素线 L 为依据的，因此素线 L 是该法兰盘键槽深度尺寸的工艺基准。

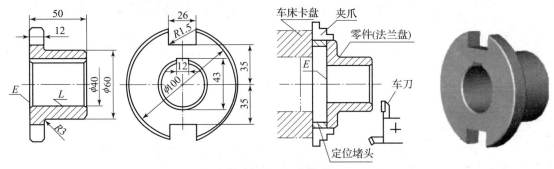

图 6-28 工艺基准

3. 基准选择

从设计基准标注尺寸时，可以满足设计要求，能保证零件的功能要求；而从工艺基准标注尺寸，则便于加工和测量。实际上有不少尺寸，从设计基准标注与工艺要求并无矛盾，即有些基准既是设计基准也是工艺基准。在考虑选择零件的尺寸基准时，应尽量使设计基准与工艺基准重合（即为"基准重合原则"），以减少尺寸误差，保证产品质量。如图 6-27 所示滑动轴承底面 B，既是设计基准也是工艺基准。当两者不能统一时，要按设计要求标注尺寸。

为了满足设计和制造要求，零件上某一方向的尺寸，往往不能都从一个基准注出。如图 6-27 所示滑动轴承高度方向的尺寸，主要以底面 B 为基准注出，而顶部的螺孔深度尺寸 6，为了加工和测量方便，则是以顶面为基准标注的。可见零件的某个方向可能会出现两个或两个以上的基准。在同方向的多个基准中，一般只有一个是主要基准，其他为辅助基准。辅助基准与主要基准之间应有联系尺寸，如图 6-27 所示的 58 就是顶面与底面 B 的联系尺寸。

因此归纳出选择基准的原则是：尽可能使设计基准与工艺基准一致，以减少两个基准不重合而引起的尺寸误差。当设计基准与工艺基准不一致时，应以保证设计要求为主，将重要尺寸从设计基准注出，次要基准从工艺基准注出，以便加工和测量。

4. 基准选择应用举例

如图 6-29 所示，齿轮轴安装在箱体中，根据轴线和右轴肩确定齿轮轴在机器中的位置，因此该轴线和右轴肩端面分别为齿轮轴径向和轴向的设计基准。加工过程中大部分工序是以轴线和左右端面分别作为径向和轴向基准的，因此该零件的轴线和左右端面为工艺基准。

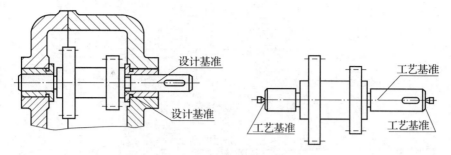

图 6-29 设计基准和工艺基准选择

如图 6-30 所示,轴承座零件长度、宽度和高度方向的尺寸基准选择,请自行分析其基准选择依据。

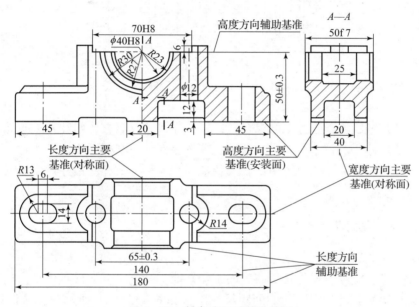

图 6-30 轴承座尺寸基准选择

(二) 尺寸标注形式

根据零件的结构特点和零件各结构间的联系关系,零件图样上常见的尺寸标注形式有三种:链状法、坐标法、综合法。

1. 链状法

链状法是指尺寸按一定顺序依次连起来的标注形式,如图 6-31 所示。链状法可保证各段尺寸的精度要求,但由于基准依次推移,使各段尺寸的位置误差累积,总长精度误差较大。当零件对总长精度要求不高而对各段精度要求较高时,适于采用这种方法标注。

2. 坐标法

坐标法是指把各个需要标注的尺寸从一个选定的基准注起的标注形式。坐标法尺寸标注主要应用于数控加工的零件图样上,如图 6-32 所示。由于图中所注各段尺寸精度互不影响,不产生位置误差累积,因此当需要从同一基准出发标注一组精确的尺寸时,适于采用这种方法标注。

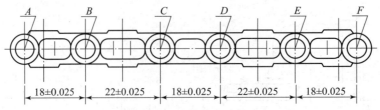

图 6-31 链状法尺寸标注

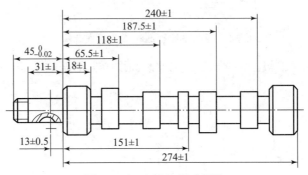

图 6-32 坐标法尺寸标注

3. 综合法

综合法尺寸是链状法和坐标法的综合，这样标注尺寸具有上述两种方法的优点。当零件上一些较重要的尺寸要求较小误差时，常用这种方法标注。在标注零件尺寸时，要根据设计要求选取标注方法。实际上，单纯用链状法和坐标法一种形式标注尺寸是极少见的，用得最多的是综合法。

二、尺寸标注原则

（一）重要尺寸必须直接注出

重要尺寸是指直接影响零件在机器中的工作性能、精度、互换性和相对位置等主要功能的尺寸，如轴承座中心高和安装孔的间距尺寸。如图 6-33（a）所示，能从设计基准（轴承座底面）直接注出尺寸 A，而不能如图 6-33（b）所示注成尺寸 B 和尺寸 C。因为在制造过程中，任何一个尺寸都不可能加工得绝对准确，总是有误差。如果按图 6-33（b）所示标注尺寸，则中心高 A 将受到尺寸 B 和尺寸 C 的加工误差的影响，若最后误差太大，则不能满足设计要求。同理，轴承座上的两个安装孔的中心距 L 应按图 6-33（a）所示直接注出。如按图 6-33（b）所示分别标注尺寸 E，则中心距 L 将常受到尺寸 90 和两个尺寸 E 的制造误差的影响。

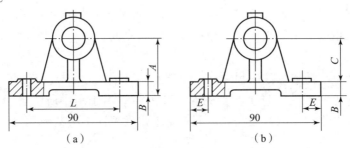

图 6-33 重要尺寸必须直接注出

（二）避免出现封闭的尺寸链

一组首尾相连的链状尺寸称为尺寸链，如图 6-34 所示，尺寸 A、B、C、D 组成了一个尺寸链，组成尺寸链的每一个尺寸称为尺寸链的环，如果尺寸链中所有各环都注上尺寸，如图 6-34（a）所示，这样的尺寸链称封闭尺寸链。

从加工的角度来看，在一个尺寸链中，总有一个尺寸是其他尺寸都加工完后自然得到的。如图 6-34（a）所示，图中加工完尺寸 A、B 和 D 后，尺寸 C 就自然得到了，这个自然得到的尺寸称为尺寸链的封闭环。

在标注尺寸时，应避免标注成封闭尺寸链。通常是将尺寸链中最不重要的那个尺寸作为封闭环，不注写尺寸，如图 6-34（b）所示。采用这种形式标注尺寸所形成的尺寸链，使该尺寸链中其他尺寸的制造误差都集中到这个封闭环上来，从而保证主要尺寸的精度。

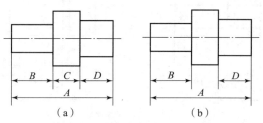

图 6-34 避免出现封闭的尺寸链

（a）出现封闭尺寸链；（b）避免封闭尺寸链

（三）按加工顺序标注尺寸

如图 6-35 所示，轴加工顺序为先加工出尺寸 128 后，再加工出尺寸 23 和 51，考虑加工看图和加工测量方便，可按加工顺序标注尺寸。

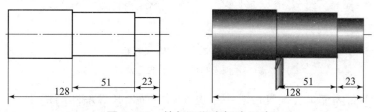

图 6-35 按加工顺序标注尺寸

（四）用不同方法加工的尺寸尽量分开标注

如图 6-36 所示，轴加工方法主要是在车床上车外圆和倒角，车削加工后还要铣削轴上键槽。考虑加工看图方便，把车削与铣削所需要的尺寸按不同加工方法分开标注，键槽的宽度和深度尺寸标注在断面图上，便于看图。

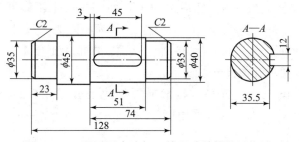

图 6-36 用不同方法加工的尺寸尽量分开标注

(五) 标注尺寸应考虑测量方便

尺寸标注有多种方案，但要注意所注尺寸是否便于测量，如图 6-37 所示，在加工该零件的内孔时，一般先加工小孔，然后依次加工出大孔。因此，在标注轴向尺寸时，应从两个端面标注出大孔的深度，以便于测量。如图 6-37 所示给出的两种不同标注方案中，图 6-37（a）所标注的尺寸不便于测量，因此标注方案不合理；图 6-37（b）所标注的尺寸便于测量，因此标注方案合理。图 6-38 所示为内、外键槽的尺寸标注，如图 6-38（a）所示标注方案不合理，图 6-38（b）所示标注方案合理。

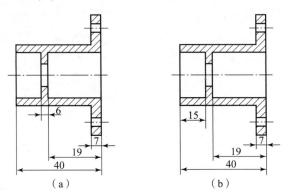

图 6-37 标注尺寸应考虑测量方便
(a) 不便于测量；(b) 便于测量

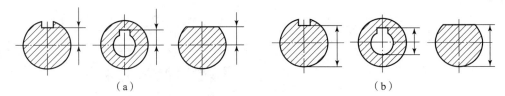

图 6-38 内、外键槽尺寸标注
(a) 不便于测量；(b) 便于测量

(六) 同一方向的加工表面只应有一个以非加工面作基准标注的尺寸

在铸造或锻造零件上标注尺寸时，应注意同一方向的加工表面只应有一个以非加工面作基准标注的尺寸。这样，不仅加工面的尺寸精度容易保证，而且非加工面的尺寸精度也能保证。

如图 6-39 所示壳体，图中所指的非加工面已由铸造或锻造工序完成。加工底面时，不能同时保证尺寸 8 和 21，所以图 6-39（a）所示的注法是错误的。如果按图 6-39（b）所示标注，加工底面时，先保证尺寸 8，然后再加工顶面，显然也不能同时保证尺寸 35 和 14，因而这种注法也不行。图 6-39（c）所示的注法正确，因为，尺寸 13 已由毛坯制造时完成，先按尺寸 8 加工底面，然后按尺寸 35 加工顶面，即能保证要求。

(七) 零件上各种常见孔的尺寸注法

国家标准（GB/T 16675.2—2012《技术制图 简化表示法 第 2 部分：尺寸注法》）规定，零件上常见的光孔、沉孔、螺孔等可采用旁注法和一般注法。各种孔的尺寸注法（旁注法与一般注法）见表 6-1。

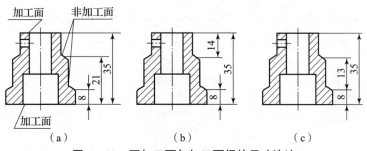

图 6-39 不加工面与加工面间的尺寸注法
（a），（b）错误；（c）正确

表 6-1 零件上常见孔的尺寸注法

类型	旁注法		普通注法
光孔	4×φ4▽10	4×φ4▽10	4×φ4 ... 10
	4×φ4H7▽8 钻▽10	4×φ4H7▽8 钻▽10	4×φ4H7 ... 8, 10
螺孔	3×M6-7H	3×M6-7H	3×M6-7H
	3×M6-7H▽10	3×M6-7H▽10	3×M6-7H ... 10
	3×M6-7H▽10 孔▽12	3×M6-7H▽10 孔▽12	3×M6-7H ... 10, 12

续表

类型	旁注法		普通注法
沉孔			

三、尺寸公差标注

零件图上除了视图和尺寸外,还需用文字或符号注明对零件在加工工艺、验收标准和材料质量等方面提出的要求,这些要求即是零件图内容中的技术要求,技术要求内容包括:尺寸公差、几何公差、表面粗糙度、材料表面处理和热处理以及零件在加工、检验和试验时的要求等内容。本任务涉及的国家标准主要有 GB/T 1800.1—2009《产品几何技术规范(GPS) 极限与配合 第 1 部分:公差、偏差和配合的基础》、GB/T 1800.2—2009《产品几何技术规范(GPS) 极限与配合 第 2 部分:标准公差等级和孔、轴极限偏差表》、GB/T 1801—2009《产品几何技术规范(GPS) 极限与配合 公差带和配合的选择》、GB/T 1804—2000《一般公差未注公差的线性和角度尺寸的公差》等。

(一) 公差标注的有关术语

1. 公称尺寸

由图样规范确定的理想形状要素的尺寸。公称尺寸可以是一个整数或一个小数值,是设计者根据使用要求,考虑零件的强度、刚度和结构后,经过计算、圆整给出的尺寸,如 32、15、0.5。孔的公称尺寸用大写字母"D"来表示,轴的公称尺寸用小写字母"d"来表示。

2. 提取组成要素的局部尺寸

一切提取组成要素上两对应点之间距离的统称,包括提取圆柱面的局部尺寸(提取圆柱面的局部直径)和两平行提取表面的局部尺寸两种情况。为方便起见,可将提取组成要素的局部尺寸简称为提取要素的局部尺寸。

3. 极限尺寸

尺寸要素允许的尺寸的两个极端。提取组成要素的局部尺寸应位于其中,也可达到极限尺寸。两个极端（界限）值中较大的一个称为上极限尺寸，较小的一个称为下极限尺寸。

（1）上极限尺寸。上极限尺寸是指尺寸要素允许的最大尺寸，孔的上极限尺寸用"D_{max}"表示，轴的上极限尺寸用"d_{max}"表示。

（2）下极限尺寸。下极限尺寸是指尺寸要素允许的最小尺寸，孔的下极限尺寸用"D_{min}"表示，轴的下极限尺寸用"d_{min}"表示。

4. 极限偏差

某一尺寸减其公称尺寸所得的代数差称为偏差，极限尺寸减其公称尺寸所得的代数差称为极限偏差，分为上极限偏差和下极限偏差。

（1）上极限偏差：上极限尺寸减其公称尺寸所得的代数差，轴的上极限偏差代号用"es"表示，孔的上极限偏差代号用"ES"表示。

（2）下极限偏差：下极限尺寸减其公称尺寸所得的代数差，轴的下极限偏差代号用"ei"表示，孔的下极限偏差代号用"EI"表示。

5. 基本偏差

在极限与配合中，确定公差带相对零线位置的那个极限偏差。它可以是上极限偏差，也可以是下极限偏差。基本偏差一般为靠近零线最近的那个上极限偏差或下极限偏差，即在两个极限偏差中，绝对值较小的那个极限偏差，它是用来确定公差带与零线相对位置的偏差。

国家标准对孔和轴分别规定了 28 种基本偏差，它们用拉丁字母表示，称为基本偏差代号，其中孔用大写拉丁字母表示，轴用小写拉丁字母表示。在 26 个字母中除去 5 个容易和其他参数混淆的字母"I(i)、L(l)、O(o)、Q(q)、W(w)"外，其余 21 个字母再加上 7 个双写字母"CD(cd)、EF(ef)、FG(fg)、JS(js)、ZA(za)、ZB(zb)、ZC(zc)"共计 28 个字母作为 28 种基本偏差的代号。公称尺寸≤500 mm 轴的基本偏差数值见表 6-2，公称尺寸≤500 mm 孔的基本偏差数值见表 6-3。

6. 尺寸公差

尺寸公差简称公差，是允许尺寸的变动量，等于上极限尺寸减下极限尺寸所得代数差，也等于上极限偏差减下极限偏差所得代数差。尺寸公差是一个没有符号的绝对值，不能为负值，也不能为 0（公差为 0，零件将无法加工）。孔和轴的公差分别用"Th"和"Ts"表示。尺寸公差、极限尺寸和极限偏差的关系如下：

$$孔的公差\ Th = |D_{max} - D_{min}| = |ES - EI|$$
$$轴的公差\ Ts = |d_{max} - d_{min}| = |es - ei|$$

7. 标准公差

国家标准中规定的用来确定公差带大小的任一公差值。根据公差系数等级的不同，国家标准把公差等级分为 20 个等级，用 IT（ISO tolerance 的简写）加阿拉伯数字表示，即 IT01、IT0、IT1、IT2、…、IT18，每个等级符号称为标准公差等级代号，公差等级逐渐降低，而相应的公差值逐渐增大，同一公差等级对所有公称尺寸的一组公差被认为具有同等精确程度。各公差等级对各段公称尺寸的标准公差数值见表 6-4。

表6-2 公称尺寸≤500 mm 轴的基本偏差数值(摘自 GB/T 1800.1—2009)

单位：μm

基本偏差	a	b	c	cd	d	e	ef	f	fg	g	h	js	j			k	
	上偏差 es												下偏差 ei				
	所有的级												5,6	7	8	4~7	≤3 >7
公称尺寸/mm	公差等级																
大于 — 至 3	-270	-140	-60	-34	-20	-14	-10	-6	-4	-2	0	偏差等于±IT/2	-2	-4	-6	0	0
3 — 6	-270	-140	-70	-46	-30	-20	-14	-10	-6	-4	0		-2	-4	—	+1	0
6 — 10	-280	-150	-80	-56	-40	-25	-18	-13	-8	-5	0		-2	-5	—	+1	0
10 — 14	-290	-150	-95	—	-50	-32	—	-16	—	-6	0		-3	-6	—	+1	0
14 — 18	-290	-150	-95	—	-50	-32	—	-16	—	-6	0		-3	-6	—	+1	0
18 — 24	-300	-160	-110	—	-65	-40	—	-20	—	-7	0		-4	-8	—	+2	0
24 — 30	-300	-160	-110	—	-65	-40	—	-20	—	-7	0		-4	-8	—	+2	0
30 — 40	-310	-170	-120	—	-80	-50	—	-25	—	-9	0		-5	-10	—	+2	0
40 — 50	-320	-180	-130	—	-80	-50	—	-25	—	-9	0		-5	-10	—	+2	0
50 — 65	-340	-190	-140	—	-100	-60	—	-30	—	-10	0		-7	-12	—	+2	0
65 — 80	-360	-200	-150	—	-100	-60	—	-30	—	-10	0		-7	-12	—	+2	0
80 — 100	-380	-220	-170	—	-120	-72	—	-36	—	-12	0		-9	-15	—	+3	0
100 — 120	-410	-240	-180	—	-120	-72	—	-36	—	-12	0		-9	-15	—	+3	0

续表

基本偏差		上偏差 es											js	下偏差 ei				
公称尺寸/mm		公差等级																
		a	b	c	cd	d	e	ef	f	fg	g	h		j			k	
		所有的级												5,6	7	8	4~7	≤3 >7
大于	至																	
120	140	-460	-260	-200	—	-145	-85	—	-43	—	-14	0	偏差等于 $\pm \dfrac{IT}{2}$	-11	-18	—	+3	0
140	160	-520	-280	-210	—	-145	-85	—	-43	—	-14	0		-11	-18	—	+3	0
160	180	-580	-310	-230	—	-145	-85	—	-43	—	-14	0		-11	-18	—	+3	0
180	200	-660	-340	-240	—	-170	-100	—	-50	—	-15	0		-13	-21	—	+4	0
200	225	-740	-380	-260	—	-170	-100	—	-50	—	-15	0		-13	-21	—	+4	0
225	250	-820	-420	-280	—	-170	-100	—	-50	—	-15	0		-13	-21	—	+4	0
250	280	-920	-480	-300	—	-190	-110	—	-56	—	-17	0		-16	-26	—	+4	0
280	315	-1 050	-540	-330	—	-190	-110	—	-56	—	-17	0		-16	-26	—	+4	0
315	355	-1 200	-600	-360	—	-210	-125	—	-62	—	-18	0		-18	-28	—	+4	0
355	400	-1 350	-680	-400	—	-210	-125	—	-62	—	-18	0		-18	-28	—	+4	0
400	450	-1 500	-760	-440	—	-230	-135	—	-68	—	-20	0		-20	-32	—	+5	0
450	500	-1 650	-840	-480	—	-230	-135	—	-68	—	-20	0		-20	-32	—	+5	0

续表

基本偏差							下偏差 ei							
	m	n	p	r	s	t	u	v	x	y	z	za	zb	zc
公差等级							公差等级							
公称尺寸/mm							所有的级							
大于 至														
— 3	+2	+4	+6	+10	+14	—	+18	—	+20	—	+26	+32	+40	+60
3 6	+4	+8	+12	+15	+19	—	+23	—	+28	—	+35	+42	+50	+80
6 10	+6	+10	+15	+19	+23	—	+28	—	+34	—	+42	+52	+67	+97
10 14	+7	+12	+18	+23	+28	—	+33	—	+40	—	+50	+64	+90	+130
14 18	+7	+12	+18	+23	+28	—	+33	+39	+45	—	+60	+77	+108	+150
18 24	+8	+15	+22	+28	+35	—	+41	+47	+54	+63	+73	+98	+136	+188
24 30	+8	+15	+22	+28	+35	+41	+48	+55	+64	+75	+88	+118	+160	+218
30 40	+9	+17	+26	+34	+43	+48	+60	+68	+80	+94	+112	+148	+200	+274
40 50	+9	+17	+26	+34	+43	+54	+70	+81	+97	+114	+136	+180	+242	+325
50 65	+11	+20	+32	+41	+53	+66	+87	+102	+122	+144	+172	+226	+300	+405
65 80	+11	+20	+32	+43	+59	+75	+102	+120	+146	+174	+210	+274	+360	+480
80 100	+13	+23	+37	+51	+71	+91	+124	+146	+178	+214	+258	+335	+445	+585
100 120	+13	+23	+37	+54	+79	+104	+144	+172	+210	+254	+310	+400	+525	+690
120 140	+15	+27	+43	+63	+92	+122	+170	+202	+248	+300	+365	+470	+620	+800
140 160	+15	+27	+43	+65	+100	+134	+190	+228	+280	+340	+415	+535	+700	+900
160 180	+15	+27	+43	+68	+108	+146	+210	+252	+310	+380	+465	+600	+780	+1 000

续表

<table>
<tr><th rowspan="3">基本偏差</th><th colspan="19">下偏差 ei</th></tr>
<tr><th>m</th><th>n</th><th>p</th><th>r</th><th>s</th><th>t</th><th>u</th><th>v</th><th>x</th><th>y</th><th>z</th><th>za</th><th>zb</th><th>zc</th></tr>
<tr><th colspan="14">公差等级</th></tr>
<tr><td>公称尺寸/mm</td><td colspan="14">所有的级</td></tr>
<tr><td>大于 / 至</td><td>m</td><td>n</td><td>p</td><td>r</td><td>s</td><td>t</td><td>u</td><td>v</td><td>x</td><td>y</td><td>z</td><td>za</td><td>zb</td><td>zc</td></tr>
<tr><td>180 / 200</td><td rowspan="2">+17</td><td rowspan="2">+31</td><td rowspan="2">+50</td><td>+77</td><td>+122</td><td>+166</td><td>+236</td><td>+284</td><td>+350</td><td>+425</td><td>+520</td><td>+670</td><td>+880</td><td>+1 150</td></tr>
<tr><td>200 / 225</td><td>+80</td><td>+130</td><td>+180</td><td>+258</td><td>+310</td><td>+385</td><td>+470</td><td>+575</td><td>+740</td><td>+960</td><td>+1 250</td></tr>
<tr><td>225 / 250</td><td rowspan="2">+20</td><td rowspan="2">+34</td><td rowspan="2">+56</td><td>+84</td><td>+140</td><td>+196</td><td>+284</td><td>+340</td><td>+425</td><td>+520</td><td>+640</td><td>+820</td><td>+1 050</td><td>+1 350</td></tr>
<tr><td>250 / 280</td><td>+94</td><td>+158</td><td>+218</td><td>+315</td><td>+385</td><td>+475</td><td>+580</td><td>+710</td><td>+920</td><td>+1 200</td><td>+1 550</td></tr>
<tr><td>280 / 315</td><td>+21</td><td>+37</td><td>+62</td><td>+98</td><td>+170</td><td>+240</td><td>+350</td><td>+425</td><td>+525</td><td>+650</td><td>+790</td><td>+1 000</td><td>+1 300</td><td>+1 700</td></tr>
<tr><td>315 / 355</td><td rowspan="2">+21</td><td rowspan="2">+37</td><td rowspan="2">+62</td><td>+108</td><td>+190</td><td>+268</td><td>+390</td><td>+475</td><td>+590</td><td>+730</td><td>+900</td><td>+1 150</td><td>+1 500</td><td>+1 900</td></tr>
<tr><td>355 / 400</td><td>+114</td><td>+208</td><td>+294</td><td>+435</td><td>+530</td><td>+660</td><td>+820</td><td>+1 000</td><td>+1 300</td><td>+1 650</td><td>+2 100</td></tr>
<tr><td>400 / 450</td><td rowspan="2">+23</td><td rowspan="2">+40</td><td rowspan="2">+68</td><td>+126</td><td>+232</td><td>+330</td><td>+490</td><td>+595</td><td>+740</td><td>+920</td><td>+1 100</td><td>+1 450</td><td>+1 850</td><td>+2 400</td></tr>
<tr><td>450 / 500</td><td>+132</td><td>+252</td><td>+360</td><td>+540</td><td>+660</td><td>+820</td><td>+1 000</td><td>+1 250</td><td>+1 600</td><td>+2 100</td><td>+2 600</td></tr>
</table>

注:1. 公称尺寸小于或等于 1 mm 的基本偏差 a 和 b 不使用。
2. 公差带 js7~js11,若 ITn 的数值为奇数,则其偏差等于 ±(ITn−1)/2。

表 6-3 公称尺寸 ≤500 mm 孔的基本偏差数值（摘自 GB/T 1800.1—2009）

μm

基本偏差	下偏差 EI											JS	上偏差 ES								
	A	B	C	CD	D	E	EF	F	FC	G	H		J			K		M		N	
													6	7	8	≤8	>8	≤8	>8	≤8	>8
公称尺寸/mm	公差等级																				
大于 至	所有的级											偏差等于 $\pm\frac{IT}{2}$									
— 3	+270	+140	+60	+34	+20	+14	+10	+6	+4	+2	0		+2	+4	+6	0	0	-2	-2	-4	-4
3 6	+270	+140	+70	+46	+30	+20	+14	+10	+6	+4	0		+5	+6	+10	-1+Δ	—	-4+Δ	-4	-8+Δ	0
6 10	+280	+150	+80	+56	+40	+25	+18	+13	+8	+5	0		+5	+8	+12	-1+Δ	—	-6+Δ	-6	-10+Δ	0
10 14	+290	+150	+95	—	+50	+32	—	+16	—	+6	0		+6	+10	+15	-1+Δ	—	-7+Δ	-7	-12+Δ	0
14 18																					
18 24	+300	+160	+110	—	+65	+40	—	+20	—	+7	0		+8	+12	+20	-2+Δ	—	-8+Δ	-8	-15+Δ	0
24 30																					
30 40	+310	+170	+120	—	+80	+50	—	+25	—	+9	0		+10	+14	+24	-2+Δ	—	-9+Δ	-9	-17+Δ	0
40 50	+320	+180	+130																		
50 65	+340	+190	+140	—	+100	+60	—	+30	—	+10	0		+13	+18	+28	-2+Δ	—	-11+Δ	-11	-20+Δ	0
65 80	+360	+200	+150																		
80 100	+380	+220	+170	—	+120	+72	—	+36	—	+12	0		+16	+22	+34	-3+Δ	—	-13+Δ	-13	-23+Δ	0
100 120	+410	+240	+180																		
120 140	+460	+260	+200	—	+145	+85	—	+43	—	+14	0		+18	+26	+41	-3+Δ	—	-15+Δ	-15	-27+Δ	0
140 160	+520	+280	+210																		
160 180	+580	+310	+230																		

续表

基本偏差	下偏差 EI										JS	上偏差 ES							
	A	B	C	CD	D	E	EF	F	FC	H		J			K		M		N
公差等级	所有的级										偏差等于 $\pm\frac{IT}{2}$	6	7	8	≤8	>8	≤8	>8	≤8	>8
公称尺寸/mm 大于 至																				
180 200	+660	+340	+240	—	+170	+100	—	+50	—	0		+22	+30	+47	−4+Δ	—	−17+Δ	−17	−31+Δ	0
200 225	+740	+380	+260	—																
225 250	+820	+420	+280																	
250 280	+920	+480	+300	—	+190	+110	—	+56	—	0		+25	+36	+55	−4+Δ	—	−20+Δ	−21	−37+Δ	0
280 315	+1 050	+540	+330																	
315 355	+1 200	+600	+360	—	+210	+125	—	+62	—	0		+29	+39	+60	−4+Δ	—	−21+Δ	−21	−37+Δ	0
355 400	+1 350	+680	+400																	
400 450	+1 500	+760	+440	—	+230	+135	—	+68	—	0		+33	+43	+66	−5+Δ	—	−23+Δ	−23	−40+Δ	0
450 500	+1 650	+840	+480																	

续表

基本偏差	上偏差 ES													Δ						
	P 至 ZC	P	R	S	T	U	V	X	Y	Z	ZA	ZB	ZC							
	≤7级	公差等级 ≥7 级												3	4	5	6	7	8	
公称尺寸/mm																				
大于	至																			
—	3	−6	−10	−14	—	−18	—	−20	—	−26	−32	−40	−60	0	0	0	0	0	0	
3	6	−12	−15	−19	—	−23	—	−28	—	−35	−42	−50	−80	1	1.5	1	3	4	6	
6	10	−15	−19	−23	—	−28	—	−34	—	−42	−52	−67	−97	1	1.5	2	3	6	7	
10	14	−18	−23	−28	—	−33	—	−40	—	−50	−64	−90	−130	1	2	3	3	7	9	
14	18						−39	−45	—	−60	−77	−108	−150							
18	24	−22	−28	−35	—	−41	−47	−54	−63	−73	−98	−136	−188	1.5	2	3	4	8	12	
24	30				−41	−48	−55	−64	−75	−88	−118	−160	−218							
30	40	−26	−34	−43	−48	−60	−68	−80	−94	−112	−148	−200	−274	1.5	3	4	5	9	14	
40	50				−54	−70	−81	−97	−114	−136	−180	−242	−325							
50	65	−32	−41	−53	−66	−87	−102	−122	−144	−172	−226	−300	−405	2	3	5	6	11	16	
65	80		−43	−59	−75	−102	−120	−146	−174	−210	−274	−360	−480							
80	100	−37	−51	−71	−91	−124	−146	−178	−214	−258	−335	−445	−585	2	4	5	7	13	19	
100	120		−54	−79	−104	−144	−172	−210	−254	−310	−400	−525	−690							
120	140	−43	−63	−92	−122	−170	−202	−248	−300	−365	−470	−620	−800	3	4	6	7	15	23	
140	160		−65	−100	−134	−190	−228	−280	−340	−415	−535	−700	−900							
160	180		−68	−108	−146	−210	−252	−310	380	−465	−600	−780	−1 000							

在大于 7 级的相应数值上增加一个 Δ 值

续表

基本偏差	上偏差 ES																	
	P 至 ZC	P	R	S	T	U	V	X	Y	Z	ZA	ZB	ZC	Δ				
	公差等级																	
公称尺寸/mm	≤7级	≥7 级												3	4	5	6	7	8
大于	至																		
180	200		-50	-77	-122	-166	-236	-284	-350	-425	-520	-670	-880	-1 150	3	4	5	6	—
200	225	在大于7级的相应数值上增加一个Δ值		-80	-130	-180	-258	-310	385	-470	-575	-740	-960	-1 250	3	4	6	9	17	26
225	250			-84	-140	-196	-284	-340	-425	-520	-640	-830	-1 050	-1 350					
250	280		-56	-94	-158	-218	-315	-385	-475	-580	-710	-920	-1 200	-1 550	4	4	7	9	20	29
280	315			-98	-170	-240	-350	-425	-525	-650	-790	-1 000	-1 300	-1 700					
315	355		-62	-108	-190	-268	-390	-475	-590	-730	-900	-1 150	-1 500	-1 900	4	5	7	11	21	32
355	400			-114	-208	-294	-435	-530	-660	-820	-1 000	-1 300	-1 650	-2 100					
400	450		-68	-126	-232	-330	-490	-595	-740	-920	-1 100	-1 450	-1 850	-2 400	5	5	7	13	23	34
450	500			-132	-252	-360	-540	-660	-820	-1 000	-1 250	-1 600	-2 100	-2 600					

注：1. 公称尺寸小于或等于 1 mm 的基本偏差 A 和 B 不使用。
2. 公差带 JS7 至 JS11，若 ITn 的数值为奇数，则取 $JS = \pm (ITn+1)/2$。
3. 对小于或等于 IT8 的 K、M、N 和小于或等于 IT7 的 P 至 ZC，所取 Δ 值从表内右侧选取。
例如，18～30 段的 K7：$\Delta = 8$ μm，所以，$ES = -2 + 8 = 6$ (μm)；18～30 段的 S6：$\Delta = 4$ μm，所以，$ES = -35 + 4 = -31$ (μm)。
4. 特殊情况：250～315 段的 M6，$ES = -9$ μm（代替 -11 μm）。
5. 对公称尺寸小于或等于 1 mm 和公差等级大于 IT8 的基本偏差 N 不使用。

表6-4 标准公差数值（摘自GB/T 1800.1—2009）

公称尺寸/mm	公差等级																			
	IT01	IT0	IT1	IT2	IT3	IT4	IT5	IT6	IT7	IT8	IT9	IT10	IT11	IT12	IT13	IT14	IT15	IT16	IT17	IT18
	μm													mm						
≤3	0.3	0.5	0.8	1.2	2	3	4	6	10	14	25	40	60	100	0.14	0.25	0.40	0.60	1.0	1.4
>3~6	0.4	0.6	1	1.5	2.5	4	5	8	12	18	30	48	75	120	0.18	0.30	0.48	0.75	1.2	1.8
>6~10	0.4	0.6	1	1.5	2.5	4	6	9	15	22	36	58	90	150	0.22	0.36	0.58	0.90	1.5	2.2
>10~18	0.5	0.8	1.2	2	3	5	8	11	18	27	43	70	110	180	0.27	0.43	0.70	1.10	1.8	2.7
>18~30	0.6	1	1.5	2.5	4	6	9	13	21	33	52	84	130	210	0.33	0.52	0.84	1.3	2.1	3.3
>30~50	0.5	1	1.5	2.5	4	7	11	16	25	39	62	100	160	250	0.39	0.62	1.00	1.60	2.5	3.9
>50~80	0.8	1.2	2	3	5	8	13	19	30	46	74	120	190	300	0.46	0.74	1.20	1.90	3.0	4.6
>80~120	1	1.5	2.5	4	6	10	15	22	35	54	87	140	220	350	0.54	0.87	1.40	2.20	3.5	5.4
>120~180	1.2	2	3.5	5	8	12	18	25	40	63	100	160	250	400	0.63	1.00	1.60	2.50	4.0	6.3
>180~250	2	3	4.5	7	10	14	20	29	46	72	115	185	290	460	0.72	1.15	1.85	2.90	4.6	7.2
>250~315	2.5	4	6	8	12	16	23	32	52	81	130	210	320	520	0.81	1.30	2.10	3.20	5.2	8.1
>315~400	3	5	7	9	13	18	25	36	57	89	140	230	360	570	0.89	1.40	2.30	3.60	5.7	8.9
>400~500	4	6	8	10	15	20	27	40	63	7	155	250	400	630	0.97	1.55	2.50	4.00	6.3	9.7
>500~630	4.5	6	9	11	16	22	32	44	70	110	175	280	440	700	1.10	1.75	2.8	4.4	7.0	11.0
>630~800	5	7	10	13	18	25	36	50	80	125	200	320	500	800	1.25	2.0	3.2	5.0	8.0	12.5
>800~1 000	5.5	8	11	15	21	29	40	56	90	140	230	360	560	900	1.40	2.3	3.6	5.6	9.0	14.0
>1 000~1 250	6.5	9	13	18	24	33	47	66	105	165	260	420	660	1 050	1.65	2.6	4.2	6.6	10.5	16.5
>1 250~1 600	8	11	15	21	29	39	55	78	125	195	310	500	780	1 250	1.95	3.1	5.0	7.8	12.5	19.5
>1 600~2 000	9	13	18	25	35	46	65	92	150	230	370	600	920	1 500	2.30	3.7	6.0	9.2	15.0	23.0
>2 000~2 500	11	15	22	30	41	55	78	110	175	280	440	700	1 100	1 750	2.80	4.4	7.0	11.0	17.5	28.0
>2 500~3 150	13	18	26	36	50	68	96	135	210	330	540	860	1 350	2 100	3.30	5.4	8.6	13.5	21.0	33.0

注：公称尺寸小于1 mm，无IT14~IT18。

8. 公差带

公差带是公差带图解中，表示上极限偏差和下极限偏差或上极限尺寸和下极限尺寸的两条直线所限定的一个区域，它是由公差大小和其相对零线的位置如基本偏差来确定的。公差带有两个参数：公差带的位置和公差带的大小，公差带的位置由基本偏差决定，公差带的大小（指公差带的纵向距离）由标准公差决定。

9. 配合

配合是公称尺寸相同并且相互结合的轴与孔公差带之间的关系。根据其公带位置图不同，可分为三种类型：间隙配合、过盈配合和过渡配合。

（1）间隙配合。具有间隙的配合（包括间隙为0）称为间隙配合。当配合为间隙配合时，孔的公差带在轴的公差带的上方。

（2）过盈配合。具有过盈的配合（包括过盈为0）称为过盈配合。当配合为过盈配合时，孔的公差带在轴的公差带的下方。

（3）过渡配合。可能具有间隙也可能具有过盈（针对大批零件而言）的配合称为过渡配合。当配合为过渡配合时，孔的公差带和轴的公差带相互交叉。

（二）公差尺寸与配合的标注

1. 公差带和配合的表示

公差带是用基本偏差代号的字母和公差等级的数字表示，如 H7 为孔的公差带，h7 为轴的公差带。国家标准提供了 20 种公差等级和 28 种基本偏差代号，其中基本偏差 j 限用于 4 个公差等级，基本偏差 J 限用于 3 个公差等级，由此可组成孔的公差带有 543 种、轴的公差带有 544 种。在公称尺寸≤500 mm 的常用尺寸段范围内，国家标准推荐了孔、轴的一般、常用和优先选用的公差带。对于轴的一般、常用和优先选用公差带国家标准规定了 119 种，其中常用公差带有 59 种，优先选用的公差带有 13 种，如表 6-5 所示。对于孔的一般、常用和优先选用的公差带国家标准规定了 105 种，其中常用公差带有 44 种，优先选用的公差带有 13 种，如表 6-6 所示。

表 6-5 公称尺寸≤500 mm 轴的一般、常用和优先选用的公差带

						h1	js1									
						h2	js2									
						h3	js3									
					g4	h4	js4	k4	m4	n4	p4	r4	s4				
			f5	g5	h5	j5	js5	k5	m5	n5	p5	r5	s5	t5	u5	v5	x5	y5	z5
		e6	f6	**g6**	**h6**	j6	js6	**k6**	m6	**n6**	**p6**	r6	**s6**	t6	**u6**	v6	x6	y6	z6
	d7	e7	**f7**	g7	**h7**	j7	js7	k7	m7	n7	p7	r7	s7	t7	u7	v7	x7	y7	z7
		c8	d8	e8	f8	g8	h8		js8	k8	m8	n8	p8	r8	s8	t8	u8	v8	x8	y8	z8
a9	b9	c9	**d9**	e9	f9		h9		js9										
a10	b10	c10	d10	e10			h10		js10										
a11	b11	**c11**	d11				**h11**		js11										
a12	b12	c12					h12		js12										
a13	b13	c13					h13		js13										

表 6-6 公称尺寸 ≤500 mm 孔的一般、常用和优先选用的公差带

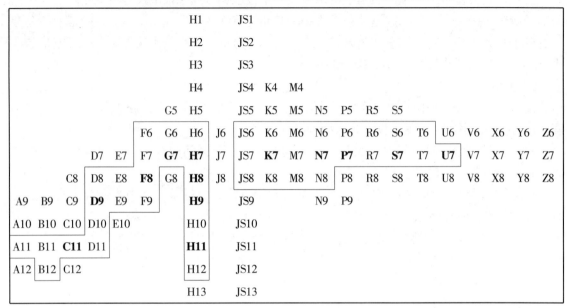

当孔、轴公差带组成配合时，配合代号写成分数形式，分子为孔的公差带代号，分母为轴的公差带代号。如孔 φ30H7 和轴 φ30f6 组合成的配合表示为 φ30H7/f6 或 φ30$\frac{H7}{f6}$。国家标准在推荐了孔、轴公差带的基础上，还推荐了孔、轴公差带的配合，见表 6-7 和表 6-8。对于基孔制规定了 59 个常用配合，在常用配合中又规定了 13 个优先配合；对于基轴制规定了 47 个常用配合，在常用配合中又规定了 13 个优先配合。

表 6-7 基孔制常用、优先配合代号

基准孔	轴																				
	a	b	c	d	e	f	g	h	js	k	m	n	p	r	s	t	u	v	x	y	z
	间隙配合								过渡配合				过盈配合								
H6						$\frac{H6}{f5}$	$\frac{H6}{g5}$	$\frac{H6}{h5}$	$\frac{H6}{js5}$	$\frac{H6}{k5}$	$\frac{H6}{m5}$	$\frac{H6}{n5}$	$\frac{H6}{p5}$	$\frac{H6}{r5}$	$\frac{H6}{s5}$	$\frac{H6}{t5}$					
H7						$\frac{H7}{f6}$	$\frac{\mathbf{H7}}{\mathbf{g6}}$	$\frac{\mathbf{H7}}{\mathbf{h6}}$	$\frac{H7}{js6}$	$\frac{\mathbf{H7}}{\mathbf{k6}}$	$\frac{H7}{m6}$	$\frac{\mathbf{H7}}{\mathbf{n6}}$	$\frac{\mathbf{H7}}{\mathbf{p6}}$	$\frac{H7}{r6}$	$\frac{\mathbf{H7}}{\mathbf{s6}}$	$\frac{H7}{t6}$	$\frac{\mathbf{H7}}{\mathbf{u6}}$	$\frac{H7}{v6}$	$\frac{H7}{x6}$	$\frac{H7}{y6}$	$\frac{H7}{z6}$
H8					$\frac{H8}{e7}$	$\frac{\mathbf{H8}}{\mathbf{f7}}$	$\frac{H8}{g7}$	$\frac{\mathbf{H8}}{\mathbf{h7}}$	$\frac{H8}{js7}$	$\frac{H8}{k7}$	$\frac{H8}{m7}$	$\frac{H8}{n7}$	$\frac{H8}{p7}$	$\frac{H8}{r7}$	$\frac{H8}{s7}$	$\frac{H8}{t7}$	$\frac{H8}{u7}$				
				$\frac{H8}{d8}$	$\frac{H8}{e8}$	$\frac{H8}{f8}$		$\frac{H8}{h8}$													
H9			$\frac{H9}{c9}$	$\frac{\mathbf{H9}}{\mathbf{d9}}$	$\frac{H9}{e9}$	$\frac{H9}{f9}$		$\frac{\mathbf{H9}}{\mathbf{h9}}$													
H10			$\frac{H10}{c10}$	$\frac{H10}{d10}$				$\frac{H10}{h10}$													

续表

基准孔	轴																			
	a	b	c	d	e	f	g	h	js	k	m	n	p	r	s	t	u	v	x	y	z
	间隙配合								过渡配合				过盈配合							
H11	H11/a11	H11/b11	**H11/c11**	H11/d11				**H11/h11**												
H12		H12/b12						H12/h12												

注：1. 公称尺寸小于或等于 3 mm 的 H6/n5 与 H7/p6 为过渡配合，公称尺寸小于或等于 100 mm 的 H8/r7 为过渡配合。
　　2. 黑体标注的配合为优先配合。

表 6–8　基轴制常用、优先配合代号

基准轴	孔																			
	A	B	C	D	E	F	G	H	JS	K	M	N	P	R	S	T	U	V	X	Y	Z
	间隙配合								过渡配合				过盈配合							
h5						F6/h5	G6/h5	H6/h5	JS6/h5	K6/h5	M6/h5	N6/h5	P6/h5	R6/h5	S6/h5	T6/h5					
h6						F7/h6	**G7/h6**	**H7/h6**	JS7/h6	**K7/h6**	M7/h6	**N7/h6**	**P7/h6**	R7/h6	**S7/h6**	T7/h6	**U7/h6**				
h7					E8/h7	**F8/h7**		**H8/h7**	JS8/h7	K8/h7	M8/h7	N8/h7									
h8				D8/h8	E8/h8	F8/h8		H8/h8													
h9				**D9/h9**	E9/h9	F9/h9		**H9/h9**													
h10				D10/h10				h10/h10													
h11	A11/h11	B11/h11	**C11/h11**	D11/h11				**H11/h11**													
h12		B11/h12						H12/h12													

注：黑体标注的配合为优先配合。

2. 公差尺寸与配合标注

孔、轴公差尺寸用公称尺寸和公差带或（和）对应的偏差值表示，即在图样上标注公差尺寸的方法有 3 种。

（1）在公称尺寸后标记所要求的公差带，如 $\phi50H7$，表示公称尺寸为 $\phi50$、公差带为 H7（公差等级为 IT7 级、基本偏差代号为 H）孔的公差尺寸；如 $\phi50g6$，表示公称尺寸为

$\phi 50$、公差带为 g6（公差等级为 IT6 级、基本偏差代号为 g）轴的公差尺寸。$\phi 50$H7（孔）和 $\phi 50$g6（轴）的标注如图 6-40 所示。

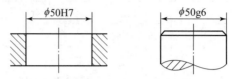

图 6-40 公称尺寸和公差带的标注

（2）在公称尺寸后标记所要求的公差带对应的极限偏差值，如 $\phi 50^{+0.025}_{0}$，表示公称尺寸为 $\phi 50$、上极限偏差为 +0.025、下极限偏差为 0 孔（或轴）的公差尺寸；如 $\phi 50^{-0.009}_{-0.025}$，表示公称尺寸为 $\phi 50$、上极限偏差为 -0.009、下极限偏差为 -0.025 孔（或轴）的公差尺寸。$\phi 50^{+0.025}_{0}$ 孔和 $\phi 50^{-0.009}_{-0.025}$ 的标注如图 6-41 所示。

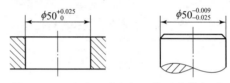

图 6-41 公称尺寸和极限偏差值的标注

（3）在公称尺寸后标注所要求的公差带和相对应的极限偏差值，如 $\phi 50$H7$(^{+0.025}_{0})$、$\phi 50$g6$(^{-0.009}_{-0.025})$ 表示孔、轴的公差尺寸，其标注如图 6-42 所示。

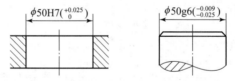

图 6-42 公称尺寸与公差带、极限偏差值的标注

（4）在装配图上，配合是用相同的公称尺寸后跟孔、轴公差带表示的，配合的标注如图 6-43 所示。

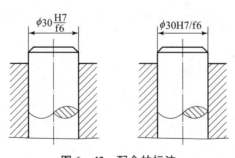

图 6-43 配合的标注

四、轮盘类零件的视图表达

轮盘类零件包括各种用途的轮和盘盖零件，其毛坯多为铸件或锻件。轮一般用键、销与轴连接，用以传递扭矩，盘盖可起支承、定位和密封等作用，轮盘类零件的主体结构是同轴线的回转体或其他平板形。

（一）结构特点

轮盘类零件结构形状特点是轴向尺寸小而径向尺寸大，零件的主体多数是由回转体组成。轮类零件常见有手轮、带轮、链轮、齿轮、蜗轮、飞轮等，盘盖类零件有圆、方各种形状的法兰盘、端盖等。轮盘类主体部分多是回转体，其上常有均布的孔、肋、槽和子耳板、齿等结构；透盖上常有密封槽；轮一般由轮毂、轮辐和轮缘三部分组成，较小的轮也可制成实体（辐板）式，如图 6-44 所示。

图 6-44　轮盘类零件

（二）视图选择

1. 主视图

轮盘类零件的主要回转面和端面都在车床上加工，故其主视图的选择与轴套类零件相同，即也按加工位置将其轴线水平安放画主视图。对有些不以车削加工为主的盘盖类零件，也可按工作位置安放视图，其主视投射方向原则应首先满足形状特征性。通常选投影非圆的视图作主视图，其主要视图通常侧重反映内部形状，故多用各种剖视。

2. 其他视图

轮盘类零件一般需两个基本视图。主视图多采用剖视，可配以左视图或右视图，以表达其他细节结构的外形。当轮盘类零件结构对称时，其左视图或右视图可只画一半或略大于一半，有时也可用局部视图表达。

若基本视图未能表达如轮辐和肋板等其他结构形状，则可用移出断面图、重合断面图或局部视图表达，也可用简化画法，如有较小结构，则可用局部放大图表达，如图 6-45 所示，轮盘类零件的齿轮的零件图如图 6-46 所示。

图 6-45　轮盘类零件

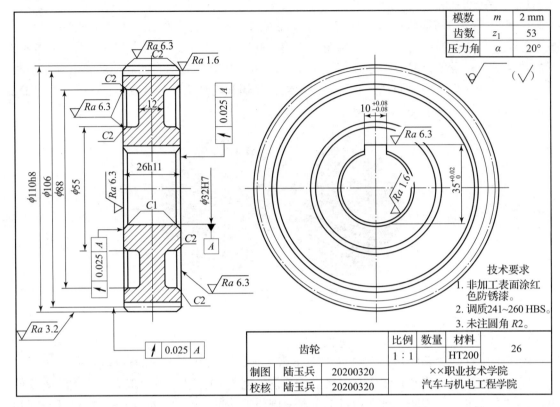

图 6-46 齿轮零件图

任务3　叉架类零件图绘制

任务引入

采用 A4 图纸幅面，按 1∶1 比例完成《机械制图基础训练与任务书》中"任务3：叉架类零件图绘制——任务实施"指定任务，并绘制标题栏，标注尺寸及尺寸公差、几何公差，抄画表面粗糙度标注，标题栏按教材"学生用简化标题栏"格式绘制。

任务目标

（1）掌握几何公差相关术语、几何公差标注内容、几何公差标注方法等基础知识，培养识读零件图几何公差基础能力。

（2）掌握支架类零件表达方案的选择、支架类零件的特点、视图表达方法及支架类零件图绘制方法，培养绘制支架类零件图的应用能力。

（3）根据《机械制图基础训练与任务书》中"任务3：支架类零件图绘制——任务实施"要求，完成支架零件图抄画或支架零件视图表达（根据立体图）。

知识点导学

1. 几何公差相关术语

（1）要素。构成零件几何特征的点、线、面，统称为几何要素，简称要素。

（2）组成要素和导出要素。

组成要素：实际有定义的面或面上的线，组成要素可以是理想的或非理想的几何要素。

导出要素：由一个或几个组成要素得到的中心点、中心线或中心面，导出要素是对组成要素进行一系列操作而得到的要素，它不是工件实体上的要素。

（3）尺寸要素：由一定大小的线性尺寸或角度尺寸确定的几何形状。

（4）公称组成要素与公称导出要素。

公称组成要素：由技术制图或其他方法确定的理论正确组成要素。

公称导出要素：由一个或几个公称组成要素导出的中心点、轴线或中心平面。

（5）工件实际表面和实际（组成）要素。

工件实际表面：实际存在并将整个工件与周围介质分隔的一组要素。

实际（组成）要素：是实际存在并将整个工件与周围介质分隔的要素，它由无数个连续点构成，为非理想要素。

（6）提取组成要素和提取导出要素。

提取组成要素：按规定方法由实际（组成）要素提取有限数目的点所形成的实际（组成）要素的近似替代。

提取导出要素：由一个或几个提取组成要素得到的中心点、中心线或中心面。提取圆柱面的导出中心线称为提取中心线，两相对提取平面的导出中心面称为提取中心面。

（7）拟合组成要素和拟合导出要素。

拟合组成要素：按规定方法由提取组成要素形成的具有理想形状的组成要素。

拟合导出要素：由一个或几个拟合组成要素导出的中心点、轴线或中心平面。

（8）基准。用来定义公差带的位置和（或）方向或用来定义实体状态的位置和（或）方向的一个（组）方位要素。基准符号是由涂黑的或空白的三角形、方格、连线和基准字母组成的。

（9）被测要素和基准要素。

被测要素：图样中给出了几何公差要求的要素，是测量的对象，用指引线与公差框格连接。

基准要素：零件上用来建立基准并实际起基准作用的实际（组成）要素。

（10）单一要素和关联要素。

单一要素：在设计图样上仅对其本身给出形状公差的要素，也就是只研究确定其形状误差的要素。

关联要素：对其他要素有功能关系的要素或在设计图样上给出了方向、位置、跳动公差的要素，也就是研究确定其方向、位置、跳动误差的要素。

2. 几何公差的特征项目和符号

几何公差分为形状公差、方向公差、位置公差和跳动公差四大类，共分为19个项目，其中形状公差 6 个、方向公差 5 个、位置公差 6 个、跳动公差 2 个，各公差项目符号见表 6-9。

3. 几何公差标注方法

(1) 公差框格。在图样上一般应水平放置，若有必要，也允许竖直放置。对于水平放置的公差框格，应由左往右依次填写公差项目、公差值及有关符号、基准字母及有关符号，对于竖直放置的公差框格，应该由下往上填写有关内容，公差框格的个数为 2~5 格。

(2) 指引线。公差框格用指引线与被测要素联系起来，指引线由细实线和箭头构成，它从公差框格的一端引出，并保持与公差框格端线垂直，引向被测要素时允许弯折，但不得多于两次。

(3) 被测要素的标注。当被测要素为组成要素（轮廓线或轮廓面）时，指示箭头应指在该要素的轮廓线上，也可指在轮廓线的延长线上，且必须与尺寸线明显地错开。当被测要素为导出要素（中心点、中心线或中心面）时，指引线的箭头应对准尺寸线，即与尺寸线的延长线相重合。

(4) 基准要素的标注。当基准要素是组成要素（轮廓线或轮廓面）时，基准代号中的三角形放置在基准要素的轮廓线或轮廓延长线上，但要与尺寸线明显错开。当基准要素是导出要素（中心点、轴线、中心平面）时，基准代号的三角形应放置在该尺寸线的延长线上（即与该要素的尺寸线对齐）。

(5) 公差值的标注。公差值是表示公差带的宽度或直径，是控制误差量的指标。

4. 支架类零件表达方案的选择

零件的表达方案是指能完整、清晰地表达某零件结构形状的若干种表示法的组合。按照零件的主体结构形状，零件可分为回转体和非回转体两类。叉架类零件的视图选择时，一般应多考虑几种方案，加以比较后，力求用较好的方案表达零件。

5. 支架类零件的视图表达

(1) 结构特点：支架类零件包括各种用途的叉杆和支架零件。支架类零件结构形状不规则，外形比较复杂。叉杆零件常有弯曲或倾斜结构，扭拐部位较多，其上常有肋板、轴孔、耳板、底板等结构，局部结构常有油槽、油孔、螺孔、沉孔等。

(2) 视图选择：按工作（安装）位置安放主视图。主视图常采用剖视图（形状不规则时用局部剖视为多）表达主体外形和局部内形，其上的肋剖切时应采用规定画法。支架类零件结构形状较复杂，通常需要两个或两个以上的基本视图，并多用局部剖视兼顾内外形状来表达。叉杆零件的倾斜结构常用向视图、斜视图、局部视图、斜剖视图、断面图等方式表达。

相关知识

任何机械产品都要经过图样设计、机械加工和装配调试等过程。在加工过程中，不论加工设备和方法如何精密、可靠，都不可避免地会出现误差，除了尺寸方面的误差外，还会存在各种形状和位置方面的误差。例如，要求直、平、圆的地方达不到理想的直、平、圆，要求同轴、对称或位置准确的地方达不到绝对的同轴、对称或位置准确。如车削时由三爪卡盘夹紧的环形工件，会因夹紧力使工件变形而成为棱圆形，产生形状误差，如图 6-47 所示；

钻孔时钻头移动方向与工作台面不垂直，会造成孔的轴线对定位基面的方向（垂直度）误差，如图6-48所示。实际加工所得到的零件形状和几何体的相互位置相对于其理想的形状和位置关系存在差异，这就是形状和位置的误差，统称为几何误差。

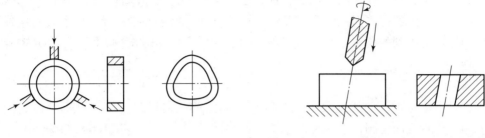

图6-47 形状误差的产生　　　　图6-48 方向（垂直度）误差产生

形状和位置误差的存在是不可避免的，零件在使用过程中也并不需要绝对消除这些误差，只需根据具体的功能要求把误差控制在一定的范围内即可，有了允许的变动范围便可实现互换性生产。因此，在机械产品设计过程中，要对零件作几何公差（形状、方向、位置和跳动公差）设计，以保证产品质量，满足所需要的性能要求。为使设计零件的几何公差有规可循，国家市场监督管理总局、国家标准化管理委员会制定了一系列国家标准。本任务主要涉及的国家标准有GB/T 4249—2018《产品几何技术规范（GPS）基础 概念、原则和规则》、GB/T 1182—2008《产品几何技术规范（GPS）几何公差 形状、方向、位置和跳动公差标注》、GB/T 17851—2010《产品几何技术规范（GPS）几何公差 基准和基准体系》和GB/T 1184—1996《形状和位置公差 未注公差值》等。

一、几何公差标注

（一）几何公差相关术语

1. 要素

任何零件都是由点、线、面构成的，几何公差的研究对象就是构成零件几何特征的点、线、面，统称为几何要素，简称要素。如图6-49所示的零件几何要素包括球面、球心、圆锥面、端平面、圆柱面、圆锥顶点（锥顶）、素线和轴线等，几何公差就是研究这些要素在形状及其相互间方向或位置方面的精度问题。

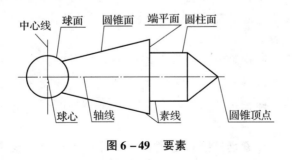

图6-49 要素

2. 组成要素和导出要素

（1）组成要素：实际有定义的面或面上的线，实质是构成零件的几何外形，能直接被人们所感觉到的线、面。组成要素可以是理想的或非理想的几何要素。如图6-49所示零件几何要素中的圆柱面、端平面、素线。

(2) 导出要素：由一个或几个组成要素得到的中心点、中心线或中心面，实质是组成要素对称中心所表示的点、线、面。例如，球心是由球面得到的导出要素，该球面为组成要素；圆柱的中心线是由圆柱面得到的导出要素，该圆柱面为组成要素。导出要素是对组成要素进行一系列操作而得到的要素，它不是工件实体上的要素。如图6-49所示零件几何要素中的球心、轴线。

3. 尺寸要素

尺寸要素是由一定大小的线性尺寸或角度尺寸确定的几何形状。尺寸要素可以是圆柱形、球形、两平行对应面、圆锥形或楔形。

4. 公称组成要素与公称导出要素

(1) 公称组成要素：由技术制图或其他方法确定的理论正确组成要素，如图6-50（a）所示。

(2) 公称导出要素：由一个或几个公称组成要素导出的中心点、轴线或中心平面，如图6-50（a）所示。

5. 工件实际表面和实际（组成）要素

(1) 工件实际表面：实际存在并将整个工件与周围介质分隔的一组要素。

(2) 实际（组成）要素：由接近实际（组成）要素所限定的工件实际表面的组成要素部分，如图6-50（b）所示。实际（组成）要素是实际存在并将整个工件与周围介质分隔的要素，它由无数个连续点构成，为非理想要素。在几何公差概念中，没有实际（导出）要素的说法。

6. 提取组成要素和提取导出要素

(1) 提取组成要素：按规定方法，由实际（组成）要素提取有限数目的点所形成的实际（组成）要素的近似替代，该替代（的方法）由要素所要求的功能确定，每个实际（组成）要素可以有几个这种替代，如图6-50（c）所示。

(2) 提取导出要素：由一个或几个提取组成要素得到的中心点、中心线或中心面，如图6-50（c）所示。为方便起见，提取圆柱面的导出中心线称为提取中心线，两相对提取平面的导出中心面称为提取中心面。

提取（组成、导出）要素是根据特定的规则，通过对非理想要素提取有限数目的点得到的近似替代要素，为非理想要素。提取时的替代（方法）由要素所要求的功能确定。

7. 拟合组成要素和拟合导出要素

(1) 拟合组成要素：按规定方法由提取组成要素形成的具有理想形状的组成要素，如图6-50（d）所示。

(2) 拟合导出要素：由一个或几个拟合组成要素导出的中心点、轴线或中心平面，如图6-50（d）所示。

拟合（组成、导出）要素是按照特定规则，以理想要素尽可能地逼近非理想要素而形成的替代要素，为理想要素。

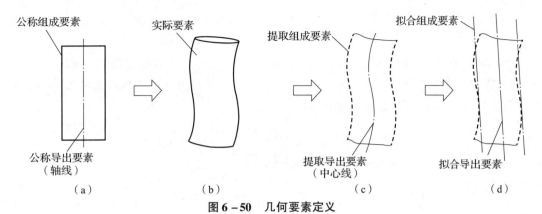

图 6-50 几何要素定义

(a) 公称组成要素和公称导出要素;(b) 实际要素;(c) 提取组成要素和提取导出要素;
(d) 拟合组成要素和拟合导出要素

几何要素定义间的相互关系如图 6-51 所示。

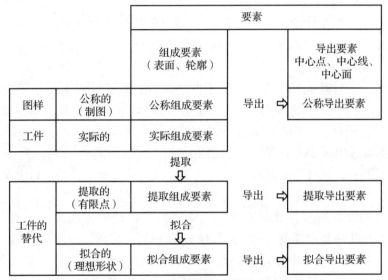

图 6-51 几何要素定义间相互关系

8. 基准

基准是用来定义公差带的位置和(或)方向或用来定义实体状态的位置和(或)方向的一个(组)方位要素。在基准标准中,基准用基准符号表示,国家标准(GB/T 1182—2008《产品几何技术规范(GPS)几何公差 形状、方向、位置和跳动公差标注》)中规定:基准符号是由涂黑的或空白的三角形、方格、连线和基准字母(大写字母 A、B、C…)组成的,基准符号如图 6-52 所示。

图 6-52 基准符号

基准符号引向基准要素时,无论基准符号在图面上的方向如何,表示基准符号的字母都应水平书写。基准符号在图样上的表达方式:先在基准部位标注基准符号,再将基准符号中代表基准名称的字母填在公差框格中,如图 6-52 所示。

9. 被测要素和基准要素

(1) 被测要素(GB/T 1182—2008)。图样中给出了几何公差要求的要素,是测量的对象，用指引线与公差框格连接。如图6-53（a）中φ16H7孔的轴线、图6-53（b）中的上平面。

（2）基准要素（GB/T 17851—2010）。零件上用来建立基准并实际起基准作用的实际（组成）要素，如一条边、一个表面或一个孔。基准要素在图样上都标有基准符号或基准代号，如图6-53（a）中φ30h6的轴线、图6-53（b）中的下平面。

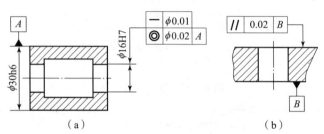

图6-53 被测要素和基准要素

10. 单一要素和关联要素

（1）单一要素：在设计图样上仅对其本身给出形状公差的要素，也就是只研究确定其形状误差的要素。如图6-53所示零件φ16H7孔的轴线，当研究的是直线度误差时，该轴线就是单一要素。

（2）关联要素：对其他要素有功能关系的要素或在设计图样上给出了方向、位置、跳动公差的要素，也就是研究确定其方向、位置、跳动误差的要素。如图6-53（a）中φ16H7孔的轴线，相对于φ30h6圆柱面轴线有同轴度公差要求，此时φ16H7的轴线可作为关联要素研究其对φ30h6圆柱面轴线的同轴度误差。同理，图6-53（b）中上平面相对于下平面有平行度要求，此时上平面可作为关联要素研究其对下平面的平行度误差。

（二）几何公差的特征项目和符号

几何公差分为形状公差、方向公差、位置公差和跳动公差四大类。国家标准（GB/T 1182—2008《产品几何技术规范（GPS）几何公差 形状、方向、位置和跳动公差标注》）将几何公差共分为19个项目，其中形状公差6个、方向公差5个、位置公差6个、跳动公差2个，且每一个几何公差项目都规定了专门的符号，见表6-9。

（三）几何公差标注方法

1. 公差框格

公差框格在图样上一般应水平放置，若有必要，也允许竖直放置。对于水平放置的公差框格，应由左往右依次填写公差项目、公差值及有关符号、基准字母及有关符号，基准可多至3个，但先后有别。基准字母代号前后排列不同将有不同的含义，通常第一基准选取最重要的表面，加工或安装时由三点定位，其余依次为第二基准（两点定位）和第三基准（一点定位），基准的多少取决于对被测要素的功能要求。单个基准用一个字母表示；公共（组合）基准由组成公共基准的两个基准字母表示，在中间加一横线组成；基准体系由表示基准的两个或三个基准字母表示，各基准字母按第一、第二和第三基准的顺序从左至右分别标注在各小格中。对于竖直放置的公差框格，应该由下往上填写有关内容，公差框格的个数为2~5格，由需要填写的内容决定。公差框格填写如图6-54所示。

表6-9 几何公差特征项目和符号

公差类型	几何特征	符号	基准	公差类型	几何特征	符号	基准
形状公差	直线度	—	无	位置公差	位置度	⊕	有或无
	平面度	▱	无		同心度（用于中心点）	◎	有
	圆度	○	无		同轴度（用于轴线）	◎	有
	圆柱度	⌭	无		对称度	═	有
	线轮廓度	⌒	无		线轮廓度	⌒	有
	面轮廓度	⌓	无		面轮廓度	⌓	有
方向公差	平行度	∥	有	跳动公差	圆跳动	↗	有
	垂直度	⊥	有		全跳动	⌰	有
	倾斜度	∠	有				
	线轮廓度	⌒	有				
	面轮廓度	⌓	有				

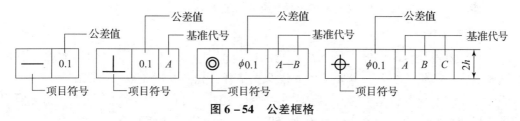

图6-54 公差框格

2. 指引线

公差框格用指引线与被测要素联系起来。指引线由细实线和箭头构成，它从公差框格的一端引出，并保持与公差框格端线垂直，引向被测要素时允许弯折，但不得多于两次。指引线的箭头应指向公差带的宽度方向或径向，如图6-55所示。

3. 几何公差标注

按几何公差国家标准的规定，在图样上标注几何公差时，应采用代号标注。无法采用代号标注时，允许在技术条件中用文字加以说明。几何公差的项目符号、公差框格、指引线、公差数值、基准代号以及其他有关符号构成了几何公差的代号。

（1）被测要素的标注。

标注被测要素时，要特别注意公差框格的指引线箭头所指的位置和方向，箭头的位置和方向的不同将有不同的公差要求解释，因此，要严格按国家标准的规定进行标注。

①当被测要素为组成要素（轮廓线或轮廓面）时，指示箭头应指在该要素的轮廓线上，也可指在轮廓线的延长线上，且必须与尺寸线明显地错开，如图6-56（a）所示。

②对视图中的一个面提出几何公差要求，有时可在该面上用一小黑点引出参考线，公差框格的指引线箭头则指在参考线上，如图6-56（b）所示。

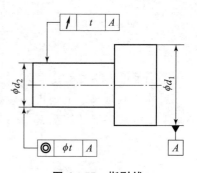

图6-55 指引线

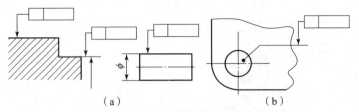

图 6-56　组成要素几何公差标注

③当被测要素为导出要素（中心点、中心线或中心面）时，指引线的箭头应对准尺寸线，即与尺寸线的延长线相重合。若指引线的箭头与尺寸线的箭头方向一致，则可合并为一个箭头，如图 6-57 所示。

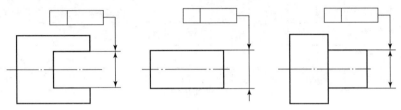

图 6-57　导出要素几何公差标注

（2）基准要素的标注。

①当基准要素是组成要素（轮廓线或轮廓面）时，基准符号中的三角形放置在基准要素的轮廓线或轮廓延长线上，但要与尺寸线明显错开，如图 6-58（a）所示。

②当受到图形限制，基准符号必须注在某个面上时，可在面上画出小黑点，由黑点引出参考线，基准符号则置于参考线上，图 6-58（b）所示应为环形表面。

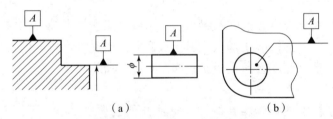

图 6-58　组成要素基准标注

③当基准要素是导出要素（中心点、轴线、中心平面）时，基准符号的三角形应放置在该尺寸线的延长线上（即与该要素的尺寸线对齐），如图 6-59（a）所示。基准符号中的三角形也可代替尺寸线的其中一个箭头，如图 6-59（b）所示。

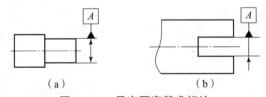

图 6-59　导出要素基准标注

（3）公差值的标注。

公差值是表示公差带的宽度或直径，是控制误差量的指标。公差值的大小是几何公差精度高低的直接体现，如是表示公差带的宽度则只标注公差值 t，如是表示公差带直径则应视要素特征和设计要求标注 ϕt 或 $S\phi t$，具体公差数值可查阅有关技术资料或国家标准。

二、支架类零件表达方案的选择

零件的表达方案是指能完整、清晰地表达某零件结构形状的若干种表示法的组合。按照零件的主体结构形状，零件可分为回转体和非回转体两类。当零件的主体结构形状为同轴回转体时，零件的形状特征比较明显，表达方案容易确定，如轴套类和轮盘类零件。当零件的主体结构形状为非同轴回转体时，零件的结构形状一般都比较复杂，视图选择时往往存在多样性，如运动零件，它们工作位置并不固定，而一些叉架和箱体类零件，它们各工序的加工作位置各不相同，进而导致同一个零件的表达方法可能有几种，这就需要分析零件的结构特点，选择恰当的表示法，从便于读图为出发点来分析不同表达方案的优缺点，确定合适的表达方案。

总之，支架类零件的视图选择是一个比较灵活的问题。在选择时，一般应多考虑几种方案加以比较后，力求用较好的方案表达零件。在选择主视图时，当确定了主视图的投影方向后，根据零件的特点应尽量符合零件的工作位置（或自然位置）或加工位置。此外，还要考虑其他视图的合理布置，以充分利用图纸，通过多画、多看、多比较、多总结，不断实践，才能逐步提高表达能力。

图 6-60 所示为一脚踏座零件两种视图表达方案，支架主体结构有空心圆柱、安装板和肋 3 个部分，上部的空心圆柱和下面的安装板通过中间的 T 形肋连接。如图 6-60（a）所示表达方案：采用主视图、俯视图和右视图 3 个基本视图表达主体结构，并通过局部剖视图表达清楚了空心圆柱的内、外结构形状。如图 6-60（b）所示表达方案：主视图一次性表达了空心圆柱、安装板与 T 形肋的主要结构形状和相对位置，俯视图表达了空心圆柱的长度、安装板和肋板的宽度及前后相对位置，再用 A 向局部视图表达了安装板左端面形状，用移出断面表示 T 形肋的断面形状。综合比较两种方案可以看出，如图 6-60（b）所示表达方案显得更加清晰、简练，可作为该脚踏座零件的最终表达方案。

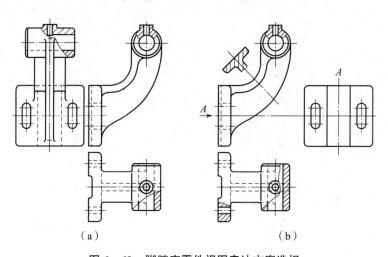

图 6-60 脚踏座零件视图表达方案选择

【例 6-2】 轴承架的立体图形如图 6-61 所示，确定其视图表达方案。

运用形体分析可知，轴承架由圆筒、底板及肋板三部分组成，为能使充分表达零件结构形状且尽可能使零件的视图数目为最少，可给出如图 6-62~图 6-64 所示 3 种表达方案。

方案比较：

（1）主视图比较。3 个方案都符合零件的主要加工位置及工作位置要求，但方案三主视图较突出地表达圆筒、凸台及螺纹孔的结构形状，因此，方案三的主视图选择比较合理。

（2）其他视图比较。对于底板和肋板的表达，方案一比方案二显得简洁，而方案三仅用一个重合断面表示，比方案一更简洁。

图 6-61 轴承架

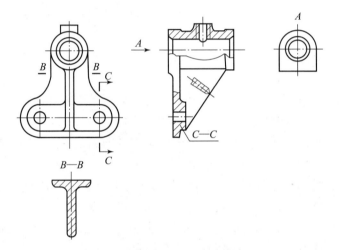

图 6-62 轴承架视图表达方案一

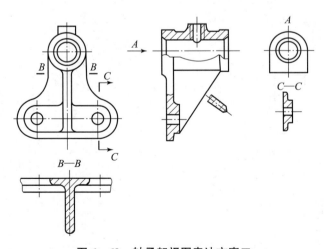

图 6-63 轴承架视图表达方案二

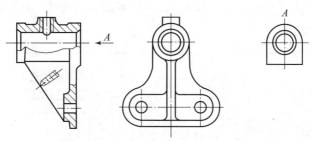

图6-64 轴承架视图表达方案三

因此,方案三用较少的视图正确、完整、清晰地表达了轴承座的结构形状,可作为该零件的最佳表达方案。

三、支架类零件的视图表达

支架类零件包括各种用途的叉杆和支架零件。支杆零件多为运动件,通常起传动、连接、调节或制动作用;支架零件通常起支承、连接等作用,其毛坯多为铸件,如图6-65所示。

图6-65 支架类零件

(一)结构特点

支架类零件结构形状不规则,外形比较复杂。支杆类零件常有弯曲或倾斜结构,扭拐部位较多,其上常有肋板、轴孔、耳板、底板等结构,局部有油槽、油孔、螺孔、沉孔等。

(二)视图选择

1. 主视图

支架类零件加工部位较少,加工时各工序位置不同,较难区别主次工序,故在符合主视投射方向特征原则的前提下,按工作(安装)位置安放主视图。主视图常采用剖视图(形状不规则时用局部剖视为多)表达主体外形和局部内形,其上的肋剖切时应采用规定画法,表面过渡线较多,应仔细分析,正确表示。

2. 其他视图

支架类零件结构形状(尤为外形)较复杂,通常需要2个或2个以上的基本视图,并多用局部剖视兼顾内外形状来表达。支杆零件的倾斜结构常用向视图、斜视图、局部视图、斜剖视图、断面图等方式表达，此类零件应适当分散地表达其结构形状。支架类零件——支架零件图如图6-66所示。

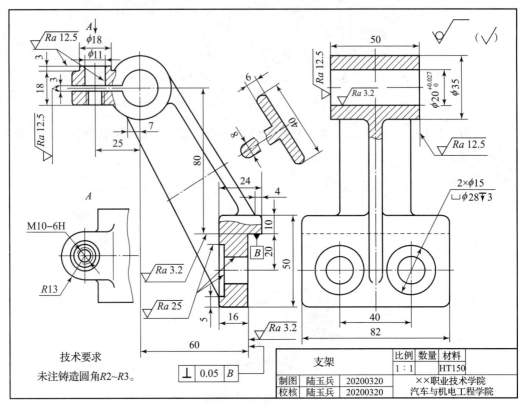

图6-66 支架零件图

任务4 箱体类零件图绘制

任务引入

采用A3图纸幅面，按1∶1比例抄画《机械制图基础训练与任务书》中"任务4：箱体类零件图绘制——任务实施"泵体零件图样，并绘制标题栏，标注尺寸及尺寸公差、几何公差和表面粗糙度等，标题栏按教材"学生用简化标题栏"格式绘制。

任务目标

（1）掌握表面粗糙度概念及表面粗糙度相关术语、几何参数术语、表面轮廓参数等基础知识，培养识读和标注零件图表面粗糙度基础能力。

（2）掌握零件表达方案的选择，箱体类零件的特点、视图表达方法及箱体类零件图绘制方法，培养绘制箱体类零件图应用能力。

（3）根据《机械制图基础训练与任务书》中"任务4：箱体类零件图绘制——任务实施"要求，完成泵体零件图绘制。

✓ 知识点导学

1. 表面粗糙度概念

加工表面上具有的由较小间距和峰谷所组成的微观几何形状特性,它是一种微观几何形状误差,也称为微观不平度。

2. 表面粗糙度相关术语

(1) 表面轮廓:是指一个指定平面与实际表面相交所得的轮廓线。

(2) 取样长度 (l_r):是指在轮廓的 X 轴方向判别被评定轮廓不规则特征的长度,一般取样长度至少包含五个轮廓峰和轮廓谷。

(3) 评定长度 (l_n):是指评定轮廓表面用于判别被评定轮廓的 X 轴方向上的长度,一般情况下取 $l_n = 5l_r$。若表面加工不均匀,应取 $l_n > 5l_r$;反之,取 $l_n < 5l_r$。

(4) 中线:是指具有几何轮廓形状并划分轮廓的基准线,包括粗糙度轮廓中线、波纹度轮廓中线和原始轮廓中线。

3. 几何参数术语

(1) 轮廓峰:是指被评定轮廓上连接轮廓与 X 轴两相邻交点的向外(从材料到周围介质)的轮廓部分。

(2) 轮廓峰高 (Zp):是指轮廓峰最高点距 X 轴(中线)的距离。

(3) 轮廓谷:是指被评定轮廓上连接轮廓与 X 轴两相邻交点的向内(从周围介质到材料)的轮廓部分。

(4) 轮廓谷深 (Zv):是指轮廓谷最低点距 X 轴(中线)的距离。

(5) 轮廓单元:是指轮廓峰和相邻轮廓谷的组合。

(6) 轮廓单元高度:是指一个轮廓单元的轮廓峰与轮廓谷深之和。

(7) 轮廓单元宽度:是指一个轮廓单元与 X 轴相交线段的长度。

(8) 纵坐标值:是指被评定轮廓在任一位置距 X 轴的高度。若纵坐标值位于 X 轴下方,该高度被视作负值,反之则为正值。

4. 表面轮廓参数

(1) 幅度参数(峰和谷)。

最大轮廓峰高:是指在一个取样长度内,最大的轮廓峰高。

最大轮廓谷深:是指在一个取样长度内,最大的轮廓谷深。

轮廓的最大高度 Rz:是指在一个取样长度内,最大轮廓峰高与最大轮廓谷深之和。

(2) 幅度参数(纵坐标平均值)。

轮廓的算术平均偏差 Ra:是指在一个取样长度内纵坐标绝对值 $Z(x)$ 的算术平均值。

(3) 间距参数。

轮廓单元的平均宽度 Rsm:是指在一个取样长度内,轮廓单元宽度的平均值。

(4) 曲线参数。

轮廓的支承长度率 $Rmr(c)$:是指在给定水平截面高度 c 上轮廓的实体材料长度 $Ml(c)$ 与评定长度的比率。

5. 表面粗糙度的参数值

表面粗糙度的参数值已经标准化，选用时应按国家标准规定的参数值系列选取。

6. 表面粗糙度的符号

表面粗糙度符号有基本图形符号、扩展图形符号、完整图形符号和工件轮廓各表面的图形符号。

7. 表面结构的完整图形符号组成

在完整符号中，除了标注表面参数和数值外，必要时应标注补充要求，补充要求包括传输带、取样长度、评定长度、极限值及其判断规则等信息要求，为了简化标注，补充要求在标准中规定了一系列的默认值，不必在代号中标注。

8. 表面粗糙度要求在图样上的标注方法

根据国家标准 GB/T 4458.4—2003 的规定，表面粗糙度要求标注总的原则是使表面粗糙度的注写和读取方向与尺寸的注写和读取方向一致。

（1）表面粗糙度要求可标注在轮廓上，其符号应从材料外指向并接触表面，必要时，表面粗糙度符号也可以用带箭头或黑点的指引线引出标注。

（2）在不致引起误解时，表面粗糙度要求可以标注在给出的尺寸线上。

（3）表面粗糙度要求可标注在几何公差框格的上方。

（4）表面粗糙度要求可以直接标注在延长线上，或用带箭头指引线引出标注。

9. 表面粗糙度要求的简化注法

如果工件的全部表面粗糙度要求都相同，可将其结构要求统一标注在图样的标题栏附近。

如果在工件的多数表面有相同的表面粗糙度要求，则可将其统一标注在图样的标题栏附近，而表面粗糙度要求的符号后面应有在圆括号内给出无任何其他标注的基本符号或在圆括号内给出不同的表面粗糙度要求。

10. 箱体类零件视图表达

（1）结构特点：箱体类零件的内、外结构形状复杂，尤其是内腔，并有轴承孔、肋板、底板、凸台及螺纹孔等结构。此类零件多带有安装孔的底板，上面常有凹坑或凸台结构，箱体上具有许多如铸造圆角、起模斜度等铸造工艺结构，支承孔处常设有加厚凸台或加强肋，零件表面过渡线较多。

（2）视图选择：主视图在其投射方向应在符合形状特征性原则的前提下，都按工作位置安放，主视图常采用各种剖视图表达主要结构。

（3）其他视图：常需 3 个或 3 个以上的基本视图，并以适当地剖视表达主体内部的结构。

相关知识

经过机械加工的零件表面，不可能是绝对平整和光滑的，实际上存在着一定程度的宏观和微观几何形状误差。表面粗糙度是指零件表面加工后，形成的由较小间距和峰谷组成的微观几何形状特性。由于加工形成的实际表面一般处于非理想状态，根据其特征可以分为表面粗糙度误差、表面形状误差、表面波纹度和表面缺陷。表面粗糙度是指加工表面上具有的由较小间距和峰谷所组成的微观几何形状特性，它是一种微观几何形状误差，也称为微观不平度，如图 6-67 所示。

表面粗糙度是反映微观几何形状误差的一个指标，即微小的峰谷高低程度及其间距状况。表面粗糙度对零件的配合性质、零件强度、耐磨损性、抗腐蚀性、疲劳强度、工作精度、工作可靠性和寿命都有着直接影响。此外，表面粗糙度还会影响零件的密封性、外观和检测精度等。因此，表面粗糙度是机械零件技术要求中另一重要指标，在保证零件尺寸、形状和位置精度的同时，对表面粗糙度也应该进行控制。本节涉及的国家标准主要有 GB/T 3505—2009《产品几何技术规范（GPS）表面结构 轮廓法 术语、定义及表面结构参数》、GB/T 1031—2009《产品几何技术规范（GPS）表面结构 轮廓法 表面粗糙度参数及其数值》、GB/T 18777—2009《产品几何技术规范（GPS）表面结构 轮廓法 相位修正滤波器的计量特性》、GB/T 131—2006《产品几何技术规范（GPS）技术产品文件中表面粗糙度的表示法》、GB/T 10610—2009《产品几何技术规范（GPS）表面结构 轮廓法 评定表面结构的规则和方法》等。

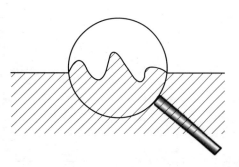

图 6-67 表面粗糙度

一、表面粗糙度相关术语

（一）一般术语

1. 表面轮廓

表面轮廓是指一个指定平面与实际表面相交所得的轮廓线，实际上，通常用一条名义上与实际表面平行，并在一个适当方向上的法线来选择一个平面，如图 6-68 所示。

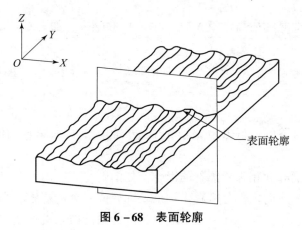

图 6-68 表面轮廓

2. 取样长度

取样长度（l_r）是指在轮廓的 X 轴方向判别被评定轮廓不规则特征的长度。规定这段长度是为了限制和减弱表面波纹度对表面粗糙度测量结果的影响。取样长度应与被测表面的粗糙度相适应，表面越粗糙，取样长度应越大，一般取样长度应至少包含五个轮廓峰和轮廓谷，如图 6-69 所示。取样长度 l_r 的数值可从标准值系列（0.08 mm、0.25 mm、0.8 mm、2.5 mm、8 mm、25 mm）中选取。

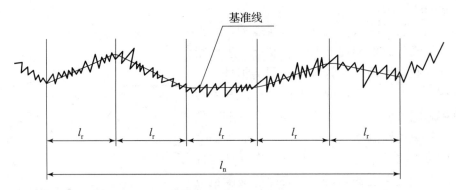

图 6-69 取样长度和评定长度

3. 评定长度

评定长度（l_n）是指评定轮廓表面用于判别被评定轮廓的 X 轴方向上的长度。由于被加工表面粗糙度不一定很均匀，为了合理、客观反映表面质量，往往评定长度包含几个取样长度。一般情况下取 $l_n = 5l_r$，若表面加工不均匀，则应取 $l_n > 5l_r$；反之，取 $l_n < 5l_r$。

4. 中线

中线是指具有几何轮廓形状并划分轮廓的基准线，包括粗糙度轮廓中线、波纹度轮廓中线和原始轮廓中线。

（二）几何参数术语

1. 轮廓峰

轮廓峰是指被评定轮廓上连接轮廓与 X 轴两相邻交点的向外（从材料到周围介质）的轮廓部分。

2. 轮廓峰高（Zp）

轮廓峰高是指轮廓峰的最高点距 X 轴（中线）的距离，如图 6-70 所示。

3. 轮廓谷

轮廓谷是指被评定轮廓上连接轮廓与 X 轴两相邻交点的向内（从周围介质到材料）的轮廓部分。

4. 轮廓谷深（Zv）

轮廓谷深是指轮廓谷的最低点距 X 轴（中线）的距离，如图 6-70 所示。

5. 轮廓单元

轮廓单元是指轮廓峰和相邻轮廓谷的组合，如图 6-70 所示。在取样长度始端或末端的被评定轮廓的向外部分或向内部分应看作一个轮廓峰或一个轮廓谷。当在若干个连续的取样长度上确定若干个轮廓单元时，在每一个取样长度的始端或末端评定的峰和谷仅在每个取样长度的始端计入一次。

6. 轮廓单元高度（Zt）

轮廓单元高度是指一个轮廓单元的轮廓峰与轮廓谷深之和，如图 6-70 所示。

7. 轮廓单元宽度（Xs）

轮廓单元宽度是指一个轮廓单元与 X 轴相交线段的长度，如图 6-70 所示。

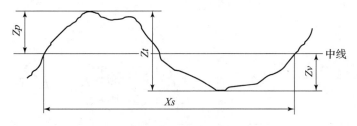

图 6-70 轮廓单元

8. 纵坐标值

纵坐标值是指被评定轮廓在任一位置距 X 轴的高度。若纵坐标值位于 X 轴下方，则该高度被视作负值，反之则为正值。

二、表面轮廓参数

（一）幅度参数（峰和谷）

1. 最大轮廓峰高

最大轮廓峰高是指在一个取样长度内，最大的轮廓峰高。最大轮廓峰高 Zp（以粗糙度轮廓为例）如图 6-71 所示。

2. 最大轮廓谷深

最大轮廓谷深是指在一个取样长度内，最大的轮廓谷深。最大轮廓谷深 Zv（以粗糙度轮廓为例）如图 6-71 所示。

3. 轮廓的最大高度 Rz

轮廓的最大高度是指在一个取样长度内，最大轮廓峰高与最大轮廓谷深之和。轮廓的最大高度 Rz（以粗糙度轮廓为例）如图 6-71 所示。

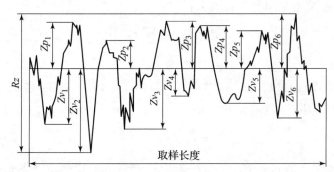

图 6-71 最大轮廓峰高、最大轮廓谷深和轮廓的最大高度

（二）幅度参数（纵坐标平均值）

轮廓的算术平均偏差 Ra。轮廓的算术平均偏差是指在一个取样长度内纵坐标绝对值 $Z(x)$ 的算术平均值，如图 6-72 所示，用公式表示为：

$$Ra = \frac{1}{l}\int_0^l |Z(x)| \, dx$$

国家标准（GB/T 1031—2009《产品几何规范（GPS）表面结构 轮廓法 表面粗糙度参数及其数值》）规定，采用中线制（轮廓法）评定表面粗糙度，表面粗糙度参数分为轮廓的

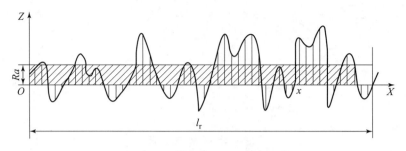

图 6-72　评定轮廓的算术平均偏差 Ra

算术平均偏差 Ra 和轮廓最大高度 Rz 两项，在幅度参数（峰和谷）常用的参数值范围内（Ra 为 0.025~6.3 μm，Rz 为 0.1~25 μm），优先选用 Ra。

（三）间距参数

轮廓单元的平均宽度 Rsm。轮廓单元的平均宽度 Rsm 是指在一个取样长度内，轮廓单元宽度的平均值，如图 6-73 所示。在计算参数 Rsm 时，需要判断轮廓单元的高度和间距，若无特殊规定，默认的高度分辨力应按 Rz 的 10% 选取，默认的水平间距分辨力应按取样长度的 1% 选取。

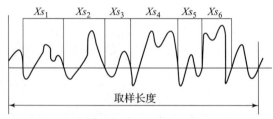

图 6-73　轮廓单元的平均宽度

轮廓单元平均宽度 Rsm 用公式表示为：

$$Rsm = \frac{1}{m}\sum_{i=1}^{m} Xs_i$$

（四）曲线参数

轮廓的支承长度率 $Rmr(c)$。轮廓的支承长度率 $Rmr(c)$ 是指在给定水平截面高度 c 上轮廓的实体材料长度 $Ml(c)$ 与评定长度的比率，用公式表示为：

$$Rmr(c) = \frac{Ml(c)}{l_n}$$

$Rmr(c)$ 与表面轮廓形状有关，是反映表面耐磨性能的指标。如图 6-74 所示，在给定水平位置 c 时，图 6-74（b）的表面比图 6-74（a）的实体材料长度大，所以，其承载面积大、接触刚度高、表面耐磨性好。

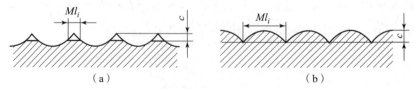

图 6-74　不同实际轮廓形状的实体材料长度

在选用表面粗糙度参数时,根据表面功能的需要,除表面粗糙度高度参数(Ra、Rz)外,还可选用轮廓单元的平均宽度 Rsm 和轮廓的支承长度率 $Rmr(c)$。

三、表面粗糙度的参数值

表面粗糙度的参数值已经标准化,选用时应按国家标准(GB/T 1031—2009《产品几何技术规范(GPS) 表面结构 轮廓法 表面粗糙度参数及其数值》)规定的参数值系列选取。幅度参数(纵坐标平均值)轮廓的算术平均偏差 Ra 参数值见表 6 – 10,幅度参数(峰和谷)轮廓的最大高度 Rz 参数值见表 6 – 11,附加的评定参数(间距参数)轮廓单元的平均宽度 Rsm 参数值见表 6 – 12,附加的评定参数(曲线参数)轮廓的支承长度率 $Rmr(c)$ 参数值见表 6 – 13。

表 6 – 10　轮廓的算术平均偏差 Ra 的参数值(摘自 GB/T 1031—2009)　　μm

0.012	0.2	3.2	50
0.025	0.4	6.3	100
0.05	0.8	12.5	
0.1	1.6	25	

表 6 – 11　轮廓的最大高度 Rz 参数值(摘自 GB/T 1031—2009)　　μm

0.025	0.4	6.3	100
0.05	0.8	12.5	200
0.1	1.6	25	400
0.2	3.2	50	800

表 6 – 12　轮廓单元的平均宽度 Rsm 参数值(摘自 GB/T 1031—2009)　　mm

0.006	0.05	0.4	3.2
0.0125	0.1	0.8	6.3
0.025	0.2	1.6	12.5

表 6 – 13　轮廓的支承长度率 $Rmr(c)$ 参数值(摘自 GB/T 1031—2009)

10	25	50	80
15	30	60	90
20	40	70	

四、表面粗糙度的标注

(一)符号

表面粗糙度的评定参数及其数值确定后,应按国家标准(GB/T 131—2006《产品几何技术规范（GPS）技术产品文件中表面粗糙度的表示法》）的规定，把表面粗糙度符号正确地标注在零件图样上。表面粗糙度符号有基本图形符号、扩展图形符号、完整图形符号和工件轮廓各表面的图形符号，各符号见表6–14。

表6–14 表面结构的图形符号

名称	符号	含义与说明
基本图形符号	 ∨	表面结构的基本图形符号。由两条不等长的与标注表面成60°夹角的直线构成，基本符号仅用于简化代号标注，没有补充说明时不能单独使用
扩展图形符号	 ∀	表示去除材料的扩展图形符号。在基本图形符号上加一短横，表示指定表面是用去除材料的方法获得，如通过机械加工获得的表面
	 ∨○	表示不去除材料的扩展图形符号。在基本图形符号上加一圆圈，表示指定表面是用不去除材料的方法获得，如铸、锻等获得的表面
完整图形符号	 √ ∀̄ ∨̄○	当要求标注表面结构特征的补充信息时，在基本图形符号、扩展图形符号的长边上加一横线。左、中、右符号分别用于"允许任何工艺""去除材料""不去除材料"方法获得的表面的标注
工件轮廓各表面的图形符号	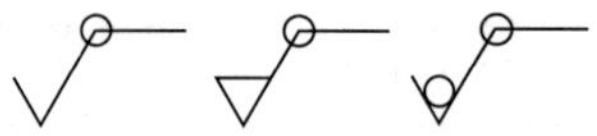 ∨○— ∀○— ∨○○—	当在图样某个视图上构成封闭轮廓的各表面有相同的表面结构要求时，应在完整符号上加一圆圈，标注在图样中工件的封闭轮廓线上。如果标注会引起歧义，则各表面应分别标注

（二）表面结构的完整图形符号组成

为了明确表面结构要求，在完整符号中除了标注表面参数和数值外，必要时应标注补充要求，补充要求包括传输带、取样长度、评定长度、极限值及其判断规则、加工工艺或相关信息、表面纹理方向和加工余量等信息要求，补充要求的内容及其指定标注位置如图6–75所示。为了简化标注，补充要求在标准中规定了一系列的默认值，没有特别要求的话，这些补充要求不必在代号中标注。

位置 a——注写结构参数代号、极限值、取样长度（或传输带）等。在参数代号和极限值间应插入空格。

位置 a 和 b——注写两个或多个表面结构要求，当位置不够时，图形符号应在垂直方向扩大，以空出足够的空间。

位置 c——注写加工方法、表面处理、涂层或其他加工工艺要求等。

位置 d——注写所要求的表面纹理和纹理方向，如"="、"⊥"等。

位置 e——注写所要求的加工余量。

补充信息中所涉及相关概念如下。

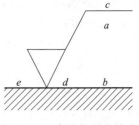

图 6-75　表面粗糙度补充要求的注写位置

1. 极限值及其判断规则标注

极限值是指图样上给定的粗糙度参数值（单向上限值、下限值、最大值或双向上限值和下限值）。极限值的判断规则是指在完工零件表面上测出实测值后，如何与给定值比较，以判断其是否合格的规则。极限值的判断规则有以下两种。

（1）16%规则。当所注参数为上限值时，如果用同一评定长度测得的全部实测值中，大于图样上规定值的个数不超过测得值总个数的 16%，则该表面是合格的。

对于给定表面参数下限值的场合，如果用同一评定长度测得的全部实测值中，小于图样上规定值的个数不超过总数的 16%，则该表面也是合格的。

（2）最大规则。最大规则是指在被检的整个表面上测得的参数值中，一个也不应超过图样上的规定值。为了指明参数的最大值，应在参数代号后面增加一个"max"的标记，例如：RzLmax。

16%规则是所有表面结构要求标注的默认规则。当参数代号后无"max"字样时均为"16%规则"（默认）。

当标注单向极限要求时，一般是指参数的上限值（16%规则或最大规则的极限值），此时不必加注说明；如果是指参数的下限值，则应在参数代号前加"L"，例如：L Ra 6.3（16%规则）、L Ramax1.6（最大规则）。

表示双向极限时应标注极限代号，上限值在上方用 U 表示，下限值在下方用 L 表示。如果同一参数具有双向极限要求，则在不会引起歧义的情况下可以不加 U、L。极限值及其判断规则的注法如图 6-76 所示。

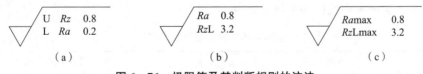

图 6-76　极限值及其判断规则的注法

(a) 双向极限的注法；(b) "16%规则"注法；(c) "最大规则"注法

2. 传输带和取样长度的标注

传输带是指两个长、短波滤波器之间的波长范围，即评定时的波长范围。传输带被一个截止短波滤波器和另一个截止长波的长波滤波器所限制。滤波器由截止波长值表示，而长波滤波器的截止波长值即为取样长度。当参数代号中没有标注传输带时，表面结构要求采用默认的传输带。R 轮廓传输带的截止波长值代号为短波滤波器和长波滤波器。评定 R 轮廓时，具体截止波长可参见有关标准值。

注写传输带（单位：mm）时，短波滤波器在前、长波滤波器在后，并用连字号"-"隔开。如果只标注一个滤波器，则应保留连字号"-"，以区分是短波滤波器还是长波滤波器（例如："0.008 -"表示短波滤波器，"- 0.25"表示长波滤波器）。此时，另一截止波长应解读为默认值。

如果表面结构参数没有默认的传输带、默认的短波滤波器或默认的取样长度（长波滤波器），则表面结构代号中应该指出传输带，即短波滤波器或长波滤波器。传输带和取样长度的标注如图6-77所示。

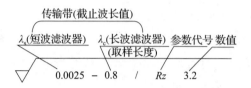

图6-77 传输带和取样长度的标注

3. 加工方法或相关信息的标注

轮廓曲线的特征对实际表面的表面结构参数值影响较大，标注的参数代号、参数值和传输带只作为表面结构要求，有时不一定能够完全准确地表示表面功能。加工工艺在很大程度上决定了轮廓曲线的特征，因此，一般应标注加工工艺，加工工艺和表面粗糙度要求的注法如图6-78（a）所示；镀覆和表面粗糙度要求的注法如图6-78（b）所示，图中表示钢件、电镀镍和铬。

图6-78 加工方法或相关信息的标注
（a）加工工艺和表面粗糙度要求的注法；（b）镀覆和表面粗糙度要求的注法

4. 表面纹理方向的标注

纹理方向是指表面纹理的主要方向，见表6-15，通常由加工工艺决定。垂直于视图所在投影面的表面纹理方向的标注如图6-79所示。

表6-15 表面纹理的标注

符号	解释和示例	符号	解释和示例
=	纹理平行于标注代号的视图所在的投影	⊥	纹理垂直于标注代号的视图所在的投影

5. 加工余量的标注

在同一图样中,在多个加工工序的表面可标注加工余量。例如,在加工完工零件形状的铸锻件图样中给出加工余量,一般同表面结构要求一起标注,在表示完工零件的图样中给出加工余量的注法如图 6-80 所示(表示所有表面均为 3 mm 的加工余量)。

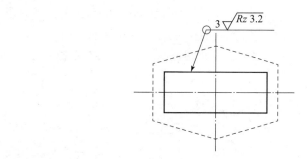

图 6-79 垂直于视图所在投影面的表面纹理方向的标注　　图 6-80 加工余量的标注

6. 表面粗糙度完整符号和要求的含义

表面粗糙度完整符号和要求的含义解释见表 6-16。

表 6-16　表面粗糙度完整符号和要求的含义解释

序号	标注符号	含义
1	Rz 0.4	表示不允许去除材料,单向上限值,默认传输带,R 轮廓,粗糙度的最大高度为 0.4 μm,评定长度为 5 个取样长度(默认),"16% 规则"(默认)
2	$Rz\max$ 0.2	表示去除材料,单向上限值,默认传输带,R 轮廓,粗糙度最大高度的最大值为 0.2 μm,评定长度为 5 个取样长度(默认),"最大规则"
3	0.008-0.8/Ra 3.2	表示去除材料,单向上限值,传输带 0.008 ~ 0.8 mm,R 轮廓,算术平均偏差为 3.2 μm,评定长度为 5 个取样长度(默认),"16% 规则"(默认)
4	-0.8/Ra 3.2	表示去除材料,单向上限值,传输带:根据 GB/T 6062—2009,取样长度为 0.8 mm(默认 0.002 5 mm),R 轮廓,算术平均偏差为 3.2 μm,评定长度 5 个取样长度,"16% 规则"(默认)
5	U $Ra\max$ 3.2 L Ra 0.8	表示不允许去除材料,双向极限值,两极限值均使用默认传输带,R 轮廓,上限值:算术平均偏差为 3.2 μm,评定长度为 5 个取样长度(默认),"最大规则"。下限值:算术平均偏差为 0.8 μm,评定长度为 5 个取样长度(默认),"16% 规则"(默认)

（三）表面粗糙度要求在图样上的标注方法

表面粗糙度要求对每一表面一般只标注一次，并尽可能标在相应的尺寸及其公差的同一视图上。除非另有说明，所标注的表面粗糙度要求是对完工零件的要求。

1. 表面粗糙度符号、代号的标注位置与方向

根据国家标准GB/T 4458.4—2003规定，表面粗糙度要求标注总的原则是使表面粗糙度的注写和读取方向与尺寸的注写和读取方向一致。

（1）标注在轮廓线或指引线上。表面粗糙度要求可标注在轮廓上，其符号应从材料外指向并接触表面。必要时，表面粗糙度符号也可以用带箭头或黑点的指引线引出标注，如图6-81所示。

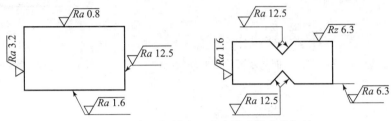

图6-81 表面粗糙度要求在轮廓线上的标注

（2）标注在特征尺寸的尺寸线上。在不致引起误解时，表面粗糙度要求可以标注在给出的尺寸线上，如图6-82所示。

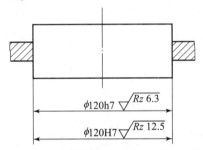

图6-82 表面粗糙度要求标注在尺寸线上

（3）标注在几何公差的框格上。表面粗糙度要求可标注在几何公差的框格的上方，如图6-83所示。

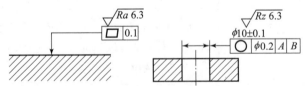

图6-83 表面粗糙度要求标注在几何公差的框格上

（4）标注在延长线上。表面粗糙度要求可以直接标注在延长线上，或用带箭头的指引线引出标注，如图6-84所示。

2. 表面粗糙度要求的简化注法

（1）有相同表面粗糙度要求的简化注法。

如果工件的全部表面粗糙度要求都相同，可将其结构要求统一标注在图样的标题栏附近。

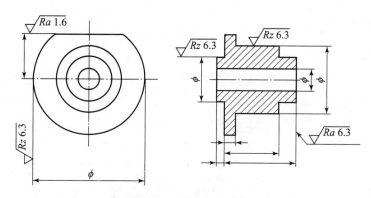

图6-84 表面粗糙度要求标注在延长线上

如果在工件的多数表面有相同的表面粗糙度要求,则可将其统一标注在图样的标题栏附近,而表面粗糙度要求的符号后面应有:

①在圆括号内给出无任何其他标注的基本符号。

②在圆括号内给出不同的表面粗糙度要求。不同的表面粗糙度要求应直接标注在图形上,如图6-85所示。

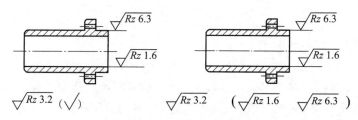

图6-85 大多数表面有相同表面粗糙度要求的简化注法

(2)多个表面有共同要求的注法。

当多个表面具有相同的表面粗糙度要求或空间有限时,可以采用简化注法。

①用带字母的完整符号的简化注法。可用带字母的完整符号,以等式的形式,在图形或标题栏附近对有相同表面粗糙度要求的表面进行标注,如图6-86所示。

图6-86 用带字母的完整符号的简化注法

②只用表面粗糙度符号的简化注法。可用基本符号、扩展符号,以等式的形式给出对多个表面共同的表面粗糙度要求,如图6-87所示。

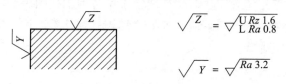

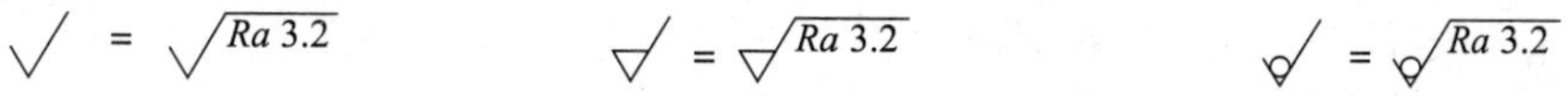

图6-87 只用表面粗糙度符号的简化注法
(a)未指定工艺方法;(b)要求去除材料工艺方法;(c)不允许去除材料方法

五、箱体类零件视图表达

箱体类零件一般是机器的主体部分，起着支承、容纳、密封、保护其他零件的作用，常见的箱体类零件有减速器箱体、泵体、阀体、机座等。其内外形状均比较复杂，此类零件一般经铸造成型获得毛坯，后经多种加工工序（如车、铣、刨、磨、钻、镗等）加工而成。一级减速器箱体（机座）零件如图6-88所示。

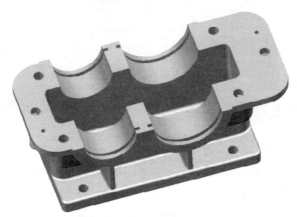

图6-88 减速器箱体零件

（一）结构特点

箱体类零件的内、外结构形状复杂，尤其是内腔，并有轴承孔、肋板、底板、凸台及螺纹孔等结构。此类零件多带有安装孔的底板，上面常有凹坑或凸台结构，箱体上具有许多如铸造圆角、起模斜度等铸造工艺结构，支承孔处常设有加厚凸台或加强肋，零件表面过渡线较多。

（二）视图选择

1. 主视图

箱体类零件加工部位多，加工工序也较多（如需车、刨、铣、钻、镗、磨等），各工序加工位置不同，较难区分主次工序，因此这类零件的主视图在其投射方向应在符合形状特征性原则的前提下，都按工作位置安放。主视图常采用各种剖视图表达主要结构，若内外形状具有对称性，则可采用半剖视图；若内、外形状都较复杂且不对称，则可选投影不相遮掩处用局部视图，且保留一定虚线。

2. 其他视图

由于箱体类零件内外结构形状都很复杂，常需3个或3个以上的基本视图，并以适当的剖视表达主体内部的结构。基本视图尚未表达清楚的局部的内、外形结构，可以用斜视图、局部剖视图或断面图来表达。对加工表面的截交线、相贯线和非加工表面的过渡线应认真分析，正确表达。

减速器箱体零件图如图6-89所示。

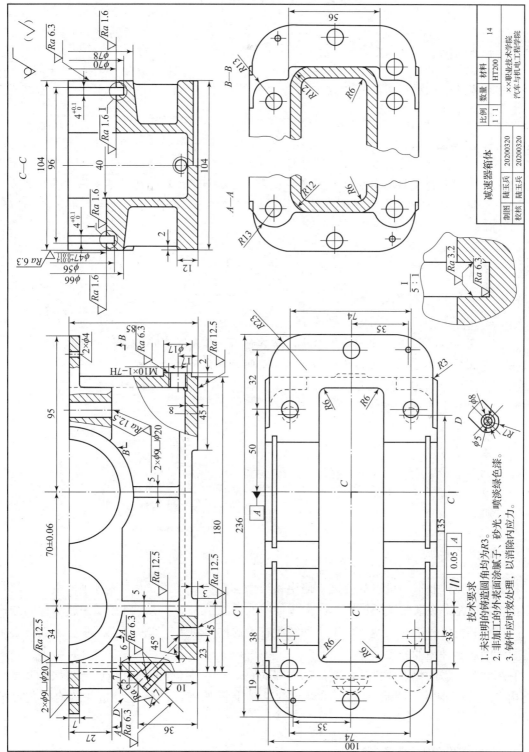

图 6-89 减速器箱体零件图

任务 5 零件图识读

✓ 任务引入

按要求完成《机械制图基础训练与任务书》中"任务5：零件图识读——任务实施"套筒零件图识读任务。

✓ 任务目标

(1) 掌握读零件图的基本要求、方法和步骤等基本知识，培养识读零件图的应用能力。

(2) 根据《机械制图基础训练与任务书》中"任务5：零件图识读——任务实施"要求，完成读套筒零件图任务。

✓ 知识点导学

1. 读零件图的基本要求
(1) 了解零件的名称、用途和材料等。
(2) 分析零件各组成部分的几何形状、结构特点、作用及它们之间的相对位置。
(3) 分析零件各部分的定形尺寸和各部分之间的定位尺寸。
(4) 熟悉零件的各项技术要求。

2. 读零件图的方法和步骤
(1) 概括了解。
(2) 表达方案分析。
(3) 形体分析。
(4) 尺寸和技术要求分析。
(5) 综合考虑。

✓ 相关知识

在零件的设计制造、机器的安装、使用和维修及技术革新、技术交流等工作中，常常要读零件图，这是一项非常重要的工作。读零件图的目的是为了弄清零件图所表达零件的结构形状、尺寸和技术要求，以便指导生产和解决有关的技术问题，这就要求工程技术人员必须具备熟练阅读零件图的能力。

看图的基本方法仍然要遵从由整体到局部的原则，用形体分析法和线面分析法研究零件的结构和尺寸，看零件图是在组合体看图的基础上增加零件的精度分析、结构工艺性分析等。

一、读零件图的基本要求

(1) 了解零件的名称、用途和材料等。

(2) 分析零件各组成部分的几何形状、结构特点、作用及它们之间的相对位置。

(3) 分析零件各部分的定形尺寸和各部分之间的定位尺寸。

(4) 熟悉零件的各项技术要求。

二、读零件图的方法和步骤

（一）概括了解

首先看标题栏，了解零件的名称、材料、用途、绘图比例等，并浏览全图，对零件有个概括了解，如：零件属什么类型，大致轮廓和结构等。

（二）表达方案分析

根据视图布局，首先确定主视图，围绕主视图分析其他视图的配置，进而分析清楚零件各组成部分的几何形状、结构特点、作用及它们之间的相对位置。对于剖视图、断面图要找到剖切位置及方向，对于局部视图和局部放大图要找到投影方向和部位，弄清楚各个图形彼此间的投影关系。

（三）形体分析

首先利用形体分析法，将零件按功能分解为主体、安装、连接等几个部分，然后明确每一部分在各个视图中的投影范围与各部分之间的相对位置，最后仔细分析每一部分的形状和作用。

（四）尺寸和技术要求分析

根据零件的形体结构，分析确定长、宽、高各方向的主要基准。分析零件各部分的定形尺寸和各部分之间的定位尺寸，找出各部分的定形和定位尺寸，明确哪些是主要尺寸和主要加工面，进而分析制造方法等，以便保证质量要求。

看技术要求，分析几何精度要求。要看懂尺寸偏差代号、粗糙度代号、几何公差代号的意义。

（五）综合考虑

综上所述，将零件的结构形状、尺寸标注及技术要求综合起来，就能比较全面地阅读一张零件图。在实际读图过程中，上述步骤常常是穿插进行的。

三、读图举例

下面以如图6-90所示阀体零件图为例说明读零件图的方法和步骤。

1. 概括了解

从标题栏可知，零件的名称是阀体，属箱体类零件。由HT150可知，材料是铸铁，该零件毛坯是铸件，表明阀体零件是先铸造成毛坯再经必要的机械加工而成。阀体的内、外表面都有一部分要进行切削加工，加工之前必须先进行时效处理。

2. 表达方案分析

该阀体用3个基本视图表达它的内外形状。主视图采用全剖视，主要表达内部结构形状，如图6-91（a）所示。俯视图表达外形，如图6-91（b）所示。左视图采用半剖视，补充表达内部形状及安装板的形状，如图6-91（c）所示。

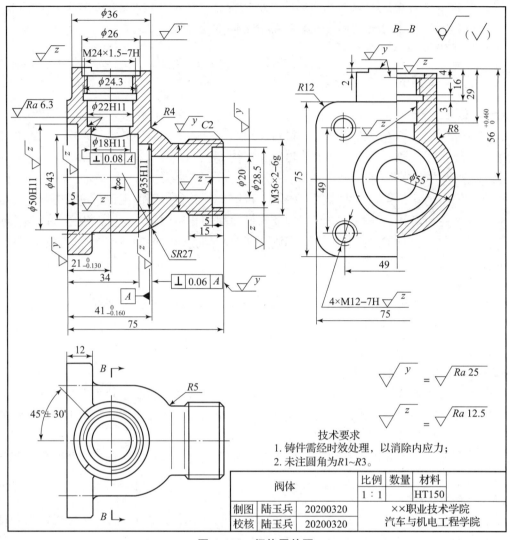

图 6-90 阀体零件图

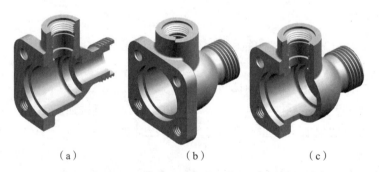

(a)　　　　　　(b)　　　　　　(c)

图 6-91 阀体基本视图表达的内外形状

3. 形体分析

阀体是球阀的主要零件之一，为方便分析阀体的形体结构，可对照球阀的轴测装配图（如图 6-92 所示）进行。读图时先从主视图开始，阀体左端通过螺柱和螺母与阀盖连接，

· 284 ·

形成球阀容纳阀芯的 φ43 空腔，左端的 φ50H11 圆柱形槽与阀盖的圆柱形凸缘相配合；阀体空腔右侧 φ35H11 圆柱形槽，用来放置球阀和关闭时不泄漏流体的密封圈；阀体右端有用于连接系统中管道的外螺纹 M36×2，内部阶梯孔 φ28.5、φ20 与空腔相通；在阀体上部的 φ36 圆柱体中，有 φ26、φ22H11、φ18H11 的阶梯孔与空腔相通，在阶梯孔内容纳阀杆、填料压紧套；阶梯孔顶端 90°扇形限位凸块（对照俯视图），用来控制扳手和阀杆的旋转角度。

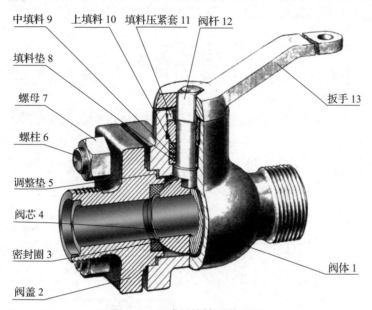

图 6-92 球阀的轴测装配图

通过上述分析，对于阀体在球阀中与其他零件之间的装配关系已经比较清楚了。然后再对照阀体的主、俯、左视图综合想象它的形状：球形主体结构的左端是方形凸缘；右端和上部都是圆柱形凸缘，凸缘内部的阶梯孔与中间的球形空腔相通。

4. 尺寸和技术要求分析

1）分析尺寸

阀体的结构形状比较复杂，标注尺寸很多，这里仅分析其中主要尺寸，其余尺寸读者自行分析。

以阀体水平轴线为径向（高度方向）尺寸基准，注出水平方向的径向直径尺寸 φ50H11、φ35H11、φ20 和 M36×2 等。同时还要注出水平轴线到顶端的高度尺寸 $56_{\ 0}^{+0.460}$（在左视图上）。

以阀体垂直孔的轴线为长度方向尺寸基准，注出铅垂方向的径向直径尺寸 φ36、M24×1.5、φ22H11、φ18H11 等。同时还要注出铅垂孔轴线与左端面的距离 $21_{-0.130}^{\ 0}$。

以阀体前后对称面为宽度方向尺寸基准，注出阀体的圆柱体外形尺寸 φ55、左端面方形凸缘外形尺寸 75×75，以及四个螺孔的定位尺寸 49×49。同时还要注出扇形限位块的角度定位尺寸 45°±30′（在俯视图上）。

2）分析技术要求

通过上述尺寸分析可以看出，阀体中的一些主要尺寸多数都标注了公差代号或偏差数值，如上部阶梯孔（φ22H11）与填料压紧套有配合关系、（φ18H11）与阀杆有配合关系，与此对应的表面粗糙度要求也较高，Ra 值为 6.3 μm。阀体左端和空腔右端的阶梯孔 φ50H11、φ35H11 分别与密封圈有配合关系，因为密封圈的材料是塑料，所以相应的表面粗糙度要求稍低，Ra 值为 12.5 μm。零件上不太重要的加工表面的表面粗糙度 Ra 值为 25 μm。

主视图中对于阀体的几何公差要求是：空腔右端与相对水平轴线的垂直度公差为 0.06 mm；φ18H11 圆柱孔相对 φ35H11 圆柱孔的垂直度公差为 0.08 mm。

5. 归纳总结

通过上述看图分析，对阀体的作用、结构形状、尺寸大小、主要加工方法及加工中的主要技术指标要求，就有了较清楚的认识。综合起来，即可得出阀体的总体印象。

读图结果如图 6-91（b）所示。

根据上述看图方法和步骤，请读者自行读懂如图 6-93 所示端盖零件图。

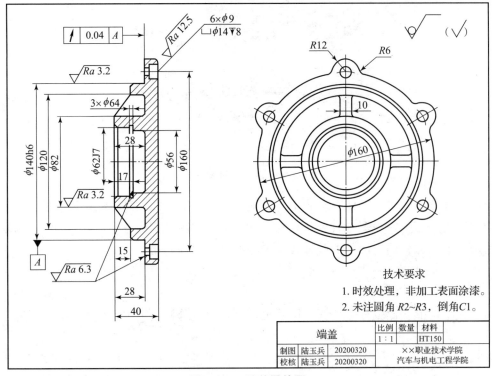

图 6-93 端盖零件图

项目七　装配图的画法与识读

任务1　装配图绘制

☑ 任务引入

采用 A3 图纸幅面，根据《机械制图基础训练与任务书》中"任务1：装配图绘制——任务实施"中各零件图样，按1∶1比例拼画出千斤顶装配图，并绘制标题栏，抄画尺寸标注及配合公差等，标题栏按教材"学生用简化标题栏"格式绘制。

☑ 任务目标

（1）掌握装配图的用途和内容，装配图的画法及装配图的规定、特殊画法和简化画法等有关规定等基础知识，培养绘制中等及以上复杂程度（大于11种零件）装配图能力。

（2）掌握装配图的尺寸类型、标注方法和装配图的零件序号的编排方法和明细栏绘制与填写方法。

（3）根据《机械制图基础训练与任务书》中"任务1：装配图绘制——任务实施"的要求，根据所给零件图完成"千斤顶装配图"绘制。

☑ 知识点导学

1. 装配图的作用及装配图的内容

装配图的作用：表达机器或部件的性能、工作原理、各组成零件之间的装配连接关系和有关装配检验方面的技术要求。装配图的内容包括一组视图、必要的尺寸、技术要求和装配图中零部件序号和明细栏等。

2. 装配图中的规定画法、特殊画法、简化画法

（1）规定画法：装配图接触面、配合面和非接触面画法；装配图中剖面线的画法；装配剖视图中不剖零件的画法。

（2）特殊画法：沿零件结合面剖切和拆卸画法；单独表达某零件的画法；假想画法；运动零件的画法；展开画法；夸大画法。

（3）简化画法

①对于装配图中若干相同的零、部件组，可详细地画出一组，其余只需用细点画线表示其位置即可。

②对薄的垫片等不易画出的狭窄剖面零件可将其涂黑。

③零件的工艺结构，如圆角、倒角、退刀槽、拔模斜度等可不画出。

④表示滚动轴承时，可采用特征画法或规定画法。

3. 装配图常见的装配结构和装置

（1）装配工艺结构：两零件在同一方向上只能有一个接触面；接触面转角处的结构画法；螺纹连接装配结构要便于折卸；接触面制成凸台或沉孔等结构；销孔结构画法。

（2）常见装置：螺纹防松装置；滚动轴承的定位装置；密封装置。

4. 装配图的绘制

（1）确定装配图表达方案：主视图的选择，其他视图选择。

（2）绘制装配图：选比例、定图幅、布图、绘制各视图的主要基准线；从主视图开始，三个视图联系起来，依次画出装配图的主体零件的外部轮廓；按装配干线的顺序一件一件地将零件画入，可由外向内或由内向外画，完成全部底稿线；校核加深，画剖面线，完成装配图视图绘制。

（3）尺寸标注类型：规格尺寸、装配尺寸、安装尺寸、外形尺寸和其他重要尺寸等。

（4）装配图的技术要求：装配要求、检验要求、使用要求等。

（5）装配图中的零部件序号及其编排。

（6）装配图中的标题栏及明细栏填写。

相关知识

一、装配图的作用和内容

表达一部机器或一个部件的图样，称为装配图。通常它被用来表达机器或部件的工作原理以及零、部件间的装配、连接关系，表达装配体的内部构造、外部形状和零件的主要结构，是机械设计和生产中的重要技术文件之一。在产品设计中，一般先根据产品的工作原理图画出装配草图，由装配草图整理成装配图，然后再根据装配图进行零件设计并画出零件图；在产品制造中，装配图是制订装配工艺规程，进行装配和检验的技术依据；在机器使用和维修时，也需要通过装配图来了解机器的工作原理和构造。一张完整的装配图，必须具有下列内容：

（一）一组图形

要用一组图形完整、清晰、准确地表达出机器的工作原理、各零件的相对位置及装配关系、连接方式和重要零件的形状结构。如图 7-1 所示是齿轮泵的装配原理图。如图 7-2 所示是齿轮泵的装配图。

如图 7-2 所示，齿轮泵的主视图采用全剖视，表达齿轮泵的主要装配干线、工作位置及主要零件的装配关系；左视图采用局部剖，表达齿轮泵进出油口及一对传动齿轮的工作原理、齿轮泵的外型及安装底板上安装孔的尺寸，俯视图 A—A 局部剖表达组成安全装置的一套零件：钢球、弹簧、调节螺钉的连接方式。

图 7-1　齿轮泵原理图

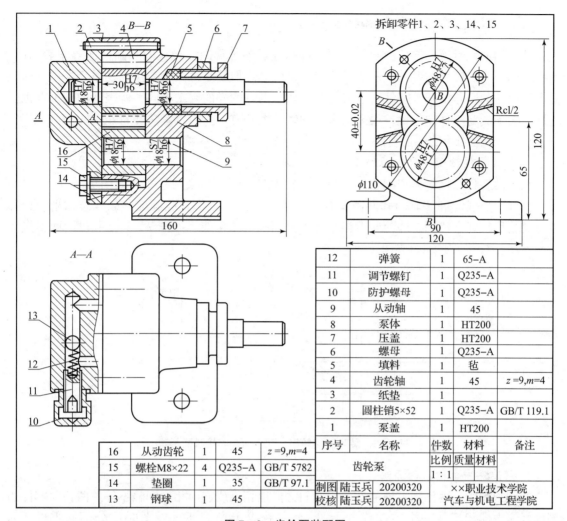

图 7-2 齿轮泵装配图

(二) 必要的尺寸

装配图是用来控制装配质量，表明零、部件之间装配关系的图样，因此，装配图必须有一组表示机器或部件的规格性能尺寸、装配尺寸、安装尺寸、总体尺寸和一些重要尺寸等。

(三) 技术要求

用文字说明机器或部件的装配、安装、检验、运转和使用的技术要求。它们包括表达装配方法；对机器或部件工作性能的要求；指明检验、试验的方法和条件；指明包装、运输、操作及维修保养应注意的问题等。

(四) 零件的序号、明细栏和标题栏

为了便于图样管理、看图及组织生产，装配图上必须对每种零件或部件编写序号，并填写明细栏，用以说明各零件或部件的名称、数量、材料等有关内容。标题栏包括零部件名称、比例、绘图及审核人员的签名等。绘图及审核人员签名后就要对图纸的技术质量负责，所以我们画图时必须细致认真。

二、装配图的规定画法和特殊画法

装配图的表示法和零件图基本相同,都是通过各种视图、剖视图和断面图等来表示的,所以零件图中所应用的各种表示法都适用于装配图。但是零件图所表达的是单个零件,而装配图所表达的则是由若干零件所组成的装配体。两者图样的要求不同,所表达的侧重点也就不同。装配图与零件图相比,根据要求不同装配图还有一些规定画法和特殊画法。

(一) 装配图中的规定画法

1. 装配图接触面、配合面和非接触面画法

相邻两零件的接触面和配合面只画一条轮廓线,不能画成两条线。如图 7-3 所示"两接触面画一条线"和"轴与孔间隙配合画一条线"标记处都只能画成一条线。如果两相邻零件的公称尺寸不相同,即使间隙很小,也必须画成两条线。如图 7-3 所示"两面不接触画两条线"标记处必须画成两条线。

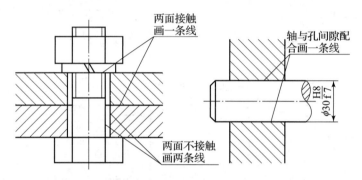

图 7-3 装配图接触面、配合面和非接触面画法

2. 装配图中剖面线的画法

在剖视图中,两不同零件的剖面线倾斜方向应相反或方向相同间隔不等。两相邻零件的剖面线应方向相反(一个向左成 45°,一个向右成 45°),便于看图时区分不同零件,如图 7-4 所示。当装配图中零件的厚度小于 2 mm 时,允许将剖面涂黑以代替剖面线。

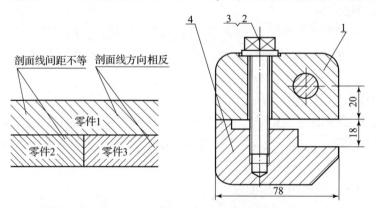

图 7-4 装配图中剖面线的画法

但必须特别注意,在装配图中,同一零件的剖面线方向和间隔必须一致。这样有利于找出同一零件的各个视图,想象其形状和装配关系。

3. 装配剖视图中不剖零件的画法

为了简化作图,在剖视图中,对一些实心杆件(如轴、拉杆、实心的球、手柄等)和一些标准件、紧固件(如螺母、螺栓、键、销)等,若剖切平面通过其对称平面或轴线时,则这些零件均按不剖绘制,只画零件外形,不画剖面线。如需表明零件的凹槽、键槽、销孔等构造,可用局部剖视表示,如图7-5所示。

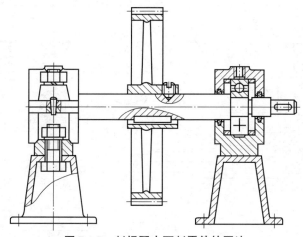

图7-5 剖视图中不剖零件的画法

(二)装配图中的特殊画法

1. 沿零件结合面剖切和拆卸画法

在装配图中,当某些零件遮住了需要表达的结构和装配关系时,可假想沿某些零件的结合面剖切和(或)假想拆去一个或几个零件,只画出所表达部分的视图,并在相应的视图上方加注"拆去××等",这种画法称为拆卸画法。如图7-2所示,齿轮泵装配图中,左视图即是沿零件结合面剖切并拆去1、2、3、14、15等零件后画出的。如图7-6所示,阀门装配图中俯视图中拆去手轮后画出的视图。如图7-7所示,$B-B$左视图即是沿零件结合面剖切后画出的视图。

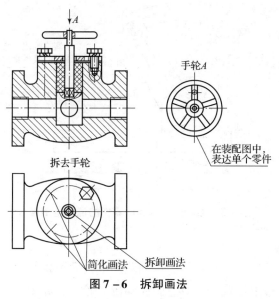

图7-6 拆卸画法

2. 单独表达某零件的画法

在装配图中，如所选择的视图已将大部分零件的形状、结构表达清楚，但仍有少数零件的某些方面还未表达清楚时，可单独画出这些零件的视图或剖视图，但必须在所画视图的上方注写该零件的名称，在相应的视图附近用箭头指明投射方向，并注写同样的字母。如图7-7所示，油泵装配图中，单独画出了零件10填料压盖的A向的视图。

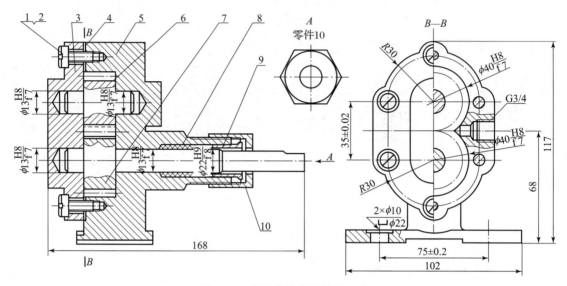

图7-7 单独表达某零件的画法

3. 假想画法

为说明部件或机器的作用、安装方法，表示与本部件有装配关系但又不属于本部件的其他相邻零件、部件时，可采用假想画法，将其用细双点画线画出，如图7-8所示。假想轮廓的剖面区域内不画剖面线。

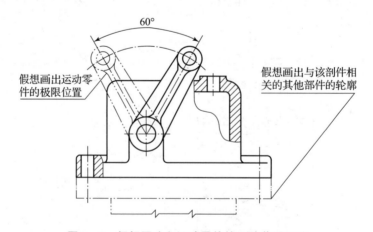

图7-8 假想画法和运动零件的运动范围画法

4. 运动零件的画法

在装配图中，当需要表示运动零件的运动范围或极限位置时，可先在一个极限位置上画出该零件，再在另一个极限位置上用双点画线画出其轮廓，如图7-8所示。

5. 展开画法

为了表达传动机构的传动路线和装配关系,可假想按传动顺序沿轴线剖切,然后依次将各剖切平面展开在一个平面上,画出其剖视图。此时应在展开图的上方注明"×-×展开"字样,如图7-9所示。

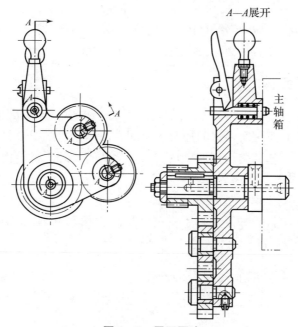

图7-9 展开画法

6. 夸大画法

在装配图中,如绘制厚度很小的薄片、直径很小的孔以及很小的锥度、斜度和尺寸很小的非配合间隙时,这些结构可不按原比例而夸大画出,如图7-10所示图中的垫片。

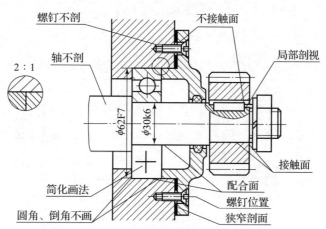

图7-10 装配图中的规定画法、特殊画法和简化画法

(三) 装配图中的简化画法

(1) 对于装配图中若干相同的零、部件组,如螺钉连接等,可详细地画出一组,其余只需用细点画线表示其位置即可,如图7-10所示。

（2）在装配图中，对薄的垫片等不易画出的狭窄剖面零件可将其涂黑，如图7-10所示。

（3）在装配图中，零件的工艺结构，如圆角、倒角、退刀槽、拔模斜度等可不画出，如图7-10所示。

（4）在装配图中，表示滚动轴承时，可采用特征画法或规定画法。如图7-10所示，滚动轴承采用了规定画法，即画出对称图形的一半，另一半画出其轮廓，并在中心用粗实线画出"十"字线。但同一图样中，一般只允许采用同一种画法。

三、常见的装配结构

为了保证装配体的质量，在设计和绘制装配图时，必须考虑装配体上装配结构的合理性，以保证机器或部件的使用及零件的加工、装卸方便。在装配图上，除允许简化画出的情况外，都应尽量把装配工艺结构正确地反映出来。常见的装配工艺结构如下。

（一）装配工艺结构

1. 两零件在同一方向上只能有一个接触面

为了满足设计要求和制造方便，避免装配时表面互相发生干涉，两零件在同一方向上只能有一个接触面，如图7-11、图7-12和图7-13所示。

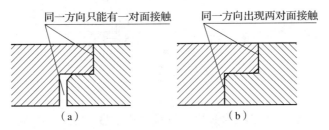

图7-11 两零件接触面（平面）的结构
（a）正确；（b）错误

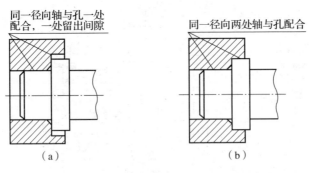

图7-12 两零件接触面（柱面）的结构
（a）正确；（b）错误

2. 接触面转角处的结构

轴颈和孔配合时，应在孔的接触端面设计倒角或在轴肩根部切槽，以保证零件间接触良好，如图7-14所示。

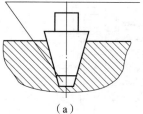
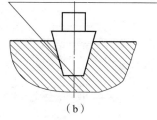

图 7-13 两零件接触面（锥面）的结构
(a) 正确；(b) 错误

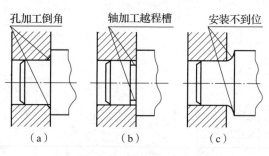

图 7-14 接触面转角处的结构
(a) 正确；(b) 正确；(c) 错误

3. 螺纹连接装配结构要便于拆卸

零件的结构设计要考虑用螺纹连接的地方要留足装拆的活动空间，维修时以方便安装和拆卸紧固件。如图 7-15 所示，其中，图 7-15（a）和图 7-15（c）所示的结构易拆卸，图 7-15（b）和图 7-15（d）所示的结构无法拆卸。

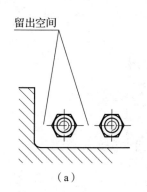
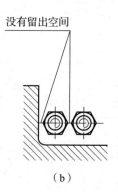
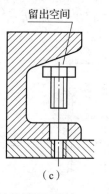
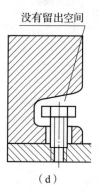

图 7-15 螺纹连接装配结构要便于拆卸
(a) 正确；(b) 错误；(c) 正确；(d) 错误

4. 接触面制成凸台或沉孔等结构

在螺栓紧固件的连接中，为了保证连接件和被连接件间的良好接触，被连接的接触面应制成凸台或沉孔等结构，这样既合理地减少了加工面积，又改善了接触情况，如图 7-16 所示。

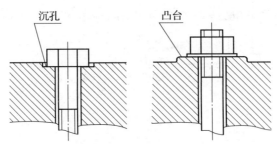

图 7-16 接触面制成凸台或沉孔等结构

5. 销孔结构

为了加工销孔和拆卸销方便,在可能的条件下,销孔尽量做成通孔,尽可能不要做盲孔,如图 7-17 所示。

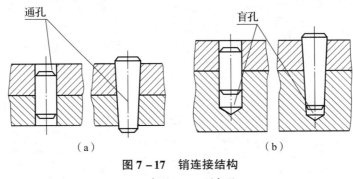

(a)　　　　　　　　　　　　(b)

图 7-17 销连接结构

(a) 合理;(b) 不合理

(二) 机器上的常见装置

1. 螺纹防松装置

为防止机器在工作中由于振动而使螺纹紧固件松开,常采用双螺母、弹簧垫圈、止动垫圈、开口销等防松装置,如图 7-18 所示。

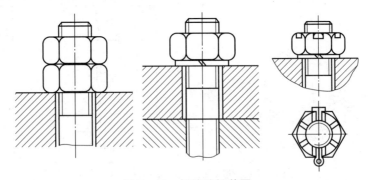

图 7-18 螺纹防松装置

(a) 双螺母;(b) 弹簧垫圈;(c) 开口销

2. 滚动轴承的定位装置

使用滚动轴承时,须根据受力情况将滚动轴承的内、外圈固定在轴上或机体的孔中。为了防止滚动轴在运动中产生轴向窜动,应将其内、外圈沿轴向顶紧,如图 7-19 (a) 和图 7-19 (b) 所示。为便于用拆卸工具将滚动轴承拆下,轴肩或孔肩的径向尺寸应小于轴承内圈或外圈的径向厚度。但当考虑到工作温度的变化，会导致滚动轴承卡死而无法工作时，就不能将两端轴承的内、外圈全部固定，一般可以一端固定，另一端留有轴向间隙，允许有极小的伸缩。如图7-19（c）所示，轴承右端只对内圈作了固定，轴承左端只对外圈作了固定。

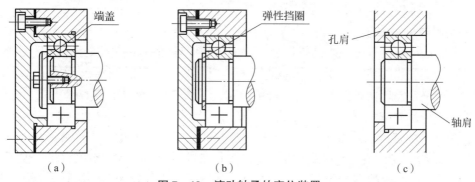

图7-19 滚动轴承的定位装置

3. 密封装置

为了防止机器、设备内部的气体或液体向外渗透，防止外界灰尘、水蒸气或其他不洁净物质侵入其内部，常需要考虑密封。密封的形式很多，常用的密封装置有各种标准规格的密封圈密封（橡胶圈、毡圈等）、填料箱密封、垫片密封、毡圈式密封和油沟式密封等。常用的封装置如图7-20所示。

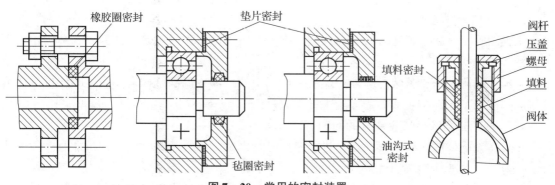

图7-20 常用的密封装置

四、装配图的绘制

装配图的作用是表达机器或部件的工作原理、装配关系以及主要零件的结构形状。画装配图时，必须把装配体的工作原理、装配关系、传动路线、连接方式及其零件的主要结构等了解清楚，作深入细致地分析和研究，才能确定出较为合理的表达方案。视图选择的目的是以最少的视图，完整、清晰地表达出机器或部件的装配关系和工作原理。所以，装配图的视图选择与零件图一样，应使所选的每一个视图都有其表达的重点内容，具有独立存在的意义。

一般来讲，选择表达方案时应遵循的思路是：以装配体的工作原理为线索，从装配干线入手，用主视图及其他基本视图来表达对部件功能起决定作用的主要装配干线，兼顾次要装配干线，再辅以其他视图表达基本视图中没有表达清楚的部分，最后把装配体的工作原理、装配关系等完整清晰地表达出来。

(一) 确定装配图表达方案

1. 进行机器或部件分析

对要绘制的机器或部件的工作原理、装配关系及主要零件形状、零件与零件之间的相对位置、定位方式等进行深入细致的分析。

2. 装配图的视图选择

主视图的选择应能较好地表达机器或部件的工作原理和主要装配关系，并尽可能按工作位置放置，使主要装配轴线处于水平或垂直位置。针对主视图还没有表达清楚的装配关系和零件间的相对位置，选用其他视图给予补充（如采用剖视、断面、拆去某些零件、剖视中套用剖视），其目的是将装配关系表达清楚。

（1）主视图的选择。

确定装配体的安放位置，一般可将装配体按其在机器中的工作位置安放，以便了解装配体的结构情况及与其他机器的装配关系。如果装配体的工作位置倾斜，为画图方便，通常将装配体按放正后的位置画图。

①确定主视图的投影方向。装配体的位置确定以后，应该选择能较全面、明显地反映该装配体的主要工作原理、装配关系及主要结构的方向作为主视图的投影方向。

②主视图的表达方法。由于多数装配体都有内部结构需要表达，因此，主视图多采用剖视图画出。

③选择剖视的类型及范围。要根据装配体内部结构的具体情况决定。

（2）其他视图选择。

主视图确定之后，若还有带全局性的装配关系、工作原理及主要零件的主要结构还未表达清楚，应选择其他基本视图来表达。

基本视图确定后，若装配体上尚还有一些局部的外部或内部结构需要表达时，可灵活地选用局部视图、局部剖视或断面图等来补充表达。

（3）表达方案选择时应注意的问题。

①应从装配体的全局出发，综合进行考虑。特别是一些复杂的装配体，可能有多种表达方案，应通过比较择优选用。

②设计过程中绘制的装配图应详细一些，以便为零件设计提供结构方面的依据。指导装配工作的装配图，则可简略一些，重点在于表达每种零件在装配体中的位置。

③装配图中，装配体的内外结构应以基本视图来表达，而不应以过多的局部视图来表达，以免图形支离破碎，看图时不易形成整体概念。

④若视图需要剖开绘制时，一般应从各条装配干线的对称面或轴线处剖开，同一视图中不宜采用过多的局部剖视，以免使装配体的内外结构的表达不完整。

⑤装配体上对于其工作原理、装配结构、定位安装等方面没有影响的次要结构，可不必在装配图中——表达清楚，可留待零件设计时由设计人员自定。

3. 绘制装配图

确定表达机器或部件的视图方案时，可以多设计几套方案，每套方案一般均有优缺点，通过分析、比较、论证、优化，再选择比较理想的视图表达方案。为了较多地表达装配关系，常常通过装配干线的轴线选取剖切平面，画出剖视图，而且视图之间要留出适当的位置，以注写尺寸和对零件进行编号。标题栏、明细栏以及书写技术条件的位置也要事先安排好。具体步骤如下。

（1）选比例、定图幅、布图、绘制各视图的主要基准线。

（2）从主视图开始，三个视图联系起来，依次画出装配图的主体零件的外部轮廓。

（3）按装配干线的顺序一件一件地将零件画入，可由外向内或由内向外画，完成全部底稿线。

（4）校核加深，画剖面线，完成装配图视图绘制。

（二）装配图的尺寸标注

装配图主要是表达机器零、部件的装配关系的，因此装配图中不需要注出每个零件的全部尺寸，一般只需标注规格尺寸、装配尺寸、安装尺寸、外形尺寸和其他重要尺寸等五大类尺寸。如图 7-21 所示。

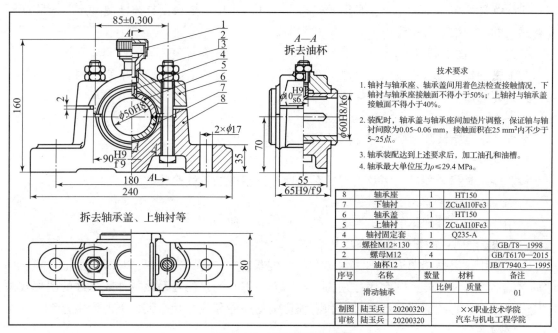

图 7-21 滑动轴承装配图

1. 规格尺寸

规格尺寸是表明部件规格或性能的尺寸，它是设计和选用产品时的主要依据。图 7-21 中表达滑动轴承的规格（性能）尺寸为 $\phi 50H8$、中心高 70，其中 $\phi 50H8$ 是表达滑动轴承轴安装孔的尺寸，用于确定轴的装配段的直径，70 是表达安装轴的中心距地面的高度，用于确定滑动轴承和其他工作机器的工作或中心高度。

2. 装配尺寸

装配尺寸是保证部件正确装配，并说明配合性质及装配要求的尺寸。一般包括以下部分。

（1）配合尺寸。表示两零件间具有配合性质的尺寸，如图 7-21 中的 90H9/f9、65H9/f9、$\phi 60H8/k6$、$\phi 10H9/s6$ 等均为配合尺寸。

（2）相对位置尺寸。表示装配或拆画零件图时，需要保证的零件间或部件间比较重要的相对位置的尺寸，如图 7-21 中两轴的中心距 85±0.300。

3. 安装尺寸

安装尺寸是机器或部件安装到其他零、部件或基础上所需要的尺寸。如图 7-21 中地脚螺栓孔的尺寸 180、2×φ17 等属于安装尺寸。

4. 外形尺寸

外形尺寸是反映机器或部件的总长、总宽和总高尺寸，即该机器或部件在包装、运输和安装过程中所占空间的大小。如图 7-21 中滑动轴承的总长 240、总宽 80、总高 160 均是外形尺寸。

5. 其他重要尺寸

在设计过程中经过计算确定的尺寸、主要零件的主要尺寸以及在装配或使用中必须说明的尺寸。如运动零件的位移尺寸等。

需要说明的是，上述五类尺寸，并非每张装配图上都需全部标注，有时同一尺寸可同时兼有几种意义，在标注尺寸时，必须明确每个尺寸的作用，要根据具体情况确定，对装配图没有意义的结构尺寸不需注出。

（三）装配图的技术要求

装配图的技术要求一般用文字注写在图样右边或下方的空白处，技术要求因装配体的不同，其具体的内容有很大不同，如图 7-21 所示。技术要求一般应包括以下几个方面。

1. 装配要求

装配要求是指装配后必须保证的精度以及装配时的要求等。

2. 检验要求

检验要求是指装配过程中及装配后必须保证其精度的各种检验方法。

3. 使用要求

使用要求是对装配体的基本性能、维护、保养、使用的要求。

（四）装配图中的零部件序号及其编排

在生产中，为便于图纸管理、生产准备、机器装配和看懂装配图，对装配图上各零、部件都要编注序号和代号，其中序号是为了看图方便编制的，代号是该零件或部件的图号或国标代号。零、部件图的序号和代号要和明细栏中的序号和代号相一致，不能产生差错。

1. 基本要求

根据国家标准（GB/T 4458.2—2003《机械制图 装配图中零、部件序号及其编排方法》）规定：装配图中零、部件序号及其编排方法应遵行以下基本要求。

（1）装配图中所有的零、部件都必须编注序号。

（2）装配图中一个部件可以只编写一个序号；同一装配图中相同的零、部件用一个序号，一般只标注一次，如标准化组件滚动轴承、电动机等，可看作一个整体编注一个序号。多处出现的相同的零、部件，必要时也可重复标注。

（3）装配图中零、部件序号应与明细栏（表）中的序号一致。

2. 序号编排方法

装配图中的序号一般由指引线（细实线）、圆点（或箭头）、横线（或圆圈）和序号数字组成，具体方法和要求如下。

（1）在水平的基准（细实线）上或圆（细实线）内注写序号，序号字号比该装配图中所注尺寸数字的字号大一号或两号，如图 7-22（a）所示。

(2) 在指引线的非零件端的附近注写序号,序号字高比该装配图中所注尺寸数字的字号大一号或二号,如图 7-22(b)所示。

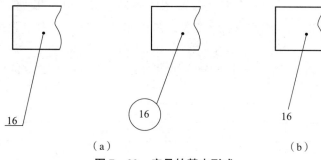

图 7-22 序号的基本形式

(3) 同一装配图中编写零、部件序号的形式应一致。

(4) 指引线应自所指部分的可见轮廓内引出,并在末端加一点,如图 7-22 所示。若所指部分(很薄的零件或涂黑的剖面)内不便画出圆点时,可在指引线末端画出箭头,并指向该零件的轮廓线,如图 7-23 所示的序号 19。

(5) 指引线之间不允许相交,当指引线通过有剖面线的区域时,指引线不应与剖面线平行,指引线可以画成折线,但指引线只允许弯折一次。

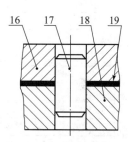

图 7-23 指引线的末端形式

(6) 对紧固件组或装配关系清楚的零件组,可以采用公共指引线,如图 7-24 所示。

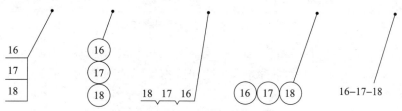

图 7-24 公共指引线的编注形式

(7) 装配图中零件的序号应沿水平或垂直方向按顺时针或逆时针方向顺次排列整齐,如图 7-25 所示。在整个图上无法连续时,可只在每个水平或竖直方向顺次排列。

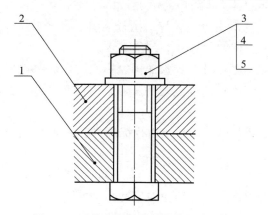

图 7-25 公共指引线的编注形式举例

(五) 装配图中的标题栏及明细栏填写

1. 标题栏填写

每张技术图样中均应画出标题栏，装配图中的标题栏格式与零件图中相同，国家标准（GB/T 10609.1—2008《技术制图 标题栏》）对标题栏的格式、内容和尺寸作了统一规定，且标题栏的位置配置、线型、字体等都要遵守相应的国家标准，标题栏的格式及尺寸如图 1-4 所示。如图 7-26 所示下半部分为国家标准标题栏，由更改区、签字区、其他区、名称及代号区组成。

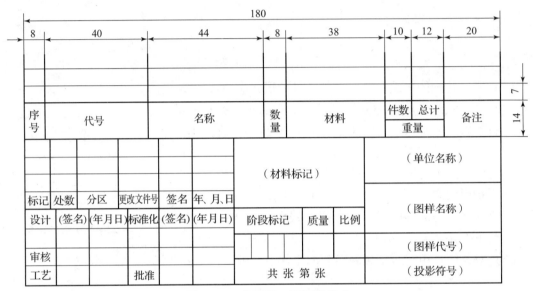

图 7-26 标题栏、明细栏格式

（1）更改区。一般由更改标记、处数、分区、更改文件号、签名和"年 月 日"等组成。更改区中的内容应按由下而上的顺序填写，也可根据实际情况顺延，或放在图样中其他的地方，但应有表头。

（2）签字区。一般由设计、审核、工艺、标准化、批准和"年 月 日"等组成。

（3）其他区。一般由材料标记、阶段标记、质量、比例和"共张 第张"等组成，其中材料标记是指该项目的图样应按照相应标准或规定填写所使用的材料；阶段标记是指按有关规定由左向右填写图样的各生产阶段。

（4）名称及代号区。一般由单位名称、图样名称、图样代号等组成，其中图样代号是指按有关标准或规定填写图样的代号。

标题栏中的日期"年 月 日"应按照国家标准（GB/T 7408—2005《数据和交换格式 信息交换 日期和时间表示法》）的规定填写，形式有两种：20100228 和 2010-02-28，可任选一种形式。

在学生作业中，为简化作图，可采用简化标题栏，推荐采用图 1-5 所示的简化标题栏格式。

2. 明细栏填写

明细栏是装配图中全部零、部件的详细目录，它直接画在标题栏上方，序号由下向上顺序填写，如位置不够时，可紧靠标题栏的左边画出。当有两张或两张以上同一图样代号的装配图时，应将明细栏放在第一张装配图上。明细栏可按国家标准（GB/T 10609.2—2009《技术制图 明细栏》）规定绘制，如图7-26所示。装配图上不便绘制明细栏时可作为装配图的续页按 A4 幅面单独绘出，填写顺序由上而下延续。

明细栏一般由序号，代号，名称，数量，材料，质量，（单件、总计），备注等组成，填写时可参考如下内容填写。

（1）序号。对应图样中标注的序号。

（2）代号。图样中相应组成部分的图样代号或标准号。

（3）名称。填写图样中相应组成部分的名称，根据需要，也可写出其形式与尺寸。

（4）数量。图样中相应组成部分在装配中所需要的数量。

（5）材料。图样中相应组成部分的材料标记。

（6）质量。图样中相应组成部分单件和总件数的计算质量。以千克为计量单位时，允许不写出其计量单位。

（7）备注。填写该项的附加说明或其他有关的内容。

需要说明的是：各工厂企业有时也有各自的标题栏、明细栏格式。在学生作业中，为简化作图，可采用简化明细栏，推荐采用简化的明细栏格式，如图7-27所示。

图7-27 学生作业用装配图明细栏格式

绘制和填写学生作业用装配图明细栏时应注意以下问题。

（1）明细栏和标题栏的分界线是粗实线；明细栏的外框线是粗实线，内部线均为细实线。

（2）标准件的国标代号可写入备注栏。备注栏还可用于填写该项的附加说明或其他有关的内容。

五、装配图画法举例

画装配图是指根据部件所属的零件图，依据部件的工作原理，拼画出装配图。画装配图以前，将绘制好的装配示意图和零件草图等资料进行分析、整理，对所要绘制部件的工作原理、结构特点及各零件间的装配关系作更进一步的了解，拟定表达方案和绘图步骤，最后完成装配图的绘制。下面以如图7-28所示球阀装配轴测图，说明由零件图画装配图的方法和步骤。

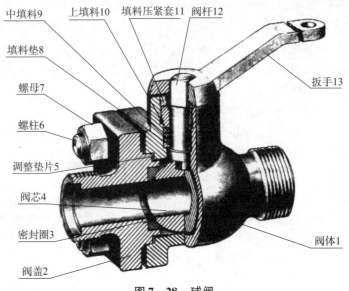

图 7-28 球阀

（一）进行部件分析

绘制装配图之前，首先要对绘制的机器或部件的工作原理、装配关系及主要零件形状、零件与零件之间的相对位置、定位方式等进行深入细致的分析。球阀是安装在管路中，用于启闭和调节流体流量的部件。阀的形式很多，球阀是阀的一种，它的阀芯是球形的。如图 7-28 所示球阀的工作原理：扳手 13 的方孔套进阀杆 12 上部的四棱柱，当扳手处于如图 7-28 所示的位置时，阀门全部开启，管道畅通；当扳手按顺时针方向旋转 90°时，阀门全部关闭，管道隔断。球阀的结构分析情况如下。

阀体 1 和阀盖 2 均带有方形的凸缘，它们用四个双头螺柱 6 和螺母 7 连接，用调整垫片 5 调节阀芯 4 与密封圈 3 之间的松紧程度。在阀体上有阀杆 12，阀杆下部有凸块，榫接阀体 1 上的凹槽中。为了密封，在阀体与阀杆之间加进填料垫 8、中填料 9 和上填料 10，旋入填料压紧套 11 压紧。

（二）装配图的视图选择

装配图中的视图必须清楚地表达各零件间的相对位置和装配关系、机器或部件的工作原理和主要零件的结构形状。在选择表达方案时，首先要选择好主视图，再选择其他视图。

1. 选择主视图

画装配图时，部件大多按工作位置放置，并使主要装配干线、主要安装面处于水平或铅垂位置。主视图方向应选择反映部件主要装配关系及工作原理的方位，为详细地表达零件间的相对位置、装配关系和工作原理，主视图的表达方法多采用剖视或拆卸等方法。

2. 选择其他视图

其他视图的选择以进一步准确、完整、简便地表达各零件间的结构形状及装配关系为原则，因此多采用局部剖、拆去某些零件后的视图、断面图等表达方法。

球阀的视图选择是将其通径 φ20 的轴线水平放置，主视图投射方向选择垂直于阀体两孔轴线所在平面的方向，采用全剖视图来表达球阀阀体内两条主要装配干线，图7-28中，各个主要零件及其相互关系为：水平方向装配干线是阀芯4、阀盖2等零件；垂直方向是阀杆12、填料压紧套11、扳手13等零件。左视图采用半剖视图，是为了进一步将阀杆12与阀芯4的关系表达清楚，同时又把阀体1的螺纹连接件的数量及分布位置表达出来。球阀的俯视图以反映外形为主，同时采取了局部剖视，反映手柄13与阀体1限位凸块的关系，该凸块用以限制扳手13的旋转位置。

（三）绘制装配图

确定表达方案后，就可着手画图。画图时必须遵循以下步骤。

（1）选比例、定图幅、布图、绘制各视图的主要基准线。

根据所选择的视图方案，确定图形比例和图幅大小，留出标注尺寸及明细栏、标题栏及注写技术条件的位置。画图时应尽可能采用1:1的比例，这样有利于想象物体的形状和大小。需要采用放大或缩小的比例时，必须采用国家标准推荐的比例。确定比例后，根据表达方案确定图幅。确定图幅时要注意留出标注尺寸、编序号、标题栏、明细栏和技术要求的位置。在以上工作准备好后，即可画图框、标题栏、明细栏，画出各视图主要装配干线、对称中心线及主要零件的基准线，结果如图7-29所示。

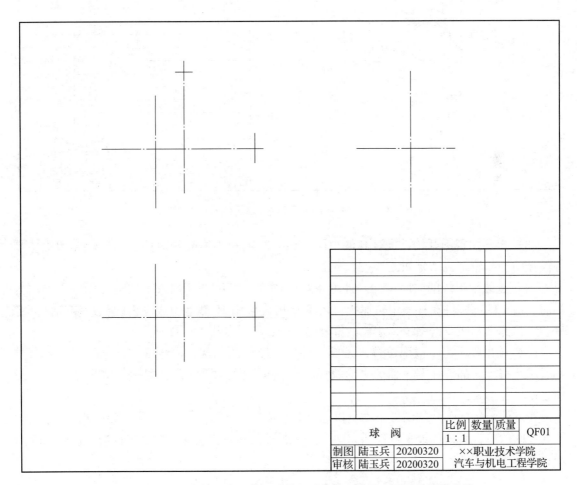

图7-29　画出各视图主要装配干线、对称中心线及主要零件的基准线

（2）先从主视图开始，配合其他视图，画出球阀体的主体零件阀体的外部轮廓，结果如图7-30所示。

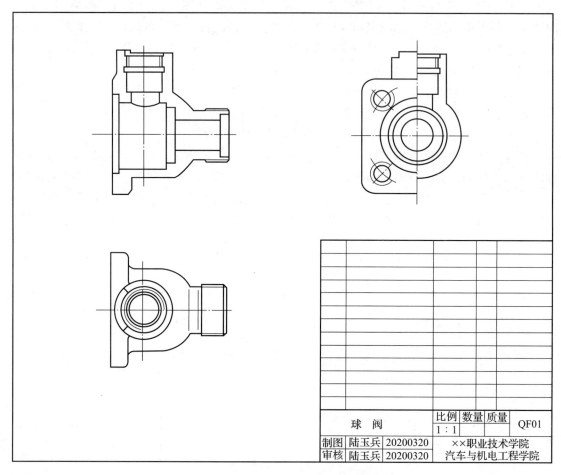

图7-30　3个视图联系起来画出主体零件阀体的外部轮廓线

（3）再从主视图开始，配合其他视图，根据阀盖和阀体的相对位置画出球阀的主体零件阀盖的外部轮廓，结果如图7-31所示。

（4）按装配干线的顺序一件一件地将零件画入，可由外向内或由内向外画。由外向内画时，由于内部零件在视图中被遮挡，内部结构线可用H铅笔画成底稿线，待装入内部零件后，再擦去不必要的图线，避免做重复的工作，结果如图7-32所示。

（5）画出扳手另一极限位置，完成底稿后，经校核加深，画剖面线，标注尺寸，写技术要求，编零、部件序号，最后填写明细栏及标题栏，即完成装配图，结果如图7-33所示。

为方便绘制球阀装配图，下面提供球阀装配体中主要零件的零件图，其中阀体零件图如图6-90所示；阀杆和扳手零件图如图7-34所示；阀芯和填料压紧套零件图如图7-35所示；阀盖零件图如图7-36所示。

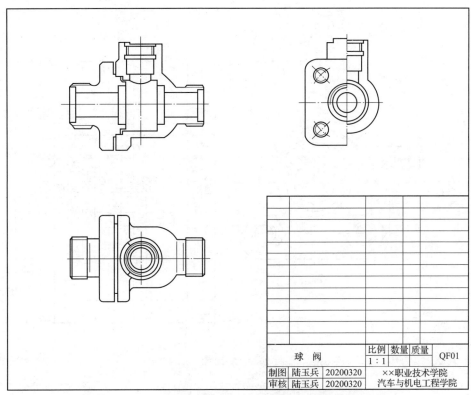

图 7-31 3个视图联系起来画出主体零件阀盖的外部轮廓线

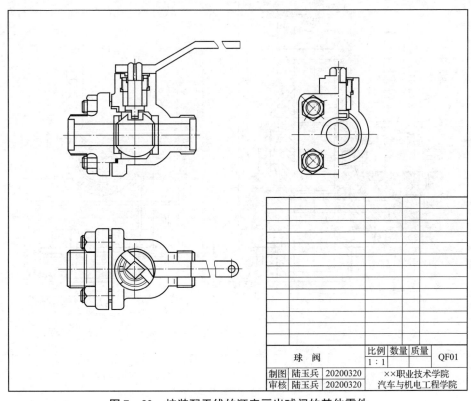

图 7-32 按装配干线的顺序画出球阀的其他零件

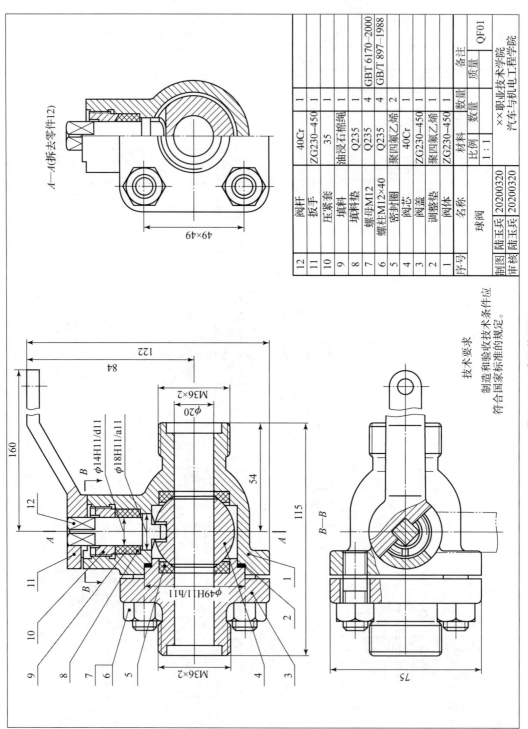

图 7-33 球阀装配图

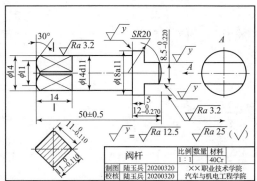
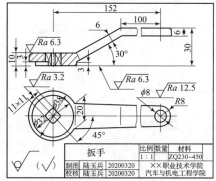

图 7−34 阀杆和扳手零件图

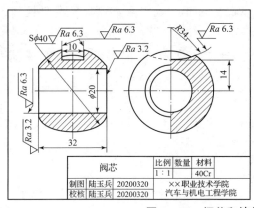
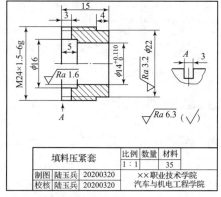

图 7−35 阀芯和填料压紧套零件图

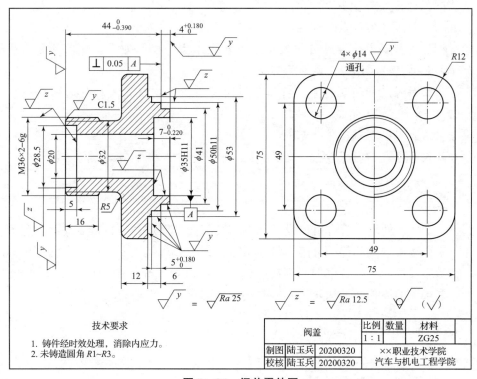

技术要求
1. 铸件经时效处理,消除内应力。
2. 未铸造圆角 $R1\sim R3$。

图 7−36 阀盖零件图

任务 2　装配图识读

✓ 任务引入

根据《机械制图基础训练与任务书》中"任务2：装配图识读——任务实施"的要求，完成千斤顶装配图识读任务。

✓ 任务目标

（1）掌握读装配图的基本要求、方法和步骤，培养识读中等及以上复杂程度（大于11种零件）装配图的能力。

（2）根据《机械制图基础训练与任务书》中"任务2：装配图识读——任务实施"的要求，完成千斤顶装配图识读任务。

✓ 知识点导学

1. 读装配图的基本要求

（1）了解部件的名称、用途、性能和工作原理。

（2）弄清各零件间的相对位置、装配关系、装卸顺序、配合种类和传动路线等。

（3）弄清各零件的结构形状及作用。

2. 读装配图的方法和步骤

（1）概括了解：了解机器、部件的名称和大致用途，了解机器、部件的组成。

（2）对视图进行初步分析：明确装配图的表达方法、投影关系和剖切位置，并结合标注的尺寸，想象出主要零件的主要结构形状。

（3）分析工作原理和装配关系：对照各视图进一步研究机器或部件的工作原理、装配关系。

（4）分析零件结构，读懂零件形状。

（5）分析尺寸，了解技术要求。

✓ 相关知识

在生产、维修、使用、管理机械设备和技术交流等工作过程中，常需要读装配图。读装配图应特别注意从机器或部件中分离出每一个零件，并分析其主要结构形状和作用，以及同其他零件的关系。然后再将各个零件合在一起，分析机器或部件的作用、工作原理及防松、润滑、密封等系统的原理和结构等，必要时还应查阅有关的专业资料。

一、读装配图的基本要求

读装配图是工程技术人员必备的一种能力，在设计、装配、安装、调试以及进行技术交流时，都要读装配图，读装配图应达到如下基本要求。

(1) 了解部件的名称、用途、性能和工作原理。
(2) 弄清各零件间的相对位置、装配关系、装卸顺序、配合种类和传动路线等。
(3) 弄清各零件的结构形状及作用。

读装配图要达到上述要求，不仅要掌握制图知识，还需要具备一定的生产和相关专业技能。

二、读装配图的方法和步骤

不同的工作岗位看图的目的是不同的，如有的仅需要了解机器或部件的用途和工作原理；有的要了解零件的连接方法和拆卸顺序；有的要拆画零件图等。一般说来，应按以下方法和步骤读装配图。

（一）概括了解

从标题栏和有关的说明书中了解机器、部件的名称和大致用途，从明细栏及图中相应的编号了解机器、部件的组成。对于复杂的部件、机器还要查阅有关技术资料，以便对部件、机器的工作原理和零件间的装配关系作深入的分析了解。

由图7-33所示球阀装配图的标题栏、明细栏可知，该装配图所表达的是管路附件——球阀，该阀共有13种零件组成，其中标准件有两种。球阀的主要作用是控制管路中流体的流通量，从其作用及技术要求可知，密封结构是该阀的关键部位。

（二）对视图进行初步分析

明确装配图的表达方法、投影关系和剖切位置，并结合标注的尺寸，想象出主要零件的主要结构形状。

例如，图7-33所示的球阀，共采用3个基本视图。主视图采用局部剖视图，主要反映该阀的组成、结构和工作原理；俯视图采用局部剖视图，主要反映阀盖和阀体以及扳手和阀杆的连接关系；左视图采用半剖视图，主要反映阀盖和阀体等零件的形状及阀盖和阀体间连接孔的位置和尺寸等。

（三）分析工作原理和装配关系

在概括了解的基础上，对照各视图进一步研究机器或部件的工作原理、装配关系，这是看懂装配图的一个重要环节。看图时先从反映工作原理的视图入手，分析机器或部件中零件的运动情况，从而了解工作原理。然后再根据投影规律，从反映装配关系的视图着手，分析各条装配轴线，弄清零件相互间的配合要求、定位和连接方式等。

图7-33所示的球阀，有两条装配线。从主视图看，一条是水平方向，另一条是垂直方向。其装配关系是：阀盖和阀体用4个双头螺柱和螺母连接，并用合适的调整垫片调节阀芯与密封圈之间的松紧程度。阀体垂直方向上装配有阀杆，阀杆下部的凸块嵌入到阀芯上的凹槽内。为防止流体泄漏，在此处装有填料垫、填料，并旋入填料压紧套将填料压紧。

球阀的工作原理：扳手在主视图中的位置时，阀门为全部开启，管路中流体的流通量最大。当扳手顺时针旋转到俯视图中双点画线所示的位置时，阀门为全部关闭，管路中流体的流通量为零。当扳手处在这两个极限位置之间时，管路中流体的流通量随扳手的位置而改变。

（四）分析零件结构，读懂零件形状

在弄懂部件工作原理和零件间的装配关系后，利用装配图的表达方法和投影关系，将零件的投影从重叠的视图中分离出来，分析零件的结构形状和作用，可有助于进一步了解部件

结构特点。分析某一零件的结构形状时，首先要在装配图中找出反映该零件形状特征的投影轮廓。接着可按视图间的投影关系，同一零件在各剖视图中的剖面线方向、间隔必须一致的画法规定，将该零件的相应投影从装配图中分离出来。然后根据分离出的投影，按形体分析和结构分析的方法，弄清零件的结构形状。

如球阀的阀芯，从装配图的主、左视图中，根据剖面线的方向和间隔，将阀芯的投影轮廓分离出来，根据球阀的工作原理及阀杆与阀芯的装配关系，完整地想象出阀芯的形状如图7-35所示。

（五）分析尺寸，了解技术要求

读懂装配图中的必要尺寸，分析装配过程中或装配后达到的技术要求，以及对装配体的工作性能、调试与检验等要求。

如球阀装配图中的必要尺寸：$\phi 20$ 为阀的管径，是规格性能尺寸；$\phi 14H11/d11$、$\phi 18H11/d11$、$\phi 49H11/h11$ 为装配尺寸；115、75、122 为总体尺寸。

球阀装配图为说明球阀在制造与验收时的条件，在技术要求内容中用文字说明了"制造和验收技术条件应符合国家标准的规定"。

三、装配图识读举例

识读如图7-37所示机用虎钳装配图。

（一）概括了解

浏览全图，结合标题栏和明细栏中的内容了解部件的名称、规格，以及各零件的名称、材料和数量，按图上的编号了解各零件的大体装配情况、用途和使用性能。如图7-37所示，机用虎钳是机床工作台上，用于加紧工件、进行切削加工的一种通用工具，该装配体的大致结构为长方块，规格为0~70 mm。由该装配图的标题栏、明细栏可知，该台虎钳由11种零件组成，其中螺钉、圆柱销为标准件，其他9种零件为设计件。

（二）对视图进行初步分析

机用虎钳装配图共采用了3个基本视图，一个断面图和一个单独表达零件的画法。主视图采用全剖视图并带有局部剖视图，反映机用虎钳的工作原理和零件间的装配关系；俯视图反映固定钳身的结构形状，并用局部剖视图表达钳口板与钳座的局部结构。左视图采用半剖视图，剖切位置标注在主视图上，表达固定钳身、活动钳身与螺母3个零件间的装配关系。除此之外，还有断面图、单独零件图，其中断面图用以表达螺杆端部截面形状，标有"B"的视图采用的是局部视图，为单独画法，表示钳口板的形状。

（三）分析工作原理和装配关系

由分析可知机用虎钳的工作原理：旋转螺杆9使螺母块8带动活动钳身4作水平方向左右移动，加紧或松开零件。最大夹持厚度为70 mm，图中的双点画线表示活动钳身的极限位置。

装配关系：根据图中配合尺寸的配合代号，判别零件配合的基准制度、配合种类及轴、孔的公差等级等。螺母块从固定钳身的下方装入工字形槽内，再装入螺杆，并由垫圈11、5及环6和销7轴向固定。螺钉将活动钳身与螺母块连接，用螺钉10将两块钳口板与活动钳身和固定钳座相连。

装拆顺序：件7销→件6圆环→件5调整垫圈→件3螺钉→件4活动钳身→件8螺母块→件11垫圈。

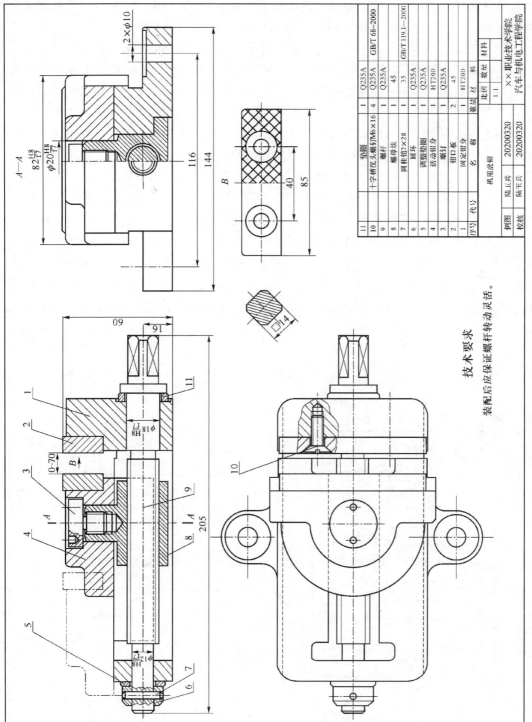

图 7-37 机用虎钳装配图

（四）分析零件结构，读懂零件形状

为了深入了解部件的结构特点和装配关系，还需弄清每个零件的结构形状。对于装配图中的标准件如螺纹紧固件、键、销等，以及常用的简单零件如小轴、手柄等，其作用和结构形状比较明确，无须细读，看懂它们的投影后，就将其从图中"剥离"出去，然后集中精力分析剩下的为数不多的复杂零件。对复杂零件的结构形状详加分析时，首先要从装配图中"分离"出该零件的投影轮廓。其方法是：对照明细栏，在编写序号的视图上确定该零件的位置并依据剖面线划定零件的投影轮廓；接着可按视图间的投影关系，并根据同一零件的剖面线在各个视图上方向与间隔必须一致的规定，以及实心件不剖等画法规定，将复杂零件在各个视图上的投影范围及其轮廓搞清楚。然后根据分离出的投影轮廓，先推想出因其他零件的遮挡或因表达方法的规定而未被表示的投影和结构，最后运用形体分析法并辅以线面分析法进行仔细推敲，弄清零件的结构形状。在找对应投影关系时，可借助丁字尺、三角板、分规等帮助找各个零件在各个视图中的投影关系。当某些零件的结构形状在装配图上表达不够完整时，可先分析相邻零件的结构形状，根据它和周围零件的关系及其作用，再来确定该零件的结构形状就比较容易了。但有时还需要参考零件图来加以分析，以弄清零件的细小结构及其作用。该机用虎钳中复杂零件主要有：固定钳身、螺杆、螺母块、活动钳身等。

固定钳身的下方为工字形槽，装入螺母块，螺母块带动活动钳身沿固定钳身的导轨移动。因此，导轨表面有较高的表面粗糙度要求。固定钳身零件结构、形状如图7-38所示。

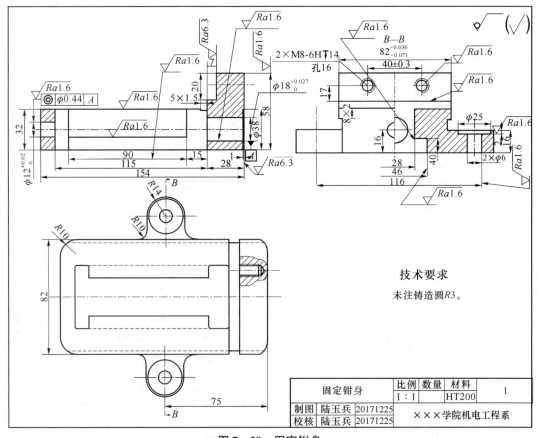

图 7-38 固定钳身

螺母块与螺杆旋合,随螺杆转动,带动活动钳身左右移动,其上的螺纹有较高的粗糙度要求,螺母块的结构是上圆下方,上部圆柱与活动钳身配合,有尺寸公差要求。螺母块零件结构、形状如图7-39所示。

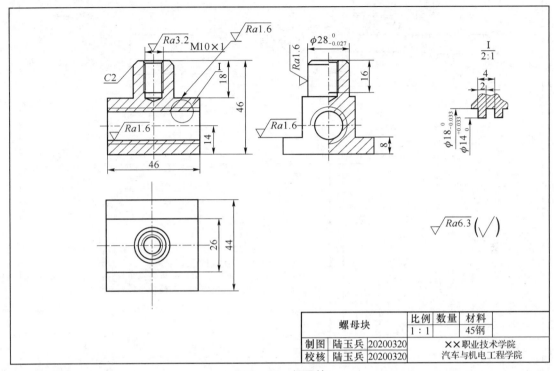

图7-39 螺母块

螺杆在钳座两端的圆柱孔内转动,两端与圆孔采用基孔制 $\phi 18H8/f7$、$\phi 12H8/f6$ 的配合。螺杆零件结构、形状如图7-40所示。

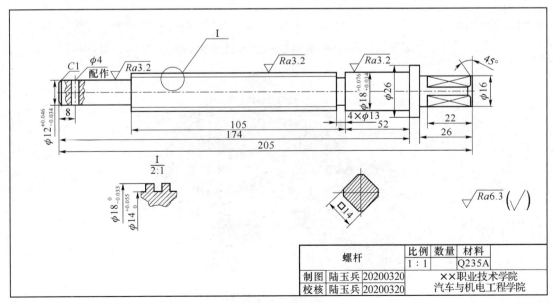

图7-40 螺杆

活动钳身在固定钳座的水平导面上移动,结合面采用基孔制 82H8/f7 的间隙配合。活动钳身零件结构、形状如图 7-41 所示。

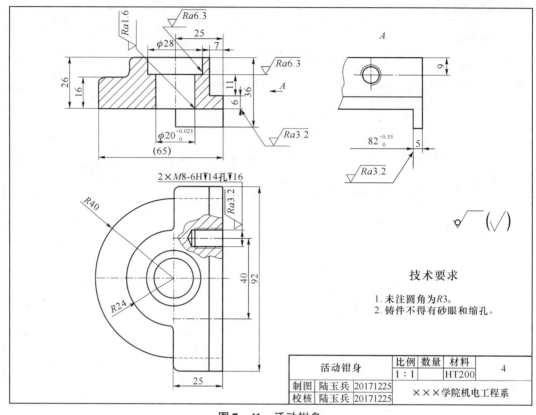

图 7-41 活动钳身

(五) 分析尺寸,了解技术要求

机用虎钳尺寸及技术要求等内容要求不高,这里不再赘述。

综合零件的作用和零件间的装配关系,根据装配图上和零件图上的尺寸及技术要求等进行全面的归纳总结,形成一个完整的认识,全面读懂装配图。机用虎钳实体结构如图 7-42 所示。

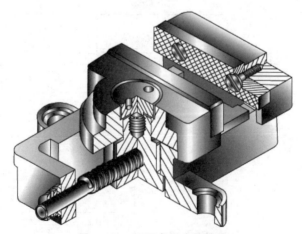

图 7-42 机用虎钳实体结构

附 录

附表1 普通螺纹公称直径与螺距、公称尺寸（摘自 GB/T 193—2003 和 GB/T 196—2003）

mm

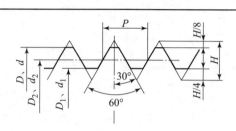

标记示例

公称直径 24 mm，螺距 3 mm，右旋粗牙普通螺纹，其标记为：M24

公称直径 24 mm，螺距 1.5 mm，左旋细牙普通螺纹，公差带代号 7H，其标记为：M24×1.5 - 1.H

公称直径 D、d		螺距 P		粗牙小径 D_1、d_1	公称直径 D、d		螺距 P		粗牙小径 D_1、d_1
第一系列	第二系列	粗牙	细牙		第一系列	第二系列	粗牙	细牙	
3		0.5	0.35	2.459	16		2	1.5, 1	13.835
4		0.7	0.5	3.242		18	2.5	2, 1.5, 1	15.294
5		0.8		4.134	20				17.294
6		1	0.75	4.917		22			19.294
8		1.25	1, 0.75	6.647	24		3	2, 1.5, 1	20.752
10		1.5	1.25, 1, 0.75	8.376		30	3.5	(3), 2, 1.5, 1	26.211
12		1.75	1.25, 1, 1.50, 1.25*, 1	10.106	36		4	3, 2, 1.5	31.670
	14	2		11.835		39			34.670

注：应优先选用第一系列，括号内尺寸尽可能不用，带 * 号仅用于火花塞。

附表2 梯形螺纹直径与螺距系列、公称尺寸

（摘自 GB/T 5796.2—2005、GB/T 5796.3—2005、GB/T 5796.4—2005）

mm

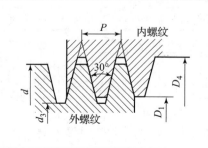

标记示例

公称直径 28 mm、螺距 5 mm、中径公差带代号为 7H 的单线右旋梯形内螺纹，其标记为 Tr28×5 - 7H

公称直径 28 mm、导程 10 mm、螺距 5 mm、中径公差带代号为 8e 的双线左旋梯形外螺纹，其标记为 Tr28×10（P5）LH - 8e

内外螺纹旋合所组成的螺纹副的标记为 Tr24×8 - 7H/8e

续表

公称直径 d 第一系列	公称直径 d 第二系列	螺距 P	大径 D_4	小径 d_3	小径 D_1	公称直径 d 第一系列	公称直径 d 第二系列	螺距 P	大径 D_4	小径 d_3	小径 D_1
16		2	16.50	13.50	14.00		24	3	24.50	20.50	21.00
		4		11.50	12.00			5		18.50	19.00
	18	2	18.50	15.50	16.00			8	25.00	15.00	16.00
		4		13.50	16.00			3	26.50	22.50	23.00
20		2	20.50	17.50	18.00		26	5		20.50	21.00
		4		15.50	16.00			8	27.00	17.00	18.00
	22	3	22.50	18.50	19.00			3	28.50	24.50	25.00
		5		16.50	17.00	28		5		22.50	23.00
		8	23.0	13.00	14.00			8	29.00	19.00	20.00

注：螺纹公差代号：外螺纹有 9c、8c、8e、7e；内螺纹有 9H、8H、7H。

附表3 六角头螺栓（摘自（GB/T 5782—2016、GB/T 5783—2016） mm

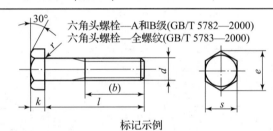

标记示例

螺纹规格 d = M12、公称长度 l = 80 mm、性能等级为 8.8 级、表面氧化、A 级的六角螺栓，其标记为：螺栓 GB/T 5782 M12×80

螺纹规格 d		M3	M4	M5	M6	M8	M10	M12	M16	M20	M24	M30	M36
s		5.5	7	8	10	13	16	18	24	30	36	46	55
k		2	2.8	3.5	4	5.3	6.4	7.5	10	12.5	15	18.7	22.5
r		0.1	0.2	0.2	0.25	0.4	0.4	0.6	0.6	0.6	0.8	1	1
e	A	6.01	7.66	8.79	11.05	14.38	17.77	20.03	26.75	33.53	39.98	—	—
	B	5.88	7.50	8.63	10.89	14.20	17.59	19.85	26.17	32.95	39.55	50.85	51.11
(b) GB/T 5782	l ≤ 125	12	14	16	18	22	26	30	38	46	54	66	—
	125 < l ≤ 200	18	20	22	24	28	32	36	44	52	60	72	84
	l > 200	31	33	35	37	41	45	49	57	65	73	85	97
l 范围 (GB/T 5782)		20~30	25~40	25~50	30~60	40~80	45~100	50~120	65~160	80~200	90~240	110~300	140~360
l 范围 (GB/T 5783)		6~30	8~40	10~50	12~60	16~80	20~100	25~120	30~150	40~150	50~150	60~200	70~200

续表

螺纹规格 d	M3	M4	M5	M6	M8	M10	M12	M16	M20	M24	M30	M36
l 系列	6，8，10，12，16，20，25，30，35，40，45，50，55，60，65，70，80，90，100，110，120，130，140，150，160，180，200，220，240，260，280，300，320，340，360，380，400，420，440，460，480，500											

附表 4　双头螺柱（摘自 GB/T 897—1988、GB/T 898—1988、GB/T 899—1988、GB/T 900—1988）

mm

GB/T 897—1988（$b_\mathrm{m}=1d$）
GB/T 898—1988（$b_\mathrm{m}=1.25d$）
GB/T 899—1988（$b_\mathrm{m}=1.5d$）
GB/T 900—1988（$b_\mathrm{m}=2d$）

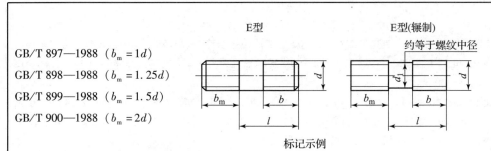

标记示例

两端均为粗牙普通螺纹，$d=10$ mm，$l=50$ mm、性能等级为 4.8 级、不经表面处理、B 型、$b_\mathrm{m}=1d$ 的双头螺柱，其标记为：螺柱 GB/T 897 M10×50

若为 A 型，则标记为：螺柱 GB/T 897 AM10×50

	螺纹规格/d	M3	M4	M5	M6	M8
b_m 公称	GB/T 897—1988			5	6	8
	GB/T 898—1988			6	8	10
	GB/T 899—1988	4.5	6	8	10	12
	GB/T 900—1988	6	8	10	12	16
$\dfrac{l}{b}$		$\dfrac{16-20}{6}$ $\dfrac{(22)-40}{12}$	$\dfrac{16-(22)}{8}$ $\dfrac{25-40}{14}$	$\dfrac{16-(22)}{10}$ $\dfrac{25-50}{16}$	$\dfrac{20-(22)}{10}$ $\dfrac{25-30}{14}$ $\dfrac{(32)-(75)}{18}$	$\dfrac{20-(22)}{12}$ $\dfrac{25-30}{16}$ $\dfrac{(32)-90}{22}$

	螺纹规格/d	M10	M12	M16	M20	M24
b_m 公称	GB/T 897—1988	10	12	16	20	24
	GB/T 898—1988	12	15	20	25	30
	GB/T 899—1988	15	18	24	30	36
	GB/T 900—1988	20	24	32	40	48

续表

螺纹规格	M10	M12	M16	M20	M24
$\dfrac{l}{b}$	$\dfrac{23-(28)}{14}$ $\dfrac{30-(38)}{26}$ $\dfrac{40-120}{16}$ $\dfrac{130}{32}$	$\dfrac{25-30}{16}$ $\dfrac{(32)-40}{20}$ $\dfrac{45-120}{30}$ $\dfrac{130-180}{36}$	$\dfrac{30-(38)}{20}$ $\dfrac{40-(55)}{30}$ $\dfrac{60-120}{38}$ $\dfrac{130-200}{44}$	$\dfrac{35-40}{25}$ $\dfrac{(45)-(65)}{35}$ $\dfrac{70-120}{46}$ $\dfrac{130-200}{52}$	$\dfrac{45-50}{30}$ $\dfrac{(55)-(75)}{45}$ $\dfrac{80-120}{54}$ $\dfrac{130-200}{60}$

注：1. GB/T 897—1988 和 GB/T 898—1988 规定螺柱的螺纹规格 d = M5 - M48、公称长度 l = 16 - 300 mm，GB/T 899—1988 和 GB/T 900—1988 规定螺柱的螺纹规格 d = M2 - M48、公称长度 l = 12 - 300 mm。

2. 螺柱长度 l（系列）：12，(14)，16，(18)，20，(22)，25，(28)，30，(32)，35，(38)，40，45，50，(55)，60，(65)，70，(75)，80，(85)，90，(95)，100 - 260（10 进位），280，300 mm，尽可能不采用括号内的数值。

3. 材料为钢的螺柱性能等级有 4.8，5.8，6.8，8.8，10.9，12.9 级，其中 4.8 级为常用。

附表5　1型六角螺母（摘自 GB/T 6170—2015）　mm

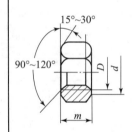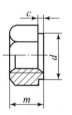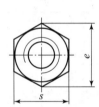

标记示例

螺纹规格 D=M12、性能等级为8级、不经表面处理、产品等级为A级的1型六角螺母，其标记为：

螺母 GB/T 6170 M12

螺纹规格 d		M3	M4	M5	M6	M8	M10	M12	M16	M20	M24	M30	M36
e	(min)	6.01	7.66	8.79	11.05	14.38	17.77	20.03	26.75	32.95	39.55	50.85	60.79
s	(max)	5.5	7	8	10	13	16	18	24	30	36	46	55
	(min)	5.32	6.78	7.78	9.78	12.73	15.73	17.76	23.67	29.16	35	45	53.8
c	(max)	0.4	0.4	0.5	0.5	0.6	0.6	0.6	0.8	0.8	0.8	0.8	0.8
d	(max)	4.6	5.9	6.9	8.9	11.6	14.6	16.6	22.5	27.7	33.2	42.7	51.1
	(min)	3.45	4.6	5.75	6.75	8.75	10.8	13	17.3	21.6	25.9	32.4	38.9
m	(max)	2.4	3.2	4.7	5.2	6.8	8.4	10.8	14.8	18	21.5	25.6	31
	(min)	2.15	2.9	4.4	4.9	6.44	8.04	10.37	14.1	16.9	20.2	24.3	29.4

附表6　平垫圈—A级（摘自 GB/T 97.1—2002）、平垫圈倒角型—A级（摘自 GB/T 97.2—2002）

mm

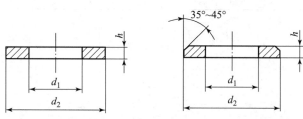

标记示例

标准系列，公称规格 8 mm，由钢制造的硬度等级为 200 HV 级、不经表面处理、产品等级为 A 级的平垫圈，其标记为：垫 GB/T 97.1 8

公称规格（螺纹大径 d）	2	2.5	3	4	5	6	8	10	12	14	16	20	24	30
内径 d_1	2.2	2.7	3.2	4.3	5.3	6.4	8.4	10.5	13	15	17	21	25	31
外径 d_2	5	6	7	9	10	12	16	20	24	28	30	37	44	56
厚度 h	0.3	0.5	0.5	0.8	1	1.6	1.6	2	2.5	2.5	3	3	4	4

附表7　标准型弹簧垫圈（摘自 GB/T 93—1987）

mm

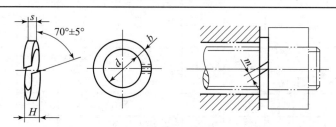

标记示例

公称直径 16 mm、材料为 65Mn、表面氧化的标准型弹簧垫圈，其标记为
垫圈 GB/T 93　16

规格（螺纹大径）		2	2.5	3	4	5	6	8	10	12	16	20	24	30	36	42	48
d		2.1	2.6	3.1	4.1	5.1	6.2	8.2	10.2	12.3	16.3	20.5	24.5	30.5	36.6	42.6	49
H	GB/T 93—1987	1.2	1.6	2	2.4	3.2	4	5	6	7	8	10	12	13	14	16	18
H	GB/T 859—1978	1	1.2	1.6	2	2.4	3.2	4	5	6.4	8	9.6	12				
$S(b)$	GB/T 93—1987	0.6	0.8	1	1.2	1.6	2	2.5	3	3.5	4	5	6	6.5	7	8	9
s	GB/T 859—1987	0.5	0.6	0.8	0.8	1	1.2	1.6	2	2.5	3.2	4	4.8	6			
$m\leq$	GB/T 93—1987	0.4		0.5	0.6	0.8	1	1.2	1.5	1.7	2	2.5	3	3.2	3.5	4	4.5
$m\leq$	GB/T 859—1987	0.3		0.4		0.5	0.6	0.8	1	1.2	1.6	2	2.4	3			
b	GB/T 859—1987	0.8	1	1.2	1.6	2	2.5	3.5	4.5	5.5	6.5	8					

附表 8　开槽螺钉

开槽圆柱头螺钉（摘自 GB/T 65—2000）、开槽沉头螺钉（摘自 GB/T 68—2000）、开槽盘头螺钉（摘自 GB/T 67—2000）　　　　　　　　　　　　　　　　　　　　　　　mm

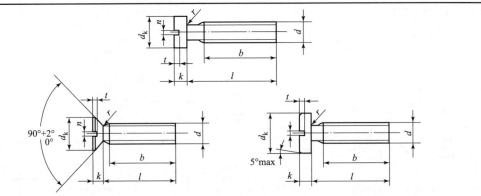

标记实例

螺纹规 d = M5，公称长度 l = 20 mm、性能等级为 4.8 级，不经表面处理的 A 级开槽圆柱头螺钉，其标记为：螺钉 GB/T 65　M5×20

	螺纹规格 d	M1.6	M2	M2.5	M3	M4	M5	M6	M8	M10
GB/T 65—2000	d_k					7	8.5	10	13	16
	k					2.6	3.3	3.9	5	6
	t_{min}					1.1	1.3	1.6	2	2.4
	r_{min}					0.2	0.2	0.25	0.4	0.4
	l					5~40	6~50	8~60	10~80	12~80
	全螺纹时最大长度					40	40	40	40	40
GB/T 67—2000	d_k	3.2	4	5	5.6	8	9.5	12	16	23
	k	1	1.3	1.5	1.8	2.4	3	3.6	4.8	6
	t_{min}	0.35	0.5	0.6	0.7	1	1.2	1.4	1.9	2.4
	r_{min}	0.1	0.1	0.1	0.1	0.2	0.2	0.25	0.4	0.4
	l	2~16	2.5~20	3~25	4~30	5~40	6~50	8~60	10~80	12~80
	全螺纹时最大长度	30	30	30	30	40	40	40	40	40
GB/T 68—2000	d_k	3	3.8	4.7	5.5	8.4	9.3	11.3	15.8	18.3
	k	1	1.2	1.5	1.65	2.7	2.7	3.3	4.65	5
	t_{min}	0.32	0.4	0.5	0.6	1	1.1	1.2	1.8	2
	r_{min}	0.4	0.5	0.6	0.8	1	1.3	1.5	2	2.5
	l	2.5~16	3~20	4~25	5~30	6~40	8~50	8~60	10~80	12~80
	全螺纹时最大长度	30	30	30	30	45	45	45	45	45
	n	0.4	0.5	0.6	0.8	1.2	1.2	1.6	2	2.5
	b_{min}			25					38	
	l 系列	2, 2.5, 3, 4, 5, 6, 8, 10, 12, (14), 16, 20, 25, 30, 35, 40, 45, 50, (55), 60, (65), 70, (75), 80								

附表9 圆柱销

圆柱销 不淬硬钢和奥氏体不锈钢（摘自 GB/T 119.1—2000）、圆柱销 淬硬钢和马氏体不锈钢（摘自 GB/T 119.2—2000）

mm

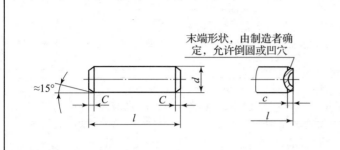

标记实例

公称直径 d = 6 mm、公差 m6、公称长度 l = 30 mm、材料钢、不经淬火、不经表面处理的圆柱销，其标记为：

销 GB/T 119.1 6 m6×30

公称直径 d = 6 mm、公称长度 l = 30 mm、材料钢、普通淬火（A 型）、表面氧化处理得当圆柱销，其标记为：

销 GB/T 119.2 6×30

公称直径 d		3	4	5	6	8	10	12	16	20	25	30	40	50
$c \approx$		0.50	0.63	0.80	1.2	1.6	2.0	2.5	3.0	3.5	4.0	5.0	6.3	8.0
公称长度 l	GB/T 119.1	8~30	8~40	10~50	12~60	14~80	18~95	22~140	26~180	35~200	50~200	60~200	80~200	95~200
	GB/T 119.2	8~30	10~40	12~50	14~60	18~80	22~100	26~100	40~100	50~100	—	—	—	—
l 系列		8, 10, 12, 14, 16, 18, 20, 24, 26, 28, 30, 32, 35, 40, 45, 50, 60, 65, 70, 75, 80, 85, 90, 95, 100, 120, 140, 160, 180, 200												

注：1. GB/T 119.1—2000 规定圆柱销的公称直径 d = 0.6~50 mm，公称长度 l = 2~200 mm，公差有 m6 和 h8。
2. GB/T 119.2—2000 规定圆柱销的公称直径 d = 1~20 mm，公称长度 l = 3~100 mm，公差仅有 m6。
3. 当圆柱销公差为 h8 时，其表面粗糙度 $Ra \leq 1.6$ μm。

附表10 圆锥销（摘自 GB/T 117—2000）

mm

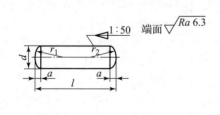

标记实例

公称直径 d = 10 mm、公称长度 l = 60 mm、材料为 35 钢、热处理硬度（28~38）HRC、表面氧化处理的 A 型圆锥销，其标记为：

销 GB/T 117 10×60

公称直径 d	4	5	6	8	10	12	16	20	25	30	40	50
$a \approx$	0.5	0.63	0.8	1	1.2	1.6	2	2.5	3	4	5	6.3
公称长度 l	14~55	18~60	22~90	22~120	26~160	32~180	40~200	45~200	50~200	55~200	60~200	65~200

续表

公称直径 d	4	5	6	8	10	12	16	20	25	30	40	50
l 系列	2,3,4,5,6,8,10,12,14,16,18,20,22,24,26,28,30,32,35,40,45,50,60,65,70,75,80,85,90,95,100,120,140,160,180,200											

注：1. 标准规定圆锥销的公称直径 $d=0.6\sim50$ mm。
　　2. 有 A 型和 B 型。A 型为磨削，锥面表面粗糙度 $Ra=0.8$ μm；B 型为切削或锥镦，锥面粗糙度 $Ra=3.2$ μm。

附表 11　常用热处理和表面处理（摘自 GB/T 7232—1999 和 JB/T 8555—1997）

名称	有效硬化层深度和硬度标注举例	说明	目的
退火	退火（163~197）HBS 或退火	加热→保温→缓慢冷却	用来消除铸、锻、焊零件的内应力、降低硬度，以利切削加工，细化晶粒，改善组织、增加韧性
正火	正火（170~217）HBS 或正火	加热→保温→空气慢冷却	用于处理低碳钢、中碳结构钢及渗碳零件，细化晶粒，增加强度与韧性，减少内应力，改善切削性能
淬火	淬火（42~47）HRC	加热→保温→急冷　工件加热奥氏体化后以适当方式冷却获得马氏体或（和）贝氏体得到热处理工艺	提高机件强度及耐磨性。但淬火后引起内应力，使钢变脆，所以淬火后必须回火
回火	回火	回火是将淬硬的钢件加热到临界点（Ac_1）以下的某一温度，保温一段时间，然后冷却到室温	用来消除淬火后的脆性和内应力，提高钢的塑性和冲击韧性
调质	调质（200~230）HBS	淬火→高温回火	提高韧性及强度重要的齿轮、轴及丝杠等零件需调质
感应淬火	感应淬火 DS=0.8~1，（48~52）HRC	用感应电流将零件表面加热→急速冷却	提高机件表面的硬度、耐磨性，而芯部保持一定的韧性，使零件既耐磨又能承受冲击，常用来处理齿轮
渗碳淬火	渗碳淬火 DC=0.8~1.2，（58~63）HRC	将零件在渗碳介质中加热、保温，使碳原子渗入钢得到表面后，再淬火回火渗碳深度 0.8~1.2 mm	提高机件表面的硬度、耐磨性、抗拉强度等，适用于低碳、中碳（$\omega(C)<0.40\%$）结构钢的中小型零件

续表

名称	有效硬化层深度和硬度标注举例	说明	目的
渗氮	渗氮 DN = 0.25 ~ 0.4≥850 HV	将零件放入氨气内加热,使氮原子渗入钢表面。氮化层 0.25 ~ 0.4 mm,氮化时间 40 ~ 50 h	提高机件的表面硬度、耐磨性、疲劳强度和抗蚀能力。适用于合金钢、碳钢、铸铁件,如机床主轴、丝杠、重要液压元件中的零件
碳氮共渗淬火	碳氮共渗淬火 DC = 0.5 ~ 0.8,(58 ~ 63) HRC	钢件在含碳的介质中加热,使碳、氮原子同时渗入钢表面。可得到 0.5 ~ 0.8 mm 硬化层	提高表面硬度、耐磨性、疲劳强度和耐蚀性,用于要求硬度高、耐磨的中小型、薄片零件及刀具等
时效	自然失效 人工时效	机件精加工前,加热到 100 ~ 150 ℃后,保温 5 ~ 20 h,空气冷却,铸件也可自然时效(露天放一年以上)	消除内应力,稳定机件形状和尺寸,常用于处理精密机件,如精密轴承、精密丝杠等
发蓝、发黑	发蓝或发黑	将零件置于氧化剂内加热氧化,使表面形成一层氧化铁保护膜	防腐蚀、美化,如用于螺纹紧固件
镀镍	镀镍	用电解方法,在钢件表面镀一层镍	防腐蚀、美化
镀铬	镀铬	用电解方法,在钢件表面镀一层铬	提高表面硬度、耐磨性和耐蚀能力,也用于修复零件上磨损了的表面
硬度	HBS(布氏硬度见 GB/T 231.1—2002) HRC(洛氏硬度见 GB/T 230—1991) HV(维氏硬度见 GB/T 4340.1—1999)	材料抵抗硬物压入其表面的能力 依测定方法不同面有布氏、洛氏、维氏等几种	检验材料经热处理后的力学性能: ——硬度 HBS 用于退火、正火、调制的零件及铸件; ——HRC 用于经淬火、回火及表面渗碳、渗氮等处理的零件; ——HV 用于薄层硬化零件

注:"JB/T"为机械工业行业标准的代号。

附表 12　铁和钢

1. 灰铸铁（摘自 GB/T 9439—1988）、工程用铸钢（摘自 GB/T 11352—1989）

牌号	同意数字代号	使用举例	说明
HT150 HT200 HT350		中强度铸铁：底座、刀架、轴承座、端盖； 高强度铸铁：床身、机座、齿轮、凸轮、联轴器、机座、箱座、支架	"HT"表示灰铸铁，后面的数字表示最小抗拉强度（MPa）
ZG230-450 ZG310-570		各种形状的机件、齿轮、飞轮、重负荷机架	"ZG"表示铸钢，第一组数字表示屈服强度（MPa）最低值，第二组数字表示抗拉强度（MPa）最低值

2. 碳素结构钢（GB/T 700—1988）、优质碳素结构钢（GB/T 699—1999）

牌号	同意数字代号	使用举例	说明
Q215		受力不大的螺钉、轴、凸轮、焊件等；	
Q235		螺栓、螺母、拉杆、钩、连杆、轴、焊件；	"Q"表示钢的屈服点，数字未屈服点数值（MPa）。同一钢号下分质量等级。用 A.B.C.D 表示质量依次下降，例如 Q235-A
Q255		金属构造物中的一般机件、拉杆、轴、焊件；	
Q275		重要的螺钉、拉杆、钩、连杆、轴、销、齿轮	
30	U20302	曲轴、联销、连杆、横梁；	
35	U20352	曲轴、摇杆、拉杆、键、销、螺栓；	牌号数字表示钢中平均含碳量得到万分数，例如："45"表示平均含碳量为 0.45%，数字以此增大，表示抗拉强度、硬度以此增加，延伸性以此降低。当含锰量再 0.7%~1.2%时需注出"Mn"
40	U20402	齿轮、齿条、凸轮、曲炳轴、链轮；	
45	U20452	齿轮轴、联轴器、衬套、活塞销、链齿；	
65Mn	U21652	大尺寸得到各种扁、圆弹簧、如座板簧/弹簧发条	

3. 合金结构钢（摘自 GB/T 3077—1999）

牌号	统一数字代号	使用举例	说明
35Cr	A20152	用于渗透零件、齿轮、小轴、离合器、活塞销；	符号前数字表示含碳量的万分数，符号后数字表示元素含量的百分数，当含量小于 1.5%时，不注数字
40Cr	A20402	活塞销、凸轮。用于心部韧性较高的渗碳零件；	
20GrMnTi	A26202	用于汽车拖拉机的重要齿轮，供渗碳处理	

参考文献

[1] 杨振宽. 技术制图与机械制图标准应用手册［M］. 北京：中国标准出版社，2013.
[2] 张植桂. 技工学校《机械制图》模块化教学改革探讨［J］. 中国商界第 174 期，2009 年 5 月.
[3] 李学京. 机械制图国家标准应用指南［M］. 北京：中国标准出版社，2008.
[4] 李勇. 技术制图国家标准应用指南［M］. 北京：中国标准出版社，2008.
[5] 王技德，胡宗政. AutoCAD 机械制图教程［M］. 大连：大连理工大学出版社，2010.
[6] 金大鹰. 机械制图［M］. 北京：机械工业出版社，2001.
[7] 华红芳.《机械制图》项目教学课程的开发及教材编写，《无锡职业技术学院学报》第 7 卷第 6 期，无锡：无锡职业技术学院，2008.12.
[8] 邱坤，钱可强. 高职《机械制图》教材编写的思考，《工程图学学报》2008 年第三期，北京，北京电子科技职业学院，2008.
[9] 钱可强. 机械制图［M］. 2 版. 北京：高等教育出版社，2007.
[10] 冯秋官. 机械制图与计算机绘图［M］. 3 版. 北京：机械工业出版社，2005.